U0368827

高校土木工程专业教材

建筑结构 CAD
——PKPM 软件应用

王小红　罗建阳　主　编

郭少华　主　审

王小红　罗建阳　王　方
杨建军　黄尚安　　编　写

中国建筑工业出版社

图书在版编目（CIP）数据

建筑结构 CAD——PKPM 软件应用/王小红，罗建阳主
编. 北京：中国建筑工业出版社，2004
高校土木工程专业教材
ISBN 978-7-112-06164-8

Ⅰ. 建…　Ⅱ. ①王…②罗…　Ⅲ. 建筑结构-计算机
辅助设计-应用软件-高等学校-教材　Ⅳ. TU318

中国版本图书馆 CIP 数据核字（2004）第 063507 号

高校土木工程专业教材

建筑结构 CAD——PKPM 软件应用

王小红　罗建阳　主　编

郭少华　主　审

王小红　罗建阳　王　方　编　写
杨建军　黄尚安

*

中国建筑工业出版社出版、发行(北京西郊百万庄)

各地新华书店、建筑书店经销

北京圣夫亚美印刷有限公司印刷

*

开本：787×1092 毫米　1/16　印张：20½　插页：16　字数：500 千字
2004 年 7 月第一版　　2020 年 8 月第二十二次印刷
定价：52.00 元
ISBN 978-7-112-06164-8
(36139)

本书介绍了中国建筑科学研究院 PKPM CAD 工程部系列软件 PMCAD、PK、TAT 等的使用。分篇编写，以便根据教学需要选用。

本书主要内容包括：PMCAD 的概述，建筑结构模型的初步建立，建筑结构模型的补充、修改，画结构平面施工图，砌体结构辅助设计，图形编辑、打印及转换，PK 计算数据输入，PK 结构计算，PK 施工图设计，TAT 前处理-数据准备，内力分析和配筋计算，接 PK 绘制梁柱施工图等。

本书既可作为土木工程专业"建筑结构 CAD"课程教材，也可作为"混凝土结构和砌体结构"、"高层建筑结构分析"等课程设计和毕业设计的上机指导书。

*   *   *

责任编辑：吉万旺
责任设计：崔兰萍
责任校对：王金珠

前　　言

本书编写的目的是为了给土木工程专业学生提供一本建筑结构 CAD 实践教材。本书介绍了用 PKPM CAD 进行建筑结构设计的过程，旨在培养学生综合应用所学的知识解决专业问题的实践能力。

全书共分为三篇：第一篇为 PMCAD，介绍结构建模、钢筋混凝土楼盖结构设计、砌体结构设计、图形编辑等内容，包括：结构设计原始数据的输入，钢筋混凝土楼板受力分析和配筋计算，结构平面布置图和板配筋图的绘制，砌体结构的设计计算、抗震验算、节点大样图绘制。第二篇为 PK，介绍用平面杆系方法进行平面框架、排架、连续梁设计，包括：数据生成，结构分组内力和组合内力的计算，构件截面验算，梁裂缝宽度和挠度计算，梁、柱施工图的绘制。第三篇为 TAT，介绍用空间杆系方法（剪力墙简化为薄壁柱）进行框架结构、框架-剪力墙结构整体计算，包括：数据准备，结构受力分析，构件截面验算，梁柱施工图绘制。

根据用计算机辅助建筑结构设计的过程，本书结合应用实例编写，既可作为"建筑结构 CAD"课程教材，也可作为"混凝土结构和砌体结构"、"高层建筑结构设计"等课程设计和"毕业设计"上机指导书。

本书的编著，首先要感谢中国建筑科学研究院 PKPMCAD 工程部，他们为本书提供了网络版的 PKPMCAD 软件和用户手册，本书的编著参考了其用户手册；还要感谢中南大学给予"土木工程专业学生 CAD 实践能力培养的途径与方法研究"教改项目的支持；湖南大学尚守平教授为本书的编写提出了宝贵的指导，在此深表谢意。最后，还要感谢梁烨同学给予的技术支持和帮助。

本书的出版，要感谢中国建筑工业出版社有关同志的帮助和支持。

由于编著者水平有限，书中难免有疏漏、错误之处，敬请读者指正。

编著者

目　　录

第三篇 TAT 使用说明

绪　论

1. 概述

随着社会经济的发展和人们物质生活水平的提高，现代建筑向复杂化、大型化发展。如何保证计算模型的合理性及计算结果的可靠性，已成为结构工程师们面对的首要问题。

建筑工程结构按其几何特征的不同，主要可分为三类：一类是杆件系统结构；一类是薄壁结构，如薄板结构、薄壳结构等；一类是实体结构，如挡土墙、水坝等。杆系结构按其受力特点的不同，又可分为平面杆系结构（如平面框架结构、排架结构）和空间结构（如网架结构、悬索结构）。按所用材料的不同，建筑工程结构又可分为钢筋混凝土结构、钢结构、砌体结构和木结构等。按结构的受力和构造特点不同，又可分为混合结构、排架结构、框架结构、框架-剪力墙结构、剪力墙结构、筒体结构、壳体结构、网架结构、悬索结构等。所谓设计，就是在有限的时空范围内，在特定的物质条件下，为了满足一定的需求而进行的一种创造性思维活动的实践过程。建筑工程设计就是人们为满足某种功能要求而进行的建筑方案设计、结构设计的过程。在整个设计过程中，方案设计阶段，工程师需要在充分利用所了解信息的基础上，结合自己的经验进行多种方案的比较和优化；在结构设计阶段，根据经验和构造要求，确定构件尺寸，然后采用合理的方法进行内力和配筋计算，分析结构的可靠性。这样整个设计的工作量巨大，需绘制大量图纸，若工程中出现条件变更，还需重新修改设计，重复工作量很大。

传统的设计绘图方式需要设计人员忙忙碌碌地使用十几种常用绘图工具进行图上作业，而且一旦画错，修改很费事；一个成熟的设计人员一天最多只能出一两张图；复杂的计算如框、排架计算，剪力墙计算以及煤矿巷道有限元分析等，更使从事设计的结构师头痛。随着社会的发展，大型工程非常普遍，而且要求设计周期短，传统的设计方法已赶不上时代的步伐。而计算机技术的飞速发展，使得高效实用的通用软件和专业专用软件得到进一步的开发，工程师可以通过人机对话的方式实现交互设计（计算和绘图等），借助数字化仪、绘图仪等外部设备，由计算机辅助进行图形数字转换或图形输出，这样使工程师们从繁杂的设计中解放出来，这也就是所谓的 CAD（Computer Aided Design）。计算机应用于工程结构，最初是用于解决结构的内力计算，随着计算机图形处理技术的日趋完善和工程结构理论的不断发展，使计算机辅助设计软件得到长足的进步，它使广大工程设计人员从烦琐、重复的大量计算、绘图中解脱出来的这一愿望成为了现实。绘图方便、简洁、轻松、计算精确、省事；尤其是重复工作越多，工程越大，效率优势就越明显。另外，使用CAD设计，图面整洁统一，不受线条、字体优劣影响。

2. 结构设计中的计算机应用

建筑工程中的计算机辅助设计主要体现建筑设计、结构设计、水暖电设计及工程概预算等方面。这里主要讲述结构设计中的计算机应用问题。

结构设计主要任务是建筑结构的选型与布置　结构的优化设计、结构的内力和配筋计算以及结构图纸的绘制。在结构设计中，最关键的问题在于计算模式的确定和内力计算。由于建筑物是一个实实在在的东西，许多条件都不可能理想化，需考虑实际的情况选定不同的计算模式。通常要使计算模式越接近实际情况，那计算模式越复杂，计算的工作量也就越大。因此在计算机尚未发展的时代，通常都根据经验和初步的受力分析，对计算模式进行大量的简化，将空间受力状态转化为平面状态，将动力问题转化为静力问题，以达到加快设计之目的。计算机技术应用于工程结构后，烦琐的计算已不再是问题，设计也可以少作一些简化，使计算结果更反映实际情况。当然计算机仅仅是一个工具，由于工程本身的复杂性，有些问题该如何计算运行全靠工程师的灵活运用。这就得依靠广大科研人员认真研究计算机辅助设计软件的设计原理，找出结构的受力机理，采用有可靠保证的方法进行设计。

由于受力情况多种多样，在结构设计过程中还需考虑各种可能的荷载组合，以便找出最不利的内力。当内力问题解决后，接下来就要进行结构构件的配筋计算和结构施工图的绘制。在结构设计阶段，无论是结构方案的优化、内力计算还是施工图的绘制，要赶上当今高速发展的时代步伐都离不开计算机的辅助设计。

3. PKPM 系列设计软件简介

我国的建筑工程领域中的计算机应用开发的时间还不算长，为加快这一步伐的建设，早在 1983 年国务院就向城乡建设环境保护部下达了"六五"国家重点科技项目，即"建筑工程设计软件包"的研制任务。随着社会的不断进步，计算机技术和建筑业也得到了飞速的发展，各类工程结构专业软件不断被开发出来。目前，建筑工程计算机辅助设计系统的开发可以说到了相当成熟的程度。大多数软件都有十分友好的用户界面，操作简便。从建筑方案开始采用人机交互式建立建筑物整体的公共数据库，并实现结构与建筑数据库的共享，保证了设计的连续性。由建筑设计自动统计的结构设计所需的荷载，可自动地为上部结构及基础的计算提供数据件，绘制相应的建筑、结构施工图，最后还可以进行工程量和各种材料用量的统计，进而可做出工程造价的概预算等。目前，比较常用的建筑工程系列软件主要有：中国科学研究院开发的 PKPM 系列、TBSA 系列、ABD 系列等等，此外在各个省市还开发了不少优秀的建筑工程辅助设计软件。这里主要介绍 PKPM 系列软件。

中国建筑科学研究院建筑结构研究所 PKPM CAD 工程部开发的 PKPM 建筑计算系统软件是一套集建筑设计、结构设计及设备设计于一体的大型综合 CAD 系统。是目前国内建筑工程界应用很广的一套计算机辅助设计系统软件，它的应用不仅减轻了设计人员的绘图劳动强度，同时也提高了设计文件的质量和工作效率。2002 年，中国建筑科学研究院 PKPM 工程部完成了对 PKPM 系列软件的一系列重大改进，使该软件的整体水平在深度和广度上又上了一个台阶。

4. PKPM 系列软件的主要特点

建筑设计过程一般分为方案设计、初步设计、施工图设计三个阶段。常规配合的工种有建筑、结构、设备（包括水、电、暖通等）。各阶段中往往有大大小小的改动和调整，各工种的配合需要互相提供资料。PKPM 系列 CAD 系统，从建筑方案设计开始，建立建筑物整体的公用数据库，平面布置、柱网轴线等全部数据都可用于结构设计，可自动为上部结构及各种基础提供数据文件，也可为设备软件自动生成设备条件图，做到各专业数据共享，协调一致，大大提高了工作效率，此外，资料的保管和复制以及设计的修改也极为方便。

如上所述，计算机对于当今的建筑工程设计几乎成了不可缺少的工具，起着重大的作用，为社会节约了大量的人力、物力和财力，而且大大提高了建筑工程设计水平，使设计趋于标准化、规范化。

有一点必须指出，无论软件系统开发得如何完善，计算机只能最大限度地减少设计工程师的工作量，而无法代替工程师。因为实际情况总是千变万化的，计算机只会帮助人"算"，绘图仪也只会帮助人"画"，至于要如何"算"和"画"还是要由工程设计人员去"指挥"。计算机辅助设计决不是单纯的计算机问题，只有在掌握了专业知识的前提下，才能正确自如地应用辅助设计系统。

第一篇 PMCAD

第1章 PMCAD 的概述

1.1 PMCAD 的功能

• PMCAD 软件采用人机交互方式，引导用户逐层布置各楼层，再输入层高建立建筑整体结构的数据模型。

• PMCAD 具有较强的荷载统计和传导计算功能。除计算结构自重外，还自动完成从楼板到次梁，从次梁到主梁，从主梁到承重柱、墙，从上部结构传到基础的全部计算，再加上局部的外加荷载，建立建筑的荷载数据模型。

• PMCAD 由于建立整栋建筑物的数据模型，成为 PKPM 系列结构设计各软件的核心，为 APM、结构设计 CAD 提供必要的数据接口。

• PMCAD 可完成现浇钢筋混凝土楼板结构计算与配筋设计、结构平面施工图辅助设计。

• PMCAD 可完成砌体结构和底框上砖房结构的抗震计算及受压、高厚比、局部承压计算，并可完成圈梁布置及圈梁大样、构造柱大样的绘制。

1.2 软件的应用范围

• 层数 ≤99

• 结构标准层、荷载标准层各 ≤99

• 正交网格：横向网格、纵向网格各 ≤100

  斜交网格：网格线条数 ≤2000

• 网格节点总数 ≤5000

• 标准柱截面 ≤100

  标准梁截面 ≤40

  标准洞口 ≤100

• 每层柱根数 ≤1500

  每层梁根数（不包括次梁）、墙数各 ≤1800

  每层房间数 ≤900

  每层次梁根数 ≤600

  每个房间周围最多可以容纳的梁墙数 <150

  每个节点周围不重叠的梁墙数 ≤6

  每层房间次梁布置种类数 ≤40

每层房间预制板布置种类数≤40

每层房间楼板开洞种类数≤40

说明：

1．结构平面的房间编号由软件根据墙或梁围成的平面闭合体自动编成房间，作为输入楼面上的次梁、预制板、洞口和导荷载、画图的一个基本单元。

2．两节点最多只能安置一个洞口，安置多个洞口时，必须增设网格线与节点。

3．次梁指在房间内布置且在 PMCAD 主菜单 2 次梁输入中布置的梁，但次梁的截面定义必须在 PMCAD 主菜单 1 主梁定义中进行。

次梁也可以在 PMCAD 主菜单 1 主梁布置中进行（次梁作为主梁输入），当工程量大时，可能会造成梁的根数、节点数、房间数过多而超界。

由于 PMCAD 主菜单 2 次梁输入中无法布置弧梁，对于弧形次梁只能作为主梁布置。

4．墙的输入指结构承重墙或抗侧力墙，框架填充墙不能作为墙输入，而应作为外加荷载输入。

5．平面布置避免大房间内套用小房间，否则在荷载导算和统计材料时会重叠计算。可在大小房间之间用虚梁连接，将大房间进行分割。

1.3　PMCAD 主菜单及工作环境

1.3.1　PMCAD 主菜单

双击桌面的 PKPM 图标，启动 PKPM 主菜单；点取**结构**，启动结构菜单主界面；点取左侧菜单 **PMCAD**，右侧出现 PMCAD 主菜单（图 1-1）。

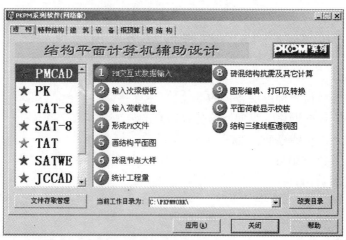

图 1-1　PMCAD 主菜单

1.3.2　工作环境

1.3.2.1　功能热键（黑体字表示常用热键）

［F1］	帮助热键
［F2］	坐标显示开关（交替控制光标的坐标是否显示）
［F3］	**点网捕捉开关**（交替控制点网捕捉方式是否打开）
［F4］	**角度捕捉开关**（交替控制角度捕捉方式是否打开）

［F5］	重新显示当前图、刷新修改结果
［F6］	充满显示全图
［F7］	放大一倍显示
［F8］	缩小一半显示
［F9］	设置捕捉值
［Ctrl］＋［F1］	右下角状态区显示开关
［Ctrl］＋［F2］	点网显示开关（交替控制点网是否在屏幕显示）
［Ctrl］＋［F3］	节点捕捉开关（交替控制节点捕捉方式是否打开）
［Ctrl］＋［F4］	光标的十字准线显示开关
［Ctrl］＋［F5］	恢复上次显示
［Ctrl］＋［F6］	显示全图
［Ctrl］＋［F7］	观察点前移
［Ctrl］＋［F8］	观察点后移
［Ctrl］＋［↑］	上移图形
［Ctrl］＋［↓］	下移图形
［Ctrl］＋［→］	右移图形
［Ctrl］＋［←］	左移图形
［Ctrl］＋［~］	具有多视窗时，顺序切换视窗
［Ctrl］＋［E］	具有多视窗时，将当前视窗充满
［Ctrl］＋［T］	具有多视窗时，将各视窗重排
［S］	绘图过程中，选择节点捕捉方式
［O］	令当前光标位置为网点转动基点
［U］	后退一步操作
［Page up］	增加键盘移动光标时的步长
［Page down］	减少键盘移动光标时的步长
［Ins］	绘图时键入光标 X、Y、Z 坐标值
［Home］	由键盘输入光标在 X、Y、Z 方向和距离
［End］	由键盘输入光标的偏移方向和距离
［Del］	只用于删除当前字符
［Enter］	与鼠标右键等效，确认输入等
［Esc］	与鼠标右键等效，退出执命令
［Tab］	与鼠标中键等效，功能切换绘图时为输入参考点

1.3.2.2 界面环境和工作方式

（1）界面环境（图 1-2）

（2）工作方式

①箭头：程序等待输入数据、命令或点取菜单。

②十字叉：坐标定点状态，即要求输入一点的坐标。

③方框：靶区捕捉状态，用于捕捉一个图素或目标。

1.3.2.3 工作状态的配置

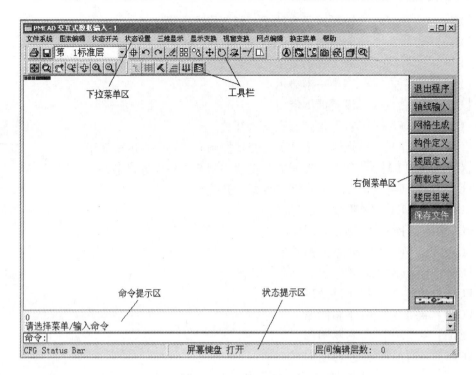

图 1-2　PMCAD 界面环境

　　WORK.CFG 文件是程序的配置文件。如果工作目录没有该文件，程序将按缺省值建立一个配置文件。在 \ PKPMWORK 目录下可以找到 WORK.CFG，可以将它复制到工作目录中，然后修改其中的内容，程序按该文件的设置进行工作。

　　WORK.CFG 是文本文件，可以用文本编辑软件打开修改其中的内容。该文件的内容如表 1-1 所示（一般不要修改其中的内容）。

表 1-1

关键字	功　　能
Width	设定显示区域的宽度所表示的工程平面的长度
Height	设定显示区域的高度所表示的工程平面的宽度
Unit	设定单位，其值为 1，表示毫米。用户不应修改
Ratio	设定比例，暂时不使用
Xorign	用户坐标原点距屏幕左侧的距离
Yorign	用户坐标原点距屏幕下侧的距离
Bcolor	绘图区、右侧菜单区和命令提示区的背景颜色值，该值按 6 位整数编码：个位和十位表示绘图区背景色号，百位和千位表示右侧菜单区的背景色号，万位和十万位为命令提示区背景色号。背景色号有效范围是 0 ~ 15，分别表示黑（0）、蓝（1）、绿（2）、青（3）、红（4）、紫（5）、黄（6）、白（7）、灰（8）等，建议用户不要使用 8 以上的颜色号，否则会造成混淆
Status	状态显示开关，一般应为 0
Coord	坐标显示开关，记忆和设置［F2］键状态
Snap	点网捕捉开关，记忆和设置［F3］键状态
Dsnap	角度捕捉开关，记忆和设置［F4］键状态
Targer	捕捉靶大小，记忆和设置［Ctrl］+［F9］键状态
Xsnap	点网捕捉值，记忆和设置［F9］键状态
Ysnap	点网捕捉值，记忆和设置［F9］键状态
Xsnapm	点网捕捉值，记忆和设置［F9］键状态
Ysnapm	点网捕捉值，记忆和设置［F9］键状态
Distan	角度捕捉值，记忆和设置［F10］键状态
Degree	角度捕捉值，记忆和设置［F10］键状态
Degree	角度捕捉值，记忆和设置［F10］键状态
Degree	角度捕捉值，记忆和设置［F10］键状态
Cfgend	配置文件结束

【例】　对于一个长 150m，宽 70m 的平面，设 Width150000，Height70000

坐标原点设在屏幕中心，设 Xorign750000，Yorign35000

（实际可以用显示变换工具对图形显示进行任意的缩放，一般不要修改此文件的内容）

1.3.2.4　坐标输入方式

(1) 纯键盘坐标输入方式

　　绝对直角坐标：! X，Y，Z

　　相对直角坐标：X，Y，Z

　　绝对极坐标：! $R < A$

　　相对极坐标：$R < A$

　　［Insert］：键盘输入绝对坐标

　　［End］：键盘输入角度和偏移距离

　　［Home］：键盘输入相对坐标

　　［Tab］：当前输入的点作为参考点

　　［Del］：放弃输入的点的坐标或输入方式

(2) 纯键盘光标输入方式（不精确）

　　［F2］：坐标显示开关

　　［↑］：使光标上移一步

　　［↓］：使光标下移一步

　　［PageUp］：增大光标移动的步长

　　［PageDown］：减少光标移动的步长

　　［Enter］：确定输入点

　　［Tab］：当前点作为参考点

　　［Del］：放弃输入点

(3) 纯鼠标光标输入方式（默认方式，进入键盘坐标输入方式按［Insert］、［End］、［Home］，返回按［Del］）

　　［F2］：坐标显示开关

　　［鼠标左键］=［Enter］：确定输入点

　　［鼠标中键］=［Tab］：当前点作为参考点

　　［鼠标右键］=［Del］：放弃输入点

1.3.2.5　捕捉工具

(1) 点网捕捉工具

　　［F3］：点网捕捉开关

　　［Ctrl］+［F2］：点网显示开关

　　［F9］：设置点网捕捉值（图 1-3）

(2) 角度和距离捕捉工具（在平面图窗口有效）

　　［F4］：角度捕捉开关

　　［F9］：设置角度距离捕捉值（图 1-3）

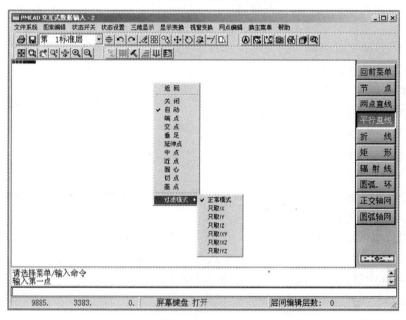

图1-3 点网、角度/长度控制

图1-4 节点捕捉方式

(3) 节点捕捉工具

[Ctrl] + [F3]：节点捕捉开关

[S]：绘图过程中，改变节点捕捉方式（图1-4，系统默认为自动方式，即从上到下自动进行捕捉）

　节点捕捉功能：

•捕捉图素节点（如端点、圆心等）。

• 捕捉拖动与图素的交点：如果图素节点未找到，该工具试图找到拖动线与捕捉靶位于捕捉图素上的交点。

• 捕捉光标点到一个直线的水平或垂直投影点：光标作为第一点输入没有拖动线时，捕捉靶套住一条直线且远离端点，光标将沿水平或垂直方向在此直线上投影。

• 定向定距移动光标：找参考点，[Tab] 捕捉一点但并未真正输入，可以控制拖动线方向和距离，或用 [Home]、[End] 方式输入坐标，找到相对于参考点的下一点。

第 2 章　建筑结构模型的初步建立

2.1　PM 交互式数据输入（主菜单 1）

设置工作目录（所有文件都会保存在当前工作目录中），鼠标单击**改变目录**，弹出对话框（图 2-1）。

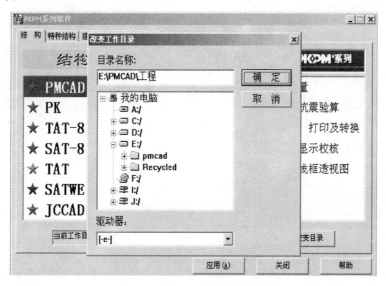

图 2-1　改变工作目录对话框

鼠标双击 1　**PM 交互式数据输入**或单击 1　**PM 交互式数据输入**选中后用鼠标点取**应用**，出现输入工程文件名界面，键入工程文件名称。如果为提示的缺省文件名，则只需确认即可。旧工程文件名，可单击［Tab］查找。

提示旧文件/新文件（1/0）（图 2-2），1 表示打开以前工程文件，现在继续做或修改；0 表示新建一个工程文件。若以前做过，将提示文件存在，询问是否保留。

通过建立建筑物的定位轴线，形成网格和节点，在网格和节点上布置构件形成各结构标准层的平面布局（考虑整栋建筑有几个结构标准层，构件布置相同，并且相邻楼层可定义为一个结构标准层），各结构标准层和层高、荷载标准层配合形成建筑物的竖向结构布局，完成建筑结构的整体描述。

建筑结构模型的初步建立过程：

（1）**轴线输入**：利用作图工具绘制建筑物整体平面定位轴线，或梁墙等长的线段。

（2）**网点生成**：程序自动将绘制的轴线分割为网格和节点。

（3）**构件定义**：定义建筑物全部柱、梁（包括次梁）、墙、洞口、斜杆的截面尺寸。

（4）楼层定义：依照从下到上的次序进行各结构标准层平面布置，即将定义的构件布置在确定的位置。

（5）荷载定义：依照从下到上的次序定义荷载标准层，即各结构标准层楼面的恒载、活载（荷载相同并且相邻的标准层可定义为一个荷载标准层）。

（6）信息输入：结构的竖向布置，即每个实际楼层确定属于哪个结构标准层、荷载标准层及每层层高。同时输入必要的绘图、抗震计算信息。

（7）保存文件：确保上述的工作不被丢失。

图 2-2　新旧文件提示

2.1.1　轴线输入

建模首先输入布置梁、墙的网格和布置柱的节点。网格是轴线相交后交点间的红色线段，在轴线的交点处、端点处、圆弧的圆心处都会自动产生一个白色的节点（构件一定布置在节点和网格上）。

以下通过一个例题（图 2-3）讲解各菜单命令的使用，每种方法都尽可能地使用，所以方法不一定是最简单的，并且与实际工程的建模也有些不同。

2.1.1.1　点：白色显示，供定位构件作用。

【例】　绘制一节点

　　　　节点

　　　　[Insert]！0，0

2.1.1.2　两点直线：任意指定两点（可以使用任何方式、工具，单位为"mm"）。

【例】　绘制 1 轴（一直线），端点坐标分别为（0，0）（0，14700）

　　　　两点直线

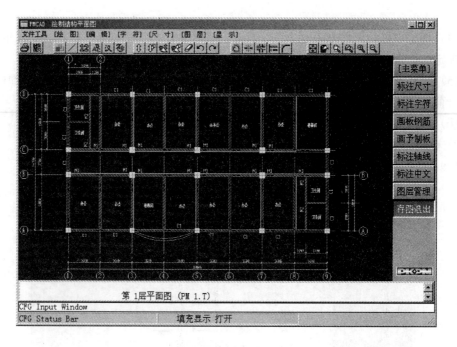

图 2-3 例题

［Insert］！0，0［Enter］

［Insert］！0，14700［Enter］或

两点直线

［Insert］！0，0［Enter］

［Home］0，14700［Enter］（相对坐标）（图 2-4）

2.1.1.3 平行直线：绘制一组平行直线。

平行直线→绘制一条直线→输入复制间距、次数（间距值的正负决定复制的方向，以上、右为正，提示区自动累计复制的总间距）→继续提示输入新的复制间距、次数→按［Esc］退出本平行直线输入，继续新的平行直线输入→结束命令再次按［Esc］。

【例】 接图 2-4，绘制②～⑨轴、Ⓐ～Ⓓ轴

平行直线

用光标捕捉靶捕捉①轴的第一点，［Tab］（当前点作为参考点方式）

［Home］3600，0［Enter］（②轴的第一点）

［Home］0，14700［Enter］（②轴的第二点）

3600，7［Enter］（复制间距，次数）

［Esc］（②～⑨轴绘制完毕）

用光标捕捉靶捕捉①轴的第一点，［Enter］

用光标捕捉靶捕捉⑨轴的第一点，［Enter］（绘制Ⓐ轴）

6000，1［Enter］（复制间距、次数）

2700，1［Enter］

6000，1［Enter］

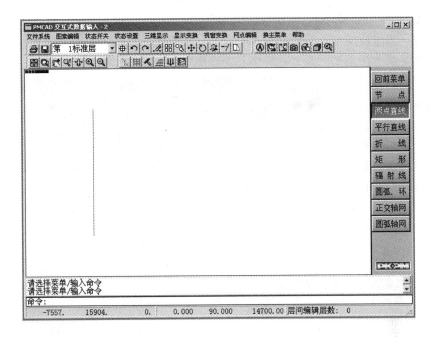

图 2-4　两点直线

［Esc］

［Esc］（图 2-5）

2.1.1.4　折线：连续输入折点的坐标，按［Esc］退出折线输入。

2.1.1.5　矩形：指出对角坐标绘制一个矩形。

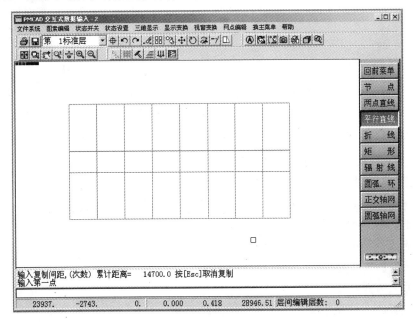

图 2-5　平行直线

2.1.1.6 辐射线。

辐射线→指定旋转中心→沿旋转中心绘制一条直线（直线第一点决定直线与旋转中心的距离，直线的方位由第二点与旋转中心连线决定）→输入复制角度的增量、次数（角度正负决定复制的方向，以逆时针为正）→继续提示输入复制角度的增量、次数→按［Esc］退出本辐射线输入，继续新的辐射线输入→结束命令再次按［Esc］。

【例】 辐射线

［Insert］! 0，0［Enter］（旋转中心坐标 0，0）

［Home］3600，0［Enter］（直线的第一点与旋转中心的距离 3600）

［home］7200，0［Enter］（直线第二点坐标）

30，3［Enter］（复制角度增量、次数）

［Esc］

［Esc］（图 2-6）

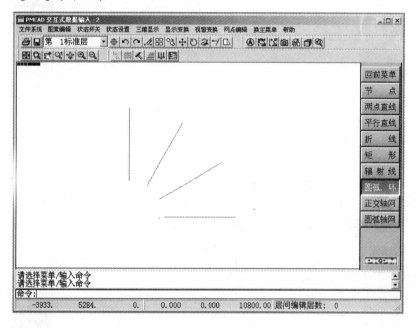

图 2-6 辐射线

2.1.1.7 圆弧（环）。

（1）圆环：绘制一组闭合同心圆环轴线。

圆环→输入圆心、半径绘制第一个圆→输入复制间距、次数绘制同心圆（以半径增加的方向为正）→继续提示输入新的复制间距、次数→按［Esc］退出本圆环输入，继续新的新圆环输入→结束命令再次按［Esc］。

（2）圆弧：

圆弧输入方式：

①圆弧圆心→圆弧半径、起始角→圆弧结束角。

②圆弧圆心→［Esc］→圆弧半径、起始角、结束角。

一段圆弧输入完毕，提示输入复制间距、次数绘制同心圆弧（以半径增加的方向为正）→继续提示输入新的复制间距、次数→按［Esc］退出本圆弧输入，继续新的新圆弧输入→结束命令再次按［Esc］。

（3）三点圆弧：按第一点、第二点、中间点方式绘制圆弧。

（4）前菜单项：返回上级菜单。

【例】　接图 2-5

圆弧、环

圆弧

用光标靶捕捉④轴和Ⓑ轴的交点，［Enter］（圆弧的圆心）

用光标靶捕捉③轴和Ⓐ轴的交点，［Enter］（圆弧的半径，起始角）

用光标靶捕捉⑤轴和Ⓐ轴的交点，［Enter］（圆弧的结束角）

［Esc］

［Esc］（图 2-7）

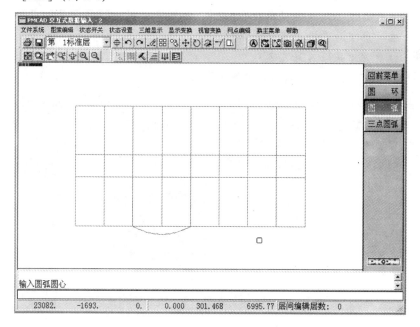

图 2-7　圆弧

2.1.1.8　正交轴网。

（1）轴网输入。定义正交轴网。开间是输入横向从左到右连续各跨的跨度，进深是输入竖向从下到上各跨跨度。输入网格旋转角度。跨度数据可用鼠标从屏幕上常用数据选，也可以从键盘输入。

①添加：点取开间（进深）→输入跨数、跨度→点取添加。

②修改：点取开间（进深）→点取跨度表中要修改的项目→输入新的跨数、跨度→点取修改。

③插入：点取开间（进深）→点取跨度表中要被插入的项目→输入跨数、跨度→点取插入。

④删除：点取开间（进深）→点取跨度表中要删除的项目→点取删除。初始化：删除

已定义的轴网。

定义的正交轴网可以通过输入插入点放在平面的任意位置，也可以与捕捉方式结合使定义的正交轴网与平面上已有的轴网结合。

(2) 轴线命名：在网点生成菜单中讲。

(3) Undo：撤消轴网输入建立的轴网。

【例】 建立图 2-5 轴网

正交轴网

轴网输入

开间 8 * 3600 添加

进深 1 * 6000 添加

进深 1 * 2700 添加

进深 1 * 6000 添加

基点左下，两点定转角 0（图 2-8，屏幕命令提示区显示开间数、开间累计距离、进深数、进深累计距离）

确定（提示输入插入点）

［Insert］! 0，0［Enter］（图 2-5）

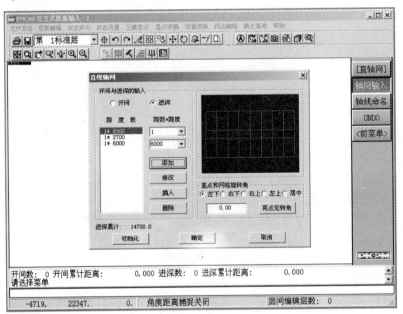

图 2-8　定义正交轴网

2.1.1.9　圆弧轴网。

(1) 轴网输入：

定义圆弧轴网。开间指轴线展开的角度，进深指沿半径方向的跨度。输入内半径、旋转角。输入圆弧轴网的插入点（［Tab］切换插入点基于圆心、交点）。

【例】 圆弧轴网

轴网输入

圆弧开间角 1 * 90 添加

圆弧开间角 3 * 30 添加

进深 3 * 3600 添加

内半径 3000

旋转角 0 (屏幕命令提示区显示开间数、开间累计距离、进深数、进深累计距离)

确定 (提示输入插入点) (图 2-9)

[Insert] ! 0, 0 [Enter] (图 2-10)

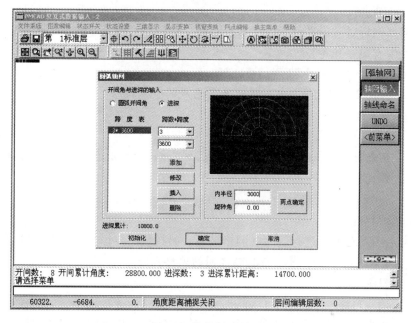

图 2-9　定义圆弧轴网

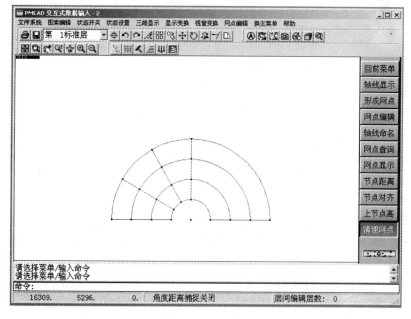

图 2-10　圆弧轴网

2.1.2 网点生成

2.1.2.1 轴线显示

一条开关命令，显示（关闭）建筑轴线并标注各跨跨度和轴线号。

2.1.2.2 形成网点

将用户输入的几何线条变成楼层布置要用的白色节点和红色网格线，并显示轴线与网点的总数（通常输入轴线后网点会自动生成）。

2.1.2.3 网点编辑

（1）删除节点：

形成网点图后对节点进行删除（节点被墙、柱挡住，将填充状态取消即可，在下拉菜单状态开关中有填充开关）。

注：节点删除导致与之联系的网格也被删除。

【例】 将图 2-5 中⑤轴与Ⓑ轴的交点所形成的节点删除

网点编辑

删除节点

用光标靶捕捉⑤轴和Ⓑ轴的交点，[Enter]（可以通过 [Tab] 转换选择目标的方式）

（2）删除网格：

形成网点图后对网格进行删除（网格被墙、梁挡住，将填充状态取消即可）。

【例】 将图 2-7 中②、③轴与Ⓑ轴之间的网格删除

网点编辑

删除网格

用光标靶捕捉Ⓑ轴在②、③轴之间的网格（可以通过 [Tab] 转换选择目标的方式）

[Esc]（图 2-11）

（3）恢复节点：恢复删除的节点。

选择被删除的节点（可以通过 [Tab] 转换选择目标的方式）→继续提示选择被删除的节点，按 [Esc] 退出命令。

（4）恢复网格：恢复删除的网格。

选择被删除的网格（可以通过 [Tab] 转换选择目标的方式）→继续提示选择被删除的网格，按 [Esc] 退出命令。

（5）全体恢复：恢复删除的节点、网格。

（6）平移网点：

平移网点→基准点→用光标确定平移方向→输入平移距离（mm）→选择平移目标→继续提示选择平移目标，按 [Esc] 结束命令。

默认方式第一、二步以光标输入方式，可以用 [Insert] 进行键盘输入方式，基点任意输入，输入第二点坐标后程序计算相对基点 x、y 偏移距离得平移方向。

【例】 将图 2-7 中⑨轴与Ⓒ轴的交点所形成的节点平移 $\Delta x = 4000$mm，$\Delta y = 3000$mm

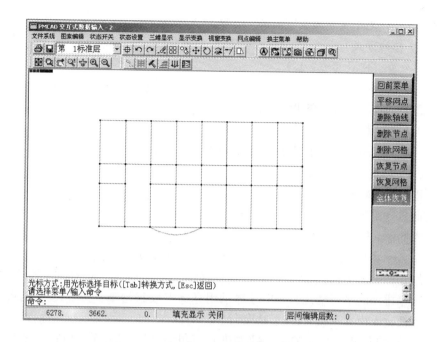

图 2-11　删除网格

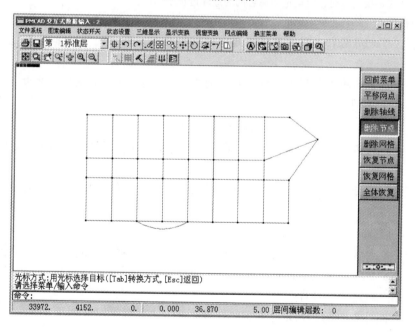

图 2-12　平移节点

网点编辑

平移节点

［Insert］0，0［Enter］（基准点）

［Insert］4000，3000［Enter］（计算平移方向，在此输入 4，3 也可）

5000［Enter］（在平移方向上的平移距离 $\sqrt{4000^2 + 3000^2} = 5000$）

用光标靶捕捉⑨轴和ⒸⒸ轴的交点，［Enter］（可以通过［Tab］转换选择目标的方式）

［Esc］（图 2-12）

(7) 删除轴线：删除轴线的命名。

删除轴线→用光标选择轴线→轴线选中，确认是否删除此轴线？ （Y［Ent］/A［Tab］/N［Esc]）→继续提示轴线名删除，按［Esc］退出。

2.1.2.4　轴线命名

(1) 逐根输入轴线名

轴线命名→用光标选择轴线→输入轴线名（注意字母大写）→按［Esc］结束命令。

(2) 成批输入轴线名

轴线命名→［Tab］→用光标点取起始轴→用光标点取终止轴线（所有被选中的轴线变色）→用光标去掉不标的轴线（［Esc］表示结束选择）→输入起始轴线名（适用于按字母或数字顺序排列的平行轴线）→继续提示用光标点取起始轴，按［Esc］结束成批输入模式进入逐根输入模式→按［Esc］结束命令。

注：同一位置在施工图中出现的轴线名称取决于工程中最上层（或最靠近顶层）中的命名名称，当要修改轴线名称时，应该重新命名的为最靠近顶层的层。

成批输入轴线名去掉不标的轴线必须用光标选上轴线所在的网格。

【例】　首先用两点直线菜单将例题中的网格补充完整

　　　　两点直线

　　　　用光标捕捉靶捕捉①轴与Ⓒ轴的交点，［Tab］（当前点作为参考点方式）

　　　　［Home］2400，0［Enter］

　　　　［Home］0，6000［Enter］

　　　　S 点取中点用光标靶捕捉①轴在Ⓒ、Ⓓ轴之间的网格，［Enter］（中点捕捉）

　　　　［Home］2400，0［Enter］

　　　　用光标捕捉靶捕捉⑧轴与Ⓐ轴的交点，［Tab］（当前点作为参考点方式）

　　　　［Home］1200，0［Enter］

　　　　［Home］0，6000［Enter］

　　　　S 点取中点用光标靶捕捉⑨轴在Ⓐ、Ⓑ轴之间的网格，［Enter］（中点捕捉）

　　　　S 点取中点用光标靶捕捉刚画的网格，［Enter］（中点捕捉）

　　　　［Esc］（图 2-13）

【例】　将图 2-13 的轴网进行命名

　　　　轴线命名

　　　　［Tab］（成批输入轴线名）

　　　　用光标靶点取①轴（起始轴）

　　　　用光标靶点取⑨轴（终止轴）

　　　　用光标靶点取①、②轴之间的一条轴线（去掉不标的轴线）

　　　　用光标靶点取⑧、⑨轴之间的一条轴线

　　　　［Esc］（结束选择不标的轴线）

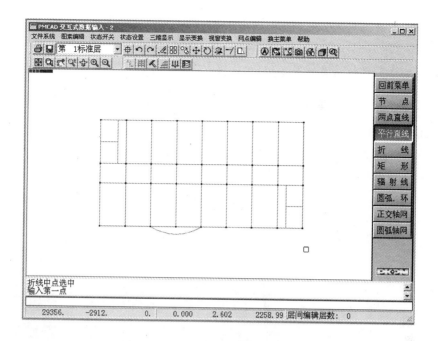

图 2-13　例题完整的网轴

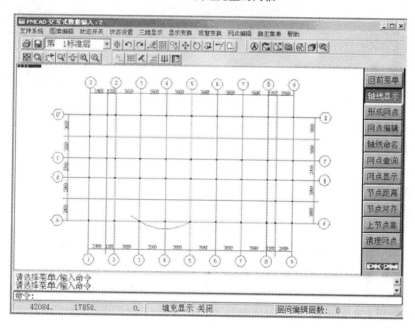

图 2-14　轴线命名

① (起始轴线名)

[Esc]

用光标点取Ⓐ轴 A (逐根输入轴线名)

用光标点取Ⓑ轴 B [Enter]

用光标点取Ⓒ轴 C [Enter]

用光标点取①轴 D［Enter］

［Esc］

点取轴线显示（图 2-14）

2.1.2.5 网点查询

查询网格节点数据。

【例】 网点查询

用光标点取②轴与Ⓑ轴交点（图 2-15）

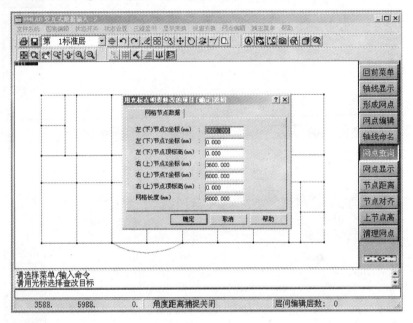

图 2-15 查询某一网格信息

2.1.2.6 网点显示

网点显示编号、坐标；网格显示编号、长度。

网点显示→数据显示→显示网格长度，确定→字符放大/字符缩小/返回？（Y［Ent］/A［Tab］/N［Esc］）

网点显示→数据显示→显示节点坐标，确定→字符放大/字符缩小/返回？（Y［Ent］/A［Tab］/N［Esc］）

【例】 网点显示（图 2-16）

数据显示，显示网格长度，确定（图 2-17）（网格编号 * 网格长度）

［Esc］

网点显示

数据显示，显示节点坐标，确定（图 2-18）（节点坐标 * 节点编号）

［Esc］

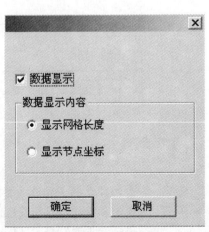

图 2-16 网点显示

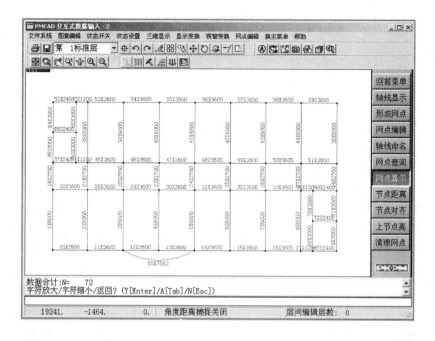

图 2-17 查询网格长度

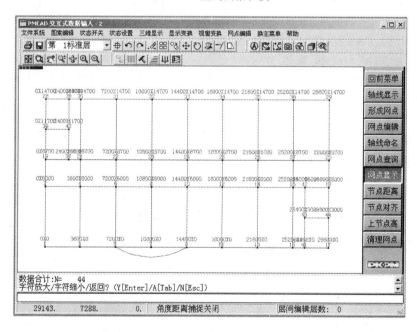

图 2-18 查询节点信息

2.1.2.7 节点距离

当工程规模很大或带有半径很大的圆弧轴线，形成网点菜单由于计算机精度产生一些误差而引起网点混乱。程序要求输入一个归并间距，一般输入 50mm（默认），凡间距小于 50mm 的点视为同一个节点。

2.1.2.8 节点对齐

将各标准层、各节点与第一层相近节点对齐，归并距离用节点距离定义的值。

2.1.2.9　上节点高

上节点高指本层在层高处节点的高度，程序隐含为楼层的层高，改变上节点高也就改变该节点处的柱高、墙高和与之相连的梁的坡度。

上节点高→输入上节点相对层高处的高差→选择目标（光标、轴线、窗口、围栏方式均可）→［Esc］返回，继续输入上节点相对层高处的高差→［Esc］结束命令。

2.1.2.10　清理网点

清理无用的网点。

2.1.3　构件定义

定义整栋建筑的柱、梁（包括次梁）、墙、洞口（门窗的洞口）、斜柱支撑的截面尺寸及材料。柱、梁、斜柱支撑杆件输入截面形状类型、尺寸、材料（混凝土或钢）。墙定义厚度，墙高自动取层高，材料在主菜单二定义。洞口定义矩形洞口，输入宽、高的尺寸。

2.1.3.1　柱定义

柱定义→在柱1～10下用光标点取一空白处，弹出柱参数窗口→点取截面类型，点取选择柱类型，返回柱参数窗口→输入柱截面参数尺寸、材料类别（默认是混凝土，材料类型号为6；钢材料类型号为5）/点快速输入按钮，右侧菜单处出现常用柱截面参数尺寸，用光标选后出现材料选项→同样可以继续定义一个新的柱，按［Esc］结束命令。

注：当定义的构件与前面定义过的构件完全相同时，会提示与前面第几个构件定义相同。

当用光标在右侧点取已定义过的构件，可以对构件进行修改，与定义过程类似。已布置在楼层的此种构件会自动进行改变。

【例】　定义柱宽*柱高分别为500*500、600*600的两种混凝土柱

柱定义

点取右侧柱列表空白处，出现柱参数窗口，点取截面类型

点取选择矩形截面，返回柱参数窗口（图2-19）

输入柱宽500，柱高500，材料类别6，点取确定（图2-20）

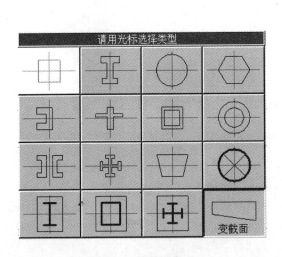

图2-19　柱截面类型

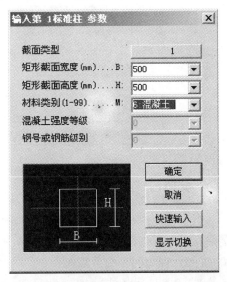

图2-20　柱参数

26

点取右侧柱列表空白处，出现柱参数窗口

点取选择矩形截面，返回柱参数窗口

点取快速输入，在右侧菜单处点取柱宽600，点取柱高600，材料类别6

［Esc］（图2-21）

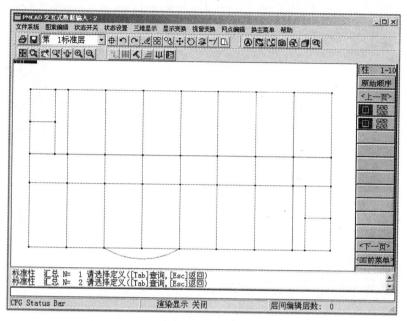

图2-21　定义柱

2.1.3.2　主梁定义

主梁定义→在梁1～10下用光标点取一空白处，弹出梁参数窗口→点取截面类型，点取选择梁类型，返回梁参数窗口→输入梁截面参数尺寸、材料类别（默认是混凝土，材料类型号为6；钢材料类型号为5）/点快速输入按钮，右侧菜单处出现常用梁截面参数尺寸，用光标选后出现材料选项→同样可以继续定义一个新的梁，按［Esc］结束命令。

注：建筑中所有的梁类型（包括次梁）必须在此定义。

【例】　定义梁宽＊梁高分别为200＊300、200＊500、250＊600、300＊700的混凝土梁

主梁定义

点取右侧梁列表空白处，出现梁参数窗口，点取截面类型

点取选择矩形截面，返回梁参数窗口（同柱截面类型窗口）

输入梁宽200，梁高300，材料类别6，点取确定（同柱参数窗口）

点取右侧梁列表空白处，出现梁参数窗口

点取选择矩形截面，返回梁参数窗口

点取快速输入，在右侧菜单处点取梁宽200，点取梁高500，材料类别6

点取右侧梁列表空白处，出现梁参数窗口

点取选择矩形截面，返回梁参数窗口

输入梁宽250，梁高600，材料类别6，点取确定

点取右侧梁列表空白处，出现梁参数窗口

点取选择矩形截面，返回梁参数窗口

输入梁宽 300，梁高 700，材料类别 6，点取确定

[Esc]（图 2-22）

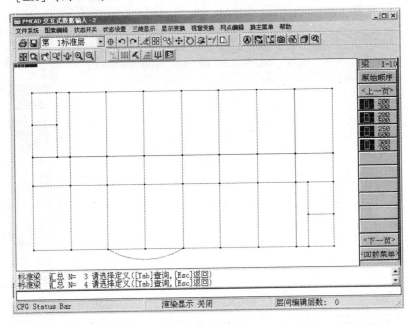

图 2-22　梁定义

2.1.3.3　墙定义

墙定义→在墙 1～10 下用光标点取一空白处，出现墙参数窗口→输入墙厚度、墙高度（墙高也可以不输入，系统自动取层高为墙高；墙体材料在 PM 主菜单 2 选定）/点快速输入按钮，右侧菜单处出现常用墙厚度尺寸，用光标选后出现常用墙高度尺寸→同样可以继续定义一个新的墙，按 [Esc] 结束命令。

　　注：在此定义的墙无论是砖墙还是混凝土墙均是结构承重墙，填充墙应该化成作用在梁上的外荷载在 PM 主菜单 3 输入。

【例】　定义墙厚分别为 120、240 的两种墙

墙定义

点取右侧墙列表空白处，出现墙参数窗口（图 2-23）

输入墙厚度 120，点取确定

点取右侧墙列表空白处，出现墙参数窗口

点取快速输入，在右侧菜单处点取墙厚宽 240，点取墙高度 0

[Esc]（图 2-24）

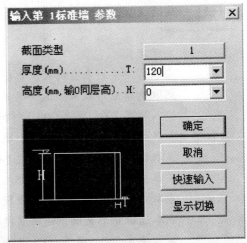

图 2-23　墙参数

2.1.3.4　洞口定义

28

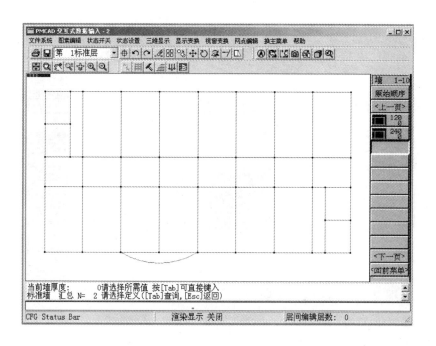

图 2-24 墙定义

一般指门、窗洞口。

洞口定义→在洞口 1~10 下用光标点取一空白处，出现洞口参数窗口（矩形洞口）→输入洞口宽度、洞口高度/点快速输入按钮，右侧菜单处出现常用洞口宽度尺寸，用光标选后出现常用洞口高度尺寸→同样可以继续定义一个新的洞口，按［Esc］结束命令。

【例】 定义宽度＊高度分别为 1800＊1800（C1）、900＊2100（M1）、750＊2000（M2）的洞口

洞口定义

点取右侧洞口列表空白处，出现洞口参数窗口

输入洞口宽度 1800，洞口高度 1800，点取确定

点取右侧洞口列表空白处，出现洞口参数窗口

点取快速输入，在右侧菜单处点取洞口宽度 900，点取洞口高度 2100

点取右侧洞口列表空白处，出现洞口参数窗口

输入洞口宽度 750，洞口高度 2000，点取确定

［Esc］（图 2-25）

2.1.3.5 斜杆定义

斜杆定义→在斜杆 1~10 下用光标点取一空白处，弹出斜杆参数窗口→点取截面类型，点取选择斜杆类型，返回斜杆参数窗口→输入截面参数尺寸、材料类别（默认是混凝土，材料类型号为 6；钢材料类型号为 5）/点快速输入按钮，右侧菜单处出现常用斜杆截面参数尺寸，用光标选后出现材料选项→同样可以继续定义一个新的斜杆，按［Esc］结束命令。

2.1.3.6 柱删除

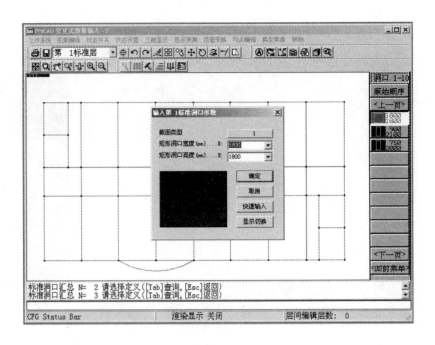

图 2-25　洞口定义

柱删除→提示被取消构件将自动从各层删除，并不能用 Undo 恢复（继续/返回，图 2-26）→点取继续，右侧出现柱列表，点取删除的柱→按［Esc］结束命令。

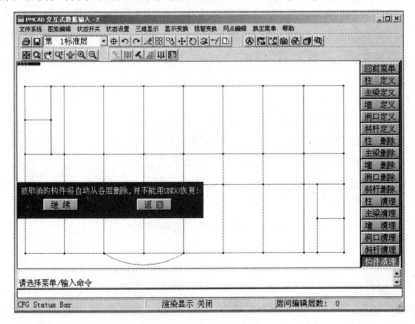

图 2-26　柱删除提示

2.1.3.7　主梁删除

主梁删除→提示被取消构件将自动从各层删除，并不能用 Undo 恢复（继续/返回）→点取右侧出现梁列表，点取删除的梁→按［Esc］结束命令。

2.1.3.8 墙删除

墙删除→提示被取消构件将自动从各层删除，并不能用 Undo 恢复（继续/返回）→点取继续，右侧出现墙列表，点取删除的墙→按［Esc］结束命令。

2.1.3.9 洞口删除

洞口删除→提示被取消构件将自动从各层删除，并不能用 Undo 恢复（继续/返回）→右侧出现洞口列表，点取删除的洞口→按［Esc］结束命令。

2.1.3.10 斜杆删除

斜杆删除→提示被取消构件将自动从各层删除，并不能用 Undo 恢复（继续/返回）→右侧出现斜杆列表，点取删除的斜杆→按［Esc］结束命令。

2.1.3.11 柱清理

柱清理→提示未使用构件将自动删除，并不能用 Undo 恢复（继续/返回）。

2.1.3.12 主梁清理：

主梁清理→提示未使用构件将自动删除，并不能用 Undo 恢复（继续/返回）。

2.1.3.13 墙清理

墙清理→提示未使用构件将自动删除，并不能用 Undo 恢复（继续/返回）

2.1.3.14 洞口清理

洞口清理→提示未使用构件将自动删除，并不能用 Undo 恢复（继续/返回）

2.1.3.15 斜杆清理

斜杆清理→提示未使用构件将自动删除，并不能用 Undo 恢复（继续/返回）

2.1.3.16 构件清理

构件清理→提示未使用构件将自动删除，并不能用 Undo 恢复（继续/返回）

注：一般不要进行主梁清理、构件清理。因为次梁的定义在主梁中进行，如果次梁的布置是在主菜单二进行，则定义的次梁由于在主菜单一未被使用而被清理。

2.1.4 楼层定义

结构标准层：各结构标准层从下到上排列，结构布置相同（即构件布置相同，包括主菜单二次梁楼板的输入也要求相同），并且相邻的楼层可以定义为一个结构标准层。

构件布置的 4 种方式（4 种方式通过［Tab］键进行切换）：

（1）直接布置方式：用光标靶套住构件布置处的节点或网格，按［Enter］。

（2）沿轴线布置方式：用捕捉靶套住轴线，按［Enter］，则被套住轴线上所有节点或网格布置被选的构件。

（3）按窗口布置方式：用光标在图中截取一窗口，窗口中所有节点或网格被布置被选的构件。

（4）按围栏布置方式：用光标点取多个点围成一任意形状的围栏，围栏内所有的节点或网格布置被选的构件。

注：柱布置在节点上，梁、墙布置在网格上，洞口布置在网格有墙的部分，斜杆布置在支撑的两个节点上。

对同一位置重复布置构件，新布置的构件会取代原有的构件，即每个节点只能布置一根柱，两节点间的网格只能布置一根梁或墙。按 F5 刷新屏幕观察布置的结果。

在楼层布置的同时也可以定义构件，只要点击构件栏中的空白即可进入定义构件的程序。

结构标准层的定义次序必须遵守建筑楼层从下到上的次序。

结构标准层的定义必须要考虑主菜单二输入次梁楼板中是否相同，如果不同应定义成不同的结构标准层。

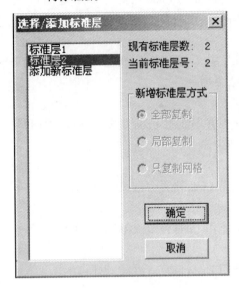

图 2-27 换标准层

2.1.4.1 换标准层

除右侧菜单外，还可用工具栏中第 N 标准层进行。

（1）指定一个当前标准层：所有布置、修改针对当前标准层。

双击选择/添加标准层弹出窗口中的标准层列表中所选的标准层或单击后按确定；也可以用工具栏中第 N 标准层进行选择（图 2-27）。

（2）建立一个新的标准层：

单击添加新标准层→选择全部复制/局部复制/只复制网格→点击确定，建立一个新的标准层（图 2-27）。

①全部复制：新建和当前标准层完全一样的一个标准层。

②局部复制：用光标、轴线、窗口、围栏选择新建标准层要从当前标准层复制的对象（注意：当前标准层的网格、节点在新建标准层中都会保留）。

③只复制网格：新建标准层仅保留当前标准层的网格、节点。

注：新建一标准层后，屏幕提示新建的标准层是当前标准层。可以用轴线输入补充新的轴线或删除轴线；布置或删除柱、梁、墙、洞口、斜杆。

为保证上、下节点网格的对应，新建标准层应该在旧标准层基础上建立。系统自动取当前标准层作为新建标准层模板，节点网格全保留。

例题在构件布置完成后，插标准层时讲解。

2.1.4.2 柱布置（黄色显示）

（1）柱布置→选择右侧柱表列（定义过的柱）→确定选择构件位置方法（光标、轴线、窗口、围栏方式均可），输入沿轴偏心、偏轴偏心、轴转角→用选择目标的方法来确定构件的布置位置→继续提示选择目标，按［Esc］继续选择另一种柱布置，按［Esc］结束命令。

（2）柱布置→选择右侧柱表列（定义过的柱）→确定选择构件位置的方法（光标、轴线、窗口、围栏方式均可），点取取数→用捕捉靶选择已布置的构件，弹出被选构件的截面和偏心，用户确认→用选择目标的方法来确定构件的布置位置→继续提示选择目标，按［Esc］继续选择另一种柱布置，按［Esc］结束命令。

转角：柱宽方向与 X 轴的夹角。

沿轴偏心：沿柱宽方向偏心（右偏为正，左偏为负）。

偏轴偏心：沿柱高方向的偏心（上偏（柱高）为正，下偏为负）。

注：柱布置采用沿轴布置方式时，柱的方向（柱宽方向）自动取轴线方向（即柱宽方向与轴线方向一致，例如在纵轴线柱布置时如果选用轴线方式确定柱的位置）。

【例】 接图 2-25，布置结构标准层 1 的柱。建筑外围的柱采用柱 500 * 500，里面的柱采用柱600*600。考虑美观，一般要求柱与外墙齐平。例题以墙定位（结施图中的轴线定位必须与建施图中的轴线定位一致），柱、梁可能有偏心，为讲解偏心对齐菜单命令的需要，Ⓐ、Ⓓ轴的柱暂不进行偏心布置。

柱布置

点取柱500*500（布置柱500*500）

沿轴偏心0，偏轴偏心0，轴转角0，用光标靶捕捉Ⓐ轴（图2-28）。

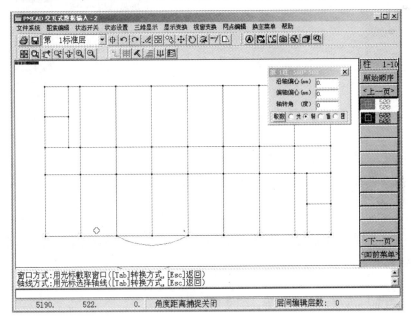

图2-28　柱布置1

窗口方式，用窗口将①轴圈住（图2-29）。

（由于轴线、窗口布置方式，次梁位置处布置了柱，可以在删除柱菜单中将不要的柱进行删除）

沿轴偏心130，偏轴偏心 – 130，轴转角0（①轴与Ⓑ轴的交点形成的节点布置柱）

光标方式，用光标靶捕捉①轴与Ⓑ轴的交点。

沿轴偏心130，偏轴偏心130，轴转角0（①轴与Ⓒ轴的交点形成的节点布置柱）

光标方式，用光标靶捕捉①轴与Ⓒ轴的交点。

沿轴偏心 – 130，偏轴偏心 – 130，轴转角0（⑨轴与Ⓑ轴的交点形成的节点布置柱）

光标方式，用光标靶捕捉⑨轴与Ⓑ轴的交点。

沿轴偏心 – 130，偏轴偏心130，轴转角0（⑨轴与Ⓒ轴的交点形成的节点布置柱）

光标方式，用光标靶捕捉⑨轴与Ⓒ轴的交点。

点取柱600*600（布置柱600*600）

沿轴偏心0，偏轴偏心 – 180，轴转角0（Ⓑ轴在建筑里面布置的柱）

光标方式，用光标靶捕捉③轴与Ⓑ轴的交点，用光标靶捕捉⑤轴与Ⓑ轴的交点，用光标靶捕捉⑦轴与Ⓑ轴的交点

沿轴偏心0，偏轴偏心180，轴转角0（Ⓒ轴在建筑里面布置的柱）

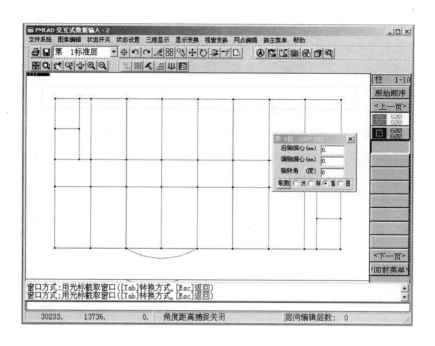

图 2-29　柱布置 2

光标方式，用光标靶捕捉③轴与ⓒ轴的交点，用光标靶捕捉⑤轴与ⓒ轴的交点，用光标靶捕捉⑦轴与ⓒ轴的交点

［Esc］

［Esc］（当前标准层柱布置完毕，图 2-30）

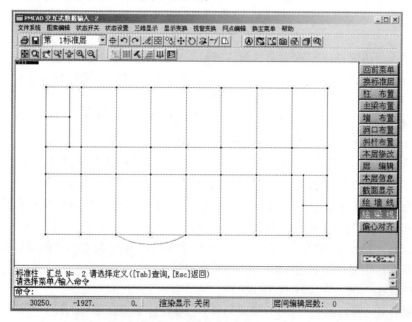

图 2-30　柱布置 3

2.1.4.3　主梁布置（蓝色显示）

（1）主梁布置→选择右侧梁表列（定义过的梁）→确定选择构件位置的方法（光标、轴线、窗口、围栏方式均可），输入偏轴距离、梁两端相对层高处的高差→用选择目标的方法来确定构件的布置位置→继续提示选择目标，按［Esc］继续选择另一种梁布置，按［Esc］结束命令。

（2）主梁布置→选择右侧梁表列（定义过的梁）→确定选择构件位置的方法（光标、轴线、窗口、围栏方式均可），点取取数→用捕捉靶选择已布置的构件，弹出被选构件的截面和偏心，用户确认→用选择目标的方法来确定构件的布置位置→继续提示选择目标，按［Esc］继续选择另一种梁布置，按［Esc］结束命令。

注：偏心方向在沿轴、光标布置由光标点取时所在轴线某一边决定，与偏轴距离的正负无关。在窗口、围栏布置时，偏轴距离为正表示左、上偏，为负表示右、下偏。

梁两端相对层高处的高差以向上为正，向下为负。例如层间梁可以在此指定相对层高处的下沉距离，也可以先不指定下沉距离，在错层斜梁或 PM 主菜单二中进行错层操作。

次梁在 PM 主菜单二布置，也可以在此作为主梁布置，只要不超过节点总数和每层梁根数的范围即可。在某些情况下，例如由次梁分割板的活载不同时则只能将次梁作为主梁在此输入。

【例】　接图 3-30，布置结构标准层 1 的梁。建筑外围的梁、②、④、⑥轴的次梁采用梁 250＊600，③、⑤、⑦轴的梁采用梁 300＊700，弧梁采用梁 200＊500。由于墙 240，布置梁 250＊600 时不考虑偏轴距离，过道布置梁 300＊700 时有 30 的偏轴距离。为讲解偏心对齐菜单命令的需要，ⓒ轴的梁暂不进行偏轴布置。②、④、⑥轴的次梁作为主梁输入，卫生间的次梁可在 PM 主菜单二布置。

主梁布置

点取梁 250＊600（布置梁 250＊600）

偏轴距离 0，梁两端相对层高处的高差 0，0

轴线方式，用光标靶捕捉Ⓐ轴，用光标靶捕捉Ⓓ轴，用光标靶捕捉①轴，用光标靶捕捉⑨轴

光标方式，用光标靶捕捉②、④、⑥、⑧轴布置次梁的网格（图 2-31）

点取梁 300＊700（布置梁 300＊700）

偏轴距离 0，梁两端相对层高处的高差 0，0（布置ⓒ轴梁 300＊700）

轴线方式，用光标靶捕捉ⓒ轴

光标方式，用光标靶捕捉③、⑤、⑦轴布置梁的网格

偏轴距离 30，梁两端相对层高处的高差 0，0（布置Ⓑ轴梁 300＊700）

轴线方式，用光标靶捕捉Ⓑ轴（注意光标靶捕捉Ⓑ轴时在Ⓑ轴的下面）

点取梁 200＊500（布置弧梁 200＊500）

偏轴距离 0，梁两端相对层高处的高差 0，0

轴线方式，用光标靶捕捉圆弧网格

［Esc］

［Esc］（当前标准层主梁布置完毕，梁 200＊300 在主菜单 2 的次梁布置使用，图 2-32）

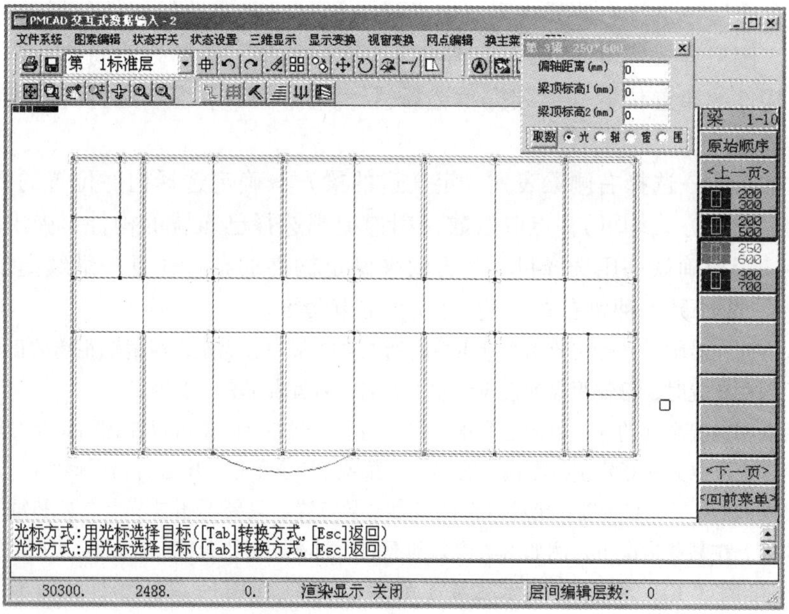

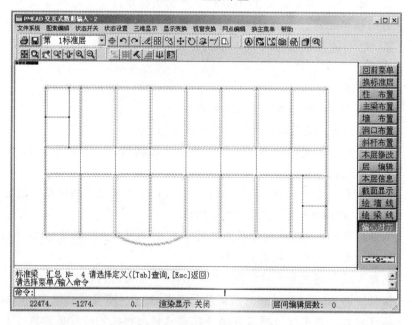

图 2-31 主梁布置 1

图 2-32 主梁布置 2

2.1.4.4　墙布置（绿色显示）

（1）墙布置→选择右侧墙表列（定义过的墙）→确定选择构件位置的方法（光标、轴线、窗口、围栏方式均可），输入偏轴距离→用选择目标的方法来确定构件的布置位置→继续提示选择目标，按［Esc］继续选择另一种墙布置，按［Esc］结束命令。

（2）墙布置→选择右侧墙表列（定义过的墙）→确定选择构件位置的方法（光标、轴线、窗口、围栏方式均可），点取取数→用捕捉靶选择已布置的构件，弹出被选构件的截面和偏心，用户确认→用选择目标的方法来确定构件的布置位置→继续提示选择目标，按[Esc]继续选择另一种墙布置，按[Esc]结束命令。

注：偏心方向在沿轴、光标布置由光标点取时所在轴线某一边决定，与偏轴距离的正负无关。在窗口、围栏布置时，偏轴距离为正表示左、上偏，为负表示右、下偏。

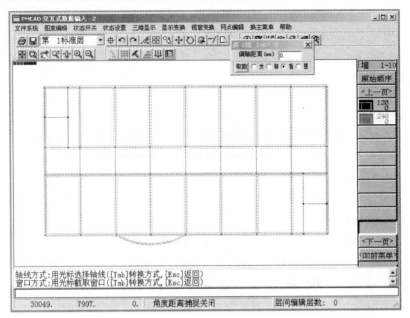

图 2-33　墙布置

【例】　接图 2-32，布置结构标准层 1 的墙。建筑的墙除卫生间采用墙 120 外，其他均采用墙 240。由于例题以墙定位，所以墙无偏轴距离。

墙布置

点取墙 240（布置墙 240）

偏轴距离 0（墙 240 偏轴距离 0）

轴线方式，用光标靶捕捉Ⓐ轴，用光标靶捕捉Ⓑ轴，用光标靶捕捉Ⓓ轴，用光标靶捕捉①轴，用光标靶捕捉⑨轴

窗口方式，用窗口将Ⓒ轴布置墙的网格圈住（图 2-33）

光标方式，用光标靶捕捉②、③、④、⑤、⑥、⑦、⑧轴布置墙的网格

点取墙 120（布置墙 120）

偏轴距离 0（墙 120 偏轴距离 0）

光标方式，用光标靶捕捉卫生间里的网格

［Esc］

［Esc］（当前标准层墙布置完毕）

2.1.4.5　洞口布置（深蓝色显示）

（1）洞口布置→选择右侧洞口表列（定义过的洞口）→确定选择构件位置的方法（光标、轴线、窗口、围栏方式均可），确定洞口的定位方式或输入洞口定位距离，输入底部

标高→用选择目标的方法来确定构件的布置位置→继续提示选择目标，按［Esc］继续选择另一种洞口布置，按［Esc］结束命令。

（2）洞口布置→选择右侧洞口表列（定义过的洞口）→确定选择构件位置的方法（光标、轴线、窗口、围栏方式均可），点取取数→用捕捉靶选择已布置的构件，弹出被选构件的定位方式、底部标高，用户确认→用选择目标的方法来确定构件的布置位置→继续提示选择目标，按［Esc］继续选择另一种洞口布置，按［Esc］结束命令。

> 注：定位距离：0 中点定位方式；左（下）定位，第一个数＞0 的距离；右（上）定位，第一个数＜0 的距离；洞口紧贴左（右）节点布置，1（－1）。
>
> 定位方式：靠左（定位距离为1）；居中（定位距离为0）；靠右（定位距离为－1）。
>
> 标高：洞口下边缘距本层地面高度，例如门洞输0。
>
> 洞口不能跨节点和上、下层布置，对跨越节点和上、下层的洞口可以采用多个洞口布置。

【例】 　接图 2-33，布置结构标准层 1 的洞口。窗洞口采用洞口 1800＊1800，中点定位，标高 900；办公室门洞口采用洞口 900＊2100，450 左（右）定位；卫生间门洞口采用洞口 750＊2000，240 左（右）、上（下）定位。

洞口布置

点取洞口 1800＊1800（布置洞口 1800＊1800）

定位距离 0，底部标高 900（洞口 1800＊1800 中点定位，标高 900）

光标方式，用光标靶捕捉布置洞口 1800＊1800 的网格

点取洞口 900＊2100（布置洞口 900＊2100）

定位距离 450，底部标高 0（洞口 900＊2100 左定位 450，标高 0）

光标方式，用光标靶捕捉左定位布置洞口 900＊2100 的网格

定位距离 －450，底部标高 0（洞口 900＊2100 右定位 450，标高 0）

光标方式，用光标靶捕捉右定位布置洞口 900＊2100 的网格

点取洞口 750＊2000（布置洞口 750＊2000）

定位距离 240，底部标高 0（洞口 750＊2000 左下定位 240，标高 0）

光标方式，用光标靶捕捉左下定位布置洞口 750＊2000 的网格

定位距离 －240，底部标高 0［Enter］（洞口 750＊2000 右上定位 240，标高 0）

光标方式，用光标靶捕捉右上定位布置洞口 750＊2000 的网格（图 2-34）

［Esc］

［Esc］（当前标准层洞口布置完毕）

2.1.4.6　布置斜杆（紫红色显示）

（1）布置斜杆→按节点布置/网格布置（Y［Enter］/N［Esc］），按［Enter］进入节点布置→选择右侧斜杆列表→选择斜杆第一节点→输入第一个节点相对于本层地面的标高（输入 1 表示标高和层高相同）→选择斜杆第二节点→输入第二节点相对于本层地面的标高→继续提示输入第一个节点相对于本层地面的标高（输入 1 表示标高和层高相同），按［Esc］结束被选斜杆布置，继续选择另一种斜杆布置→按［Esc］结束命令。

（2）布置斜杆→按节点布置/网格布置（Y［Enter］/N［Esc］），按［Esc］进入网格布置→选择右侧斜杆列表→输入斜杆两端标高→选择布置斜杆的网格（光标、轴线、窗口、

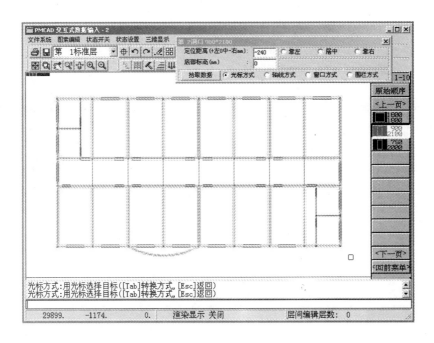

图 2-34 洞口布置

围栏方式均可）→继续提示输入斜杆两端标高，按［Esc］结束被选斜杆布置，继续选择另一种斜杆布置→按［Esc］结束命令。

> 注：布置构件时，要求输入构件相对于网格或节点的偏心值或距离值时，除回答问题输入数据外，还可以按［Tab］，提示选择已布置的构件，此时选择已布置的构件会保留被选构件的这些特征值来进行新的构件的布置。

2.1.4.7 本层修改：对布置好的构件做删除或替换操作。

（1）错层斜梁

错层斜梁→输入梁两端相对层高处的高差（向上为正，向下为负）→选择目标（光标、沿轴、窗口、围栏方式均可）→按［Esc］结束命令。

（2）删除柱

删除柱→选择删除目标（光标、沿轴、窗口、围栏方式均可）→按［Esc］结束命令。

> 注：与构件定义中的柱删除的区别。在构件定义中柱删除是删除定义标准柱类型，所有布置在建筑的此种柱都会删除。在本层修改中删除柱是删除布置在结构标准层中的某一些柱。

【例】　接图 2-34，将卫生间次梁位置处、②、④、⑥、⑧轴与Ⓑ、Ⓒ轴的交点节点处不要的柱进行删除。

　　本层修改
　　删除柱
　　用光标靶选择要删除的柱
　　［Esc］（图 2-35）

（3）删除主梁

删除主梁→选择删除目标（光标、沿轴、窗口、围栏方式均可）→按［Esc］结束命令。

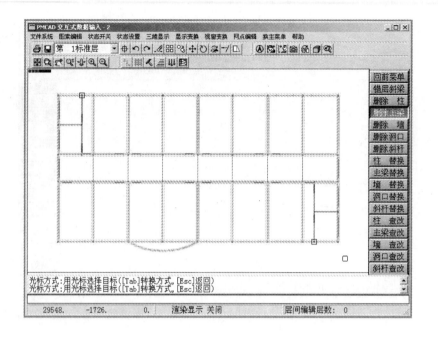

图 2-35　删除柱

（4）删除墙

删除墙→选择删除目标（光标、沿轴、窗口、围栏方式均可）→按［Esc］结束命令。

（5）删除洞口

删除洞口→选择删除目标（光标、沿轴、窗口、围栏方式均可）→按［Esc］结束命令。

（6）删除斜杆

删除斜杆→选择删除目标（光标、沿轴、窗口、围栏方式均可）→按［Esc］结束命令。

（7）柱替换

柱替换→选择被替换的标准柱（右侧柱列表选择）→选择后按确定→选择替换标准柱（右侧柱列表选择）→选择后按确定。

注：替换后保留原来的偏心、位移值。

【例】　将图 2-35 当前标准层布置的柱 500 * 500 替换成柱 600 * 600。

柱替换

点取右侧柱列表被替换的柱 500 * 500 点取确定（图 2-36a）

点取右侧柱列表用来替换的柱 600 * 600 点取确定（图 2-36b）

（8）主梁替换

主梁替换→选择被替换的标准梁（右侧梁列表选择）→选择后按确定→选择替换标准梁（右侧梁列表选择）→选择后按确定。

（9）墙替换

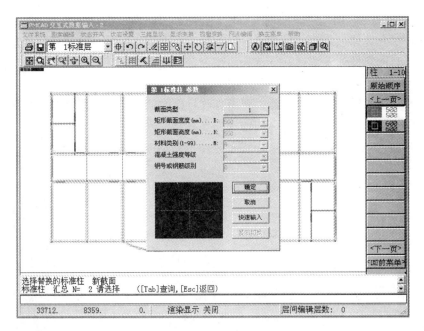

(a)

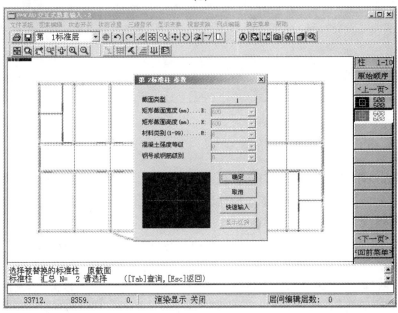

(b)

图 2-36 柱替换

(a) 被替换的柱;(b) 用来替换的柱

墙替换→选择被替换的标准墙(右侧墙列表选择)→选择后按确定→选择替换标准墙(右侧墙列表选择)→选择后按确定。

(10) 洞口替换

洞口替换→选择被替换的标准洞口(右侧洞口列表选择)→选择后按确定→选择替换标准洞口(右侧洞口列表选择)→选择后按确定。

（11）斜杆替换

斜杆替换→选择被替换的标准斜杆（右侧斜杆列表选择）→选择后按确定→选择替换标准斜杆（右侧斜杆列表选择）→选择后按确定。

（12）柱查改

柱查改→用光标选择查改目标，弹出查改目标的信息窗口（图2-37）→更改构件定位数据/更改标准构件类别/查询标准构件详细参数→查改后按确定或取消。

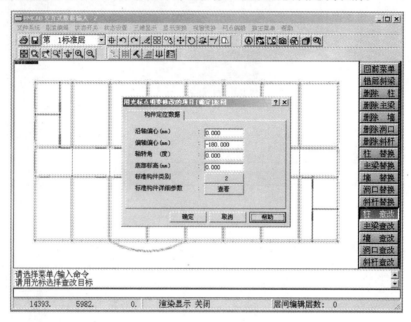

图2-37 柱查改

（13）主梁查改

主梁查改→用光标选择查改目标，弹出查改目标的信息窗口（图2-38）→更改构件定位数据/更改标准构件类别/查询标准构件详细参数→查改后按确定或取消。

（14）墙查改

墙查改→用光标选择查改目标，弹出查改目标的信息窗口→更改构件定位数据/更改标准构件类别（图2-39）/查询标准构件详细参数→查改后按确定或取消。

注：更改构件的定位数据直接在窗口输入；更改标准构件类别，点取标准构件类别数按钮，在右侧的标准构件列表选择要的构件；查询标准构件详细参数，弹出被选构件的详细参数窗口。

（15）洞口查改

洞口查改→用光标选择查改目标，弹出查改目标的信息窗口（图2-40）→更改构件定位数据/更改标准构件类别/查询标准构件详细参数→查改后按确定或取消。

（16）斜杆查改

斜杆查改→用光标选择查改目标，弹出查改目标的信息窗口→更改构件定位数据/更改标准构件类别/查询标准构件详细参数→查改后按确定或取消。

2.1.4.8 层编辑

（1）删除标准层

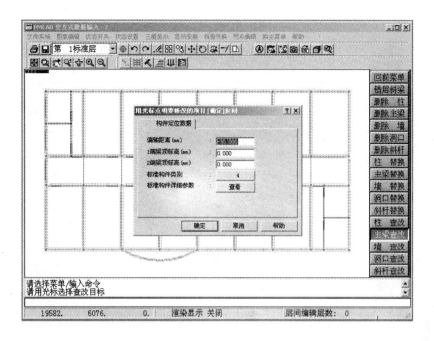

图 2-38　主梁查改

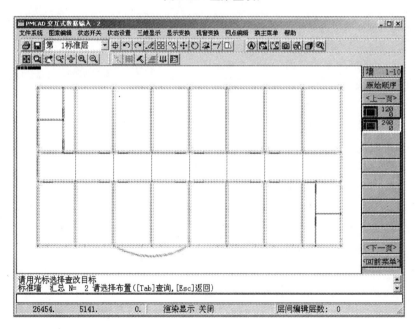

图 2-39　墙查改（更改构件类别）

删除标准层→选择要删除的标准层（弹出窗口中的标准层表列），点取确定删除所选的标准层/点取取消保留（图 2-41）。

（2）插标准层

插标准层→选择插入哪层前（弹出窗口中的标准层表列），选择全部复制/局部复制/只复制网格，点击确定插入一个新的标准层。

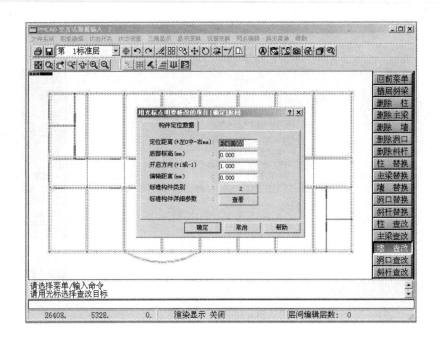

图 2-40　洞口查改

注：复制以当前标准层为基础进行复制。

插标准层过程与换标准层中的新建标准层比较类似，插标准层只能在已有的标准层之前新建一个标准层，而换标准层中的新建标准层则是按先后次序新建一个标准层。

【例】　接图 2-35，新建一个标准层 2，局部复制标准层 1 的③、④、⑤、⑥、⑦轴；在标准层 2 之前插入一个标准层，全部复制标准层 1，删除标准层2 中的弧梁（本例要建 3 个标准层：楼层 1 层为标准层 1，楼层 2、3 层为标准层 2，楼层 4 层为标准层 3）

换标准层

点取弹出窗口添加新标准层，选局部复制，点取确定

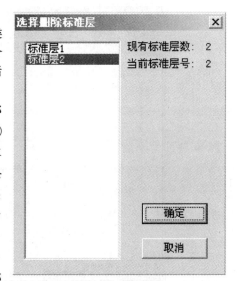

图 2-41　删除标准层

[Tab] 切换至窗口选择方式，用窗口将③、④、⑤、⑥、⑦轴与Ⓑ、Ⓒ、Ⓓ轴的内容选上（被选对象红色显示）

[Tab] 切换至光标选择方式，用光标靶将③、④、⑤、⑥、⑦轴与Ⓐ、Ⓑ轴的内容选上，用光标靶将Ⓐ轴与③、④、⑤、⑥、⑦轴的内容选上（图 2-42）。

[Esc]（新建标准层 2，局部复制标准层 1 的内容，标准层 2 为当前标准层）

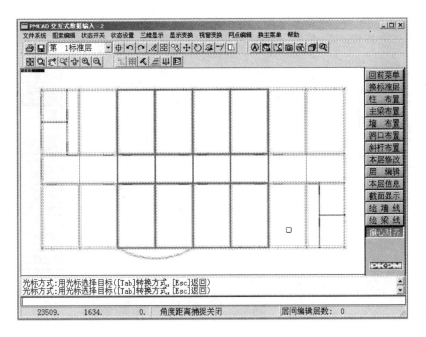

图 2-42　新建标准层部分复制当前标准层的内容

换标准层

点取标准层 1（将标准层 1 设为当前标准层，复制以当前标准层为基础）

层编辑

插标准层

点取标准层 2，全部复制，点取确定。

（可以通过换标准层查看 3 个标准层的内容，原标准层 2 变为标准层 3，插入标准层 2 以当前标准层标准层 1 为母本进行复制，插入的标准层 2 为新的当前标准层）

回前菜单

本层修改

删除主梁，用光标靶选择弧梁，[Esc]（图 2-43）

（3）层间编辑

通过设置层间编辑，可将操作在多个或全部标准层上同时进行。例如在 1～20 标准层同一位置添加一根相同的梁，设置层间编辑 1～20 标准层，则在一层添加该梁会自动在 1～20 标准层进行。

层间编辑→通过添加、修改、插入设置进行层间编辑的标准层→点取确定。

注：进行某项操作时，被设置为层间编辑每一层都和会询问相同/以下都相同/跳过此层？

[Y [Ent]/A [Tab] /N [Esc]]，可以通过选择决定操作是否对该层进行。

例题在偏心对齐部分讲解。

（4）层间复制

层间复制→提示层间复制的结果将不能用 Undo 恢复，点取继续→通过添加、修改、插入对目标标准层进行选择，点取确定→选择当前标准层中被复制的对象（光标、沿轴、

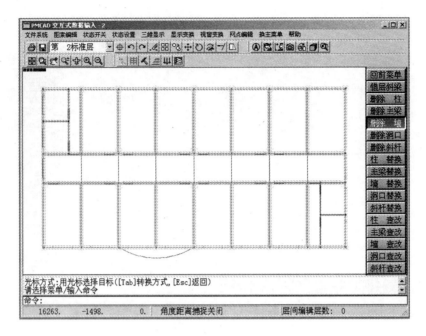

图 2-43 修改后标准层 2 的内容

窗口、围栏 4 种选择方式均可）→按［Esc］退出选择→提示确认选择/重新选择/返回？
（Y［Ent］/A［Tab］/N［Esc］）→继续提示选择当前标准层中被复制的对象，按［Esc］
退出选择→按［Esc］结束命令。

　　注：层间复制是将当前层的对象向已有的目标层进行复制，与新建标准层和插入层有区别。

　【例】　　有结构标准层 1、结构标准层 2，其中标准层 2 具有和标准层 1 完全一样的网
　　　　　格，但没布置任何构件，现通过层间复制将标准层 1 的部分构件布置复制到
　　　　　标准层 2 中。

　　　　　将标准层 1 设为当前标准层

　　　　　层间复制

　　　　　点取继续

　　　　　添加标准层 2 为已选目标标准层，点取确定（图 2-44）

　　　　　选择当前标准层要复制到目标标准层的对象（被选对象红色显示，图 2-45）

　　　　　选择完毕［Esc］

　　　　　［Enter］

　　　　　［Esc］（标准层 2 复制结果，图 2-46）

　　（5）单层拼装

　　单层拼装→输入拼装的工程名（［Tab］本工程/［Esc］返回）→输入工程名右侧出现
此工程所有标准层→选择要拼装标准层→整体拼装/局部拼装？（Y［Ent］/N［Esc］）→选
择复制对象，（整体拼装不必选择对象）确认选择/重新选择/返回？（Y［Ent］/A［Tab］/
N［Esc］）→是否移动？（Y［Ent］/N［Esc］）→输入被选对象基准点→输入插入后旋转角
→输入新工程中当前标准层的插入点。

　　注：拼装是针对打开工程的当前标准层（没有设置层间编辑）进行拼装。拼装的对象来自其他工程

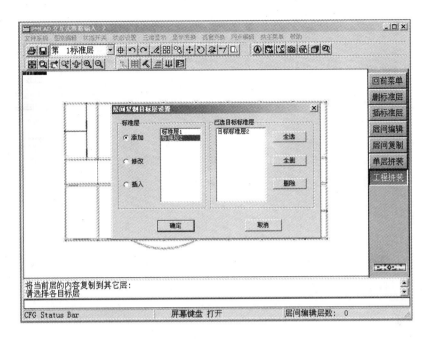

图 2-44　层间复制选择目标标准层

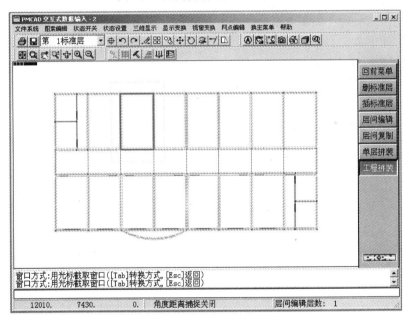

图 2-45　层间复制选择复制对象

或本工程的某一被选标准层。注意与层间复制的区别，层间复制是在一个工程文件中进行层间的对象复制。

拼装对象与原有对象重复时，后布置的覆盖原有的。

【例】　工程2标准层1有部分对象采用工程1中已布置的对象。

打开工程2，将标准层1设为当前标准层（图2-47）

单层拼装

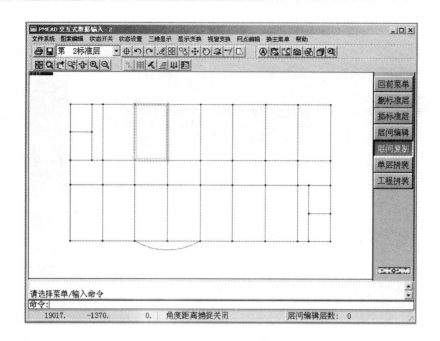

图 2-46　层间复制的结果

1〔Enter〕（拼装内容来自工程 1）

弹出工程 1 的标准层列表，选择标准层 1，点取确定出现工程 1 的标准层 1

〔Esc〕（局部拼装）

选择完毕拼装的对象，〔Esc〕（图 2-48）

〔Enter〕（确认选择）

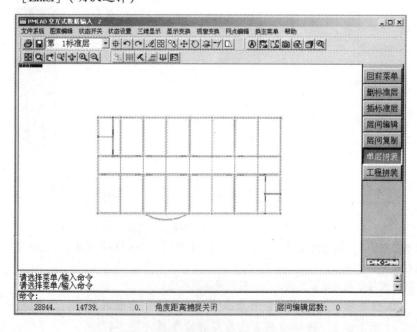

图 2-47　单层拼装前的内容

用光标靶捕捉所选对象的左下角的节点（输入对象基准点）

0（输入旋转角度）

用光标靶捕捉拼装层的所在位置的节点（输入插入点，图2-49）

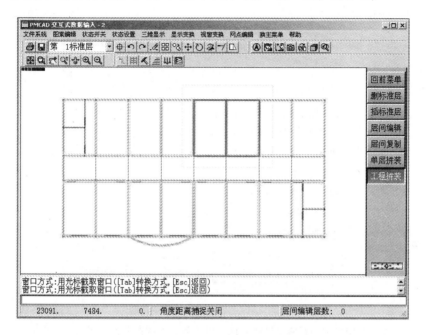

图2-48　单层拼装工程所选拼装的内容

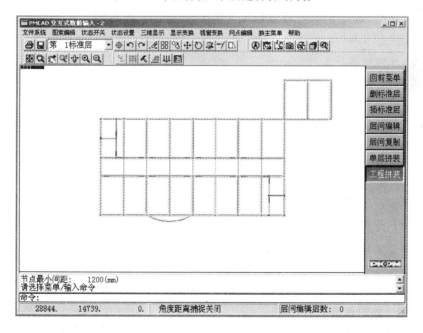

图2-49　单层拼装后的结果

（6）工程拼装

工程拼装→提示工程拼装的结果将不能用 Undo 恢复，点取继续→输入拼装工程名，显示拼装工程→输入基准点→输入旋转角→重新显示被拼装的工程，输入插入点。

注：将拼装工程中所有标准层拼装到当前工程相应的标准层中，如重复对象，后面拼装的覆盖前面的对象。注意与单层拼装的区别，单层拼装是将某一标准层的内容进行拼装。

2.1.4.9　本层信息（图 2-50）

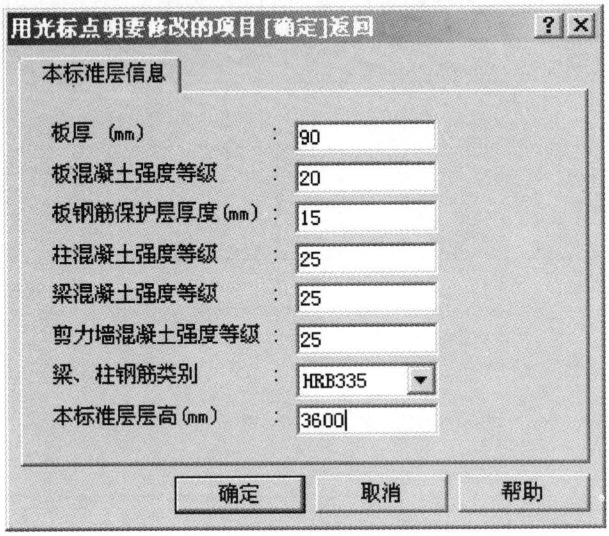

用光标点明要修改的项目 [确定]返回

本标准层信息	
板厚 (mm)	：90
板混凝土强度等级	：20
板钢筋保护层厚度(mm)	：15
柱混凝土强度等级	：25
梁混凝土强度等级	：25
剪力墙混凝土强度等级	：25
梁、柱钢筋类别	：HRB335 ▼
本标准层层高(mm)	：3600

确定　　取消　　帮助

图 2-50　本层信息

注：本标准层层高用来定向观察某轴线立面时做立面高度的参考，各层的层高必须在信息输入菜单中输入。

【例】　接图 2-43，将各标准层的板厚修改为 90mm，层高修改为 3600mm。
　　　　换标准层
　　　　点取标准层 1
　　　　本层信息
　　　　板厚修改为 90mm，层高修改为 3600mm
　　　　换标准层
　　　　点取标准层 2
　　　　本层信息
　　　　板厚修改为 90mm，层高修改为 3600mm
　　　　换标准层
　　　　点取标准层 3
　　　　本层信息
　　　　板厚修改为 90mm，层高修改为 3600mm（图 2-50）

2.1.4.10　截面显示

构件显示有数据和截面两类。系统默认构件截面开显示，截面数据关显示（数据显示有截面尺寸和偏心信息）。

注：显示平面构件截面和偏心数据后可以用下拉菜单打印绘图命令输出这张图。

（1）柱显示

柱显示→柱显示开关窗口→选择数据显示→选择显示截面尺寸/显示偏心标高→字符放大/字符缩小/返回？（Y［Ent］/A［Tab］/N［Esc］）。

①截面尺寸：柱宽×柱高。

②查询偏心标高：沿轴偏心×偏轴偏心；转角×标高。

（2）主梁显示

主梁显示→主梁显示开关窗口→选择数据显示→选择显示截面尺寸/显示偏心标高→字符放大/字符缩小/返回？（Y［Ent］/A［Tab］/N［Esc］）。

①截面尺寸：梁宽×梁高。

②查询偏心标高：偏轴距离×标高。

（3）墙显示

墙显示→墙显示开关窗口→选择数据显示→选择显示截面尺寸/显示偏心标高→字符放大/字符缩小/返回？（Y［Ent］/A［Tab］/N［Esc］）。

①截面尺寸：墙厚×墙高 。

②查询偏心标高：偏轴距离×墙底标高。

（4）洞口显示

洞口显示→洞口显示开关窗口→选择数据显示→选择显示截面尺寸/显示偏心标高→字符放大/字符缩小/返回？（Y［Ent］/A［Tab］/N［Esc］）。

①截面尺寸：洞口宽度×洞口高度。（图2-51）

②查询偏心标高：定位距离×洞口下底标高。（图2-52）

（5）斜杆显示

斜杆显示→斜杆显示开关窗口→选择数据显示→选择显示截面尺寸/显示偏心标高→字符放大/字符缩小/返回？（Y［Ent］/A［Tab］/N［Esc］）。

2.1.4.11 绘墙线

绘直线墙、平行直墙、辐射直墙、圆弧墙、三点弧墙。

绘墙线→选择绘墙类型（定义过的墙类型）→输入墙偏轴距离、标高→其他同轴线输入（以前先输轴线再布置墙，现在可以直接绘墙）。

2.1.4.12 绘梁线

绘直线梁、平行直梁、辐射直梁、圆弧梁、三点弧梁。

绘梁线→选择绘梁类型（定义过的梁类型）→输入梁偏轴距离、标高→其他同轴线输入（以前先输轴线再布置墙，现在可以直接绘梁）。

2.1.4.13 偏心对齐

（1）柱上下齐

上、下层柱尺寸不一样时，可按上层柱对下层柱某一边（或中心对齐）的要求自动算出上层柱偏心，并布置自动修正（如打开层间编辑可使多个标准层的某些柱都与第一层的对齐）。

柱上下对齐→边对齐/中对齐/退出？（Y［Ent］/A［Tab］/N［Esc］）。

①边对齐：［Enter］→选择目标→用光标点取参考轴线（参考轴线决定上下柱是横/纵向对齐）→用光标指出对齐边。

②中对齐：［Tab］→选择目标→用光标点取参考轴线。

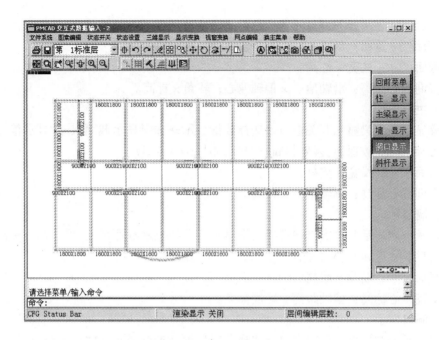

图 2-51　洞口显示 1

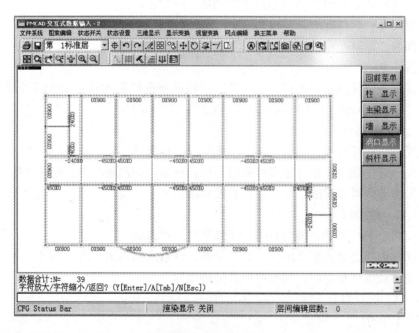

图 2-52　洞口显示 2

（2）柱与柱齐

柱与柱齐→边对齐/中对齐/退出？（Y［Ent］/A［Tab］/N［Esc］）。

① 边对齐：［Enter］→ 选择目标 → 用光标点取参考柱 → 用光标指出对齐边。

② 中对齐：［Tab］→ 选择目标 → 用光标点取参考柱。

（3）柱与墙齐

柱与墙齐 → 边对齐/中对齐/退出？（Y［Ent］/A［Tab］/N［Esc］)。

① 边对齐：［Enter］ → 选择目标 → 用光标点取参考墙 → 用光标指出对齐边。

② 中对齐：［Tab］ → 选择目标 → 用光标点取参考墙。

（4）柱与梁齐

柱与梁齐 → 边对齐/中对齐/退出？（Y［Ent］/A［Tab］/N［Esc］)。

① 边对齐：［Enter］ → 选择目标 → 用光标点取参考梁 → 用光标指出对齐边。

② 中对齐：［Tab］ → 选择目标 → 用光标点取参考梁。

（5）梁上下齐

梁上下齐 → 选择目标 → 用光标指出对齐边。

（6）梁与梁齐

梁与梁齐 → 选择目标 → 用光标点取参考梁 → 用光标指出对齐边。

（7）梁与柱齐

梁与柱齐 → 选择目标 → 用光标点取参考柱 → 用光标指出对齐边。

（8）梁与墙齐

梁与墙齐 → 选择目标 → 用光标点取参考墙 → 用光标指出对齐边。

（9）墙上下齐

墙上下齐 → 选择目标 → 用光标指出对齐边。

（10）墙与墙齐

墙与墙齐 → 选择目标 → 用光标点取参考墙 → 用光标指出对齐边。

（11）墙与柱齐

墙与柱齐 → 选择目标 → 用光标点取参考柱 → 用光标指出对齐边。

（12）墙与梁齐

墙与梁齐 → 选择目标 → 用光标点取参考梁 → 用光标指出对齐边。

注：各种对齐方式的区别：比如柱上下齐指不同的标准层的柱对齐，柱与柱齐指同层的柱对齐；柱与梁齐以梁为参考移动柱使柱梁对齐，梁与柱齐以柱为参考移动梁使梁柱对齐。

【例】 接图 2-50，将各标准层偏心补充完整。Ⓐ、Ⓓ轴的柱与墙对齐，Ⓒ轴的梁与墙对齐。同时讲解层间编辑的用法。

层间编辑（设置层间编辑）

添加标准层 1、标准层 2、标准层 3，点取确定（图 2-53）

回前菜单

偏心对齐

柱与墙齐

［Enter］（边对齐）

［Tab］转换至沿轴选择方式，用光标点取Ⓐ轴（被选的柱紫红色显示）

用光标点取Ⓐ轴的墙（参考墙）

用光标点取Ⓐ轴下方（对齐边的方向，标准层 1 的Ⓐ轴柱与墙对齐）

屏幕显示标准层 2，［Enter］（图 2-54，进行同样的对齐操作）

用光标点取Ⓐ轴的墙（参考墙）

用光标点取Ⓐ轴下方（对齐边的方向，标准层 2 的Ⓐ轴柱与墙对齐）

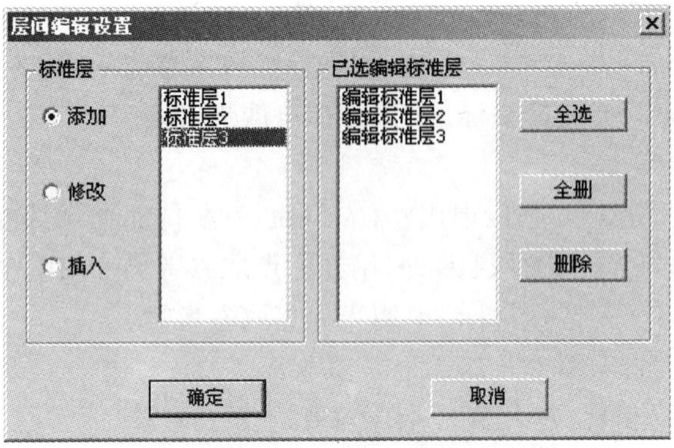

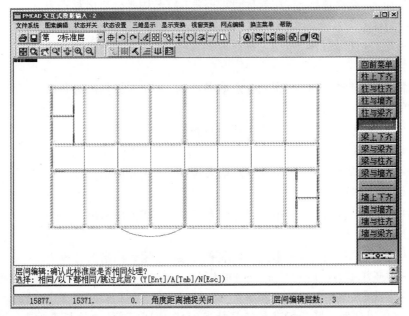

图 2-53　设置层间编辑

图 2-54　层间编辑提示

屏幕显示标准层 3，［Enter］（进行同样的对齐操作）

用光标点取Ⓐ轴的墙（参考墙）

用光标点取Ⓐ轴下方（对齐边的方向，标准层 3 的Ⓐ轴柱与墙对齐）

［Tab］转换至沿轴选择方式，用光标点取Ⓓ轴

用光标点取Ⓓ轴的墙

用光标点取Ⓓ轴上方

屏幕显示标准层 2，［Tab］（以下都进行同样对齐的操作）

用光标点取Ⓓ轴的墙

用光标点取Ⓓ轴上方（屏幕显示标准层 3）

用光标点取Ⓓ轴的墙

用光标点取Ⓓ轴上方

［Esc］（Ⓐ、Ⓓ轴的柱在水平方向与墙对齐）

54

柱与柱齐

［Enter］（边对齐）

［Tab］转换至沿轴选择方式，用光标点取①轴

用光标点取①轴与Ⓑ轴交点处的柱（参考柱）

用光标点取参考柱的左边（对齐边方向）

屏幕显示标准层2，［Enter］

用光标点取①轴与Ⓑ轴交点处的柱

用光标点取参考柱的左边

屏幕显示标准层3，［Esc］（由于标准层3的①轴没有布置柱，跳过此层）

［Tab］转换至沿轴选择方式，用光标点取⑨轴

用光标点取⑨轴与Ⓑ轴交点处的柱（参考柱）

用光标点取参考柱的右边（对齐边方向）

屏幕显示标准层2，［Enter］

用光标点取⑨轴与Ⓑ轴交点处的柱

用光标点取参考柱的右边

屏幕显示标准层3，［Esc］

［Esc］（①、⑨轴的柱在竖直方向与墙对齐）

梁与墙齐

［Tab］转换至沿轴选择方式，用光标点取Ⓒ轴

用光标点取Ⓒ轴的墙

用光标点取Ⓒ轴下方

屏幕显示标准层2，［Tab］

用光标点取Ⓒ轴的墙

用光标点取Ⓒ轴下方

用光标点取Ⓒ轴的墙（标准层3）

用光标点取Ⓒ轴下方（Ⓒ轴梁偏心与墙对齐，Ⓑ轴的梁在布置时输入偏心值）

柱与墙齐

［Enter］

［Tab］转换至沿轴选择方式，用光标点取③轴

用光标点取③轴的墙

用光标点取③轴左方

屏幕显示标准层2，［Tab］

用光标点取③轴的墙

用光标点取③轴左方

用光标点取③轴的墙（标准层3）

用光标点取③轴左方

［Tab］转换至沿轴选择方式，用光标点取⑦轴

用光标点取⑦轴的墙

用光标点取⑦轴右方

屏幕显示标准层 2，[Tab]

用光标点取⑦轴的墙

用光标点取⑦轴右方

用光标点取⑦轴的墙（标准层 3）

用光标点取⑦轴右方

[Esc]（偏心布置完毕）

回前菜单

层编辑

层间编辑

点取全删，确定（取消层间编辑）

回前菜单

换标准层

点取标准层 3（补充标准层 3 梁墙）

主梁布置

点取梁 250×600

偏轴距离 0，梁两端相对层高处的高差 0，0

光标方式，用光标靶选择③轴、⑦轴要布置梁的网格

[Esc]

[Esc]

墙布置

点取墙 240

偏轴距离 0

光标方式，用光标靶选择③、⑦轴要布置墙的网格

[Esc]

[Esc]（结构标准层布置完毕，图 2-55）

2.1.5 荷载定义

2.1.5.1 荷载定义（定义楼面荷载）

荷载定义 → 是否计算活载（1/0），一般输 1，（0 表示不计活载，在 PMCAD 主菜单 3 中不会有楼面活载菜单）→ 右侧出现荷载标准层列表，点取已有的荷载标准层可以进行修改，点取空白新建一个荷载标准层 → 输入荷载标准层的恒、活载→ 继续提示点取已有的荷载标准层可以进行修改，点取空白新建一个荷载标准层，按 [Esc] 结束命令。

注：荷载布置（指楼面荷载）相同并且相邻的楼层为一个荷载标准层。

荷载标准层的次序必须遵循从下到上的次序，否则后面会出错。

荷载标准层定义楼面的恒、活载。一般定义荷载标准层选用这一楼层大多数的恒载、活载，以后可以在 PMCAD 主菜单 3 进行修改，比如某个房间的荷载不同于其他房间时。

荷载输入的值是荷载标准值，荷载分项系数程序已经考虑，单位 kN/m^2。

荷载标准层建议荷载不同的楼层定义为不同的荷载标准层。

【例】 接图 2-55，定义两个荷载标准层。

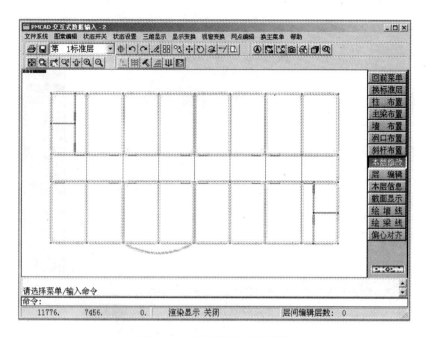

图 2-55　结构标准层布置完毕

水磨石面层 10mm　　　 $0.01 \times 25 = 0.25 \ kN/m^2$

水泥砂浆 20mm　　　　 $0.02 \times 20 = 0.4 \ kN/m^2$

焦渣垫层 70mm　　　　 $0.07 \times 14 = 0.98 \ kN/m^2$

现浇板 90mm　　　　　 $0.09 \times 25 = 2.25 kN/m^2$

板底抹灰 20mm　　　　 $0.02 \times 20 = 0.4 \ kN/m^2$

恒载标准值：　　　　　 $0.25 + 0.4 + 0.98 + 2.25 + 0.4 = 4.3 kN/m^2$

活载标准值：办公室 $1.5 kN/m^2$，走道 $2.0 kN/m^2$，卫生间 $2.0 kN/m^2$，不上人屋面 $0.7 kN/m^2$

荷载标准层 1：恒载 $4.3 kN/m^2$，活载 $1.5 kN/m^2$（与结构标准层 1、2 组合）

荷载标准层 2：恒载 $4.3 kN/m^2$，活载 $0.7 kN/m^2$（与结构标准层 3 组合）

荷载定义

1（计算活载）

点取右侧荷载标准层的空白处（定义荷载标准层 1）

4.3，1.5［Enter］（恒载，活载）

点取右侧荷载标准层的空白处（定义荷载标准层 2）

4.3，0.7［Enter］（图 2-56）

［Esc］

2.1.5.2　荷载插入

荷载插入 → 选择插入哪层前（右侧荷载标准层列表）→ 输入荷载标准层的恒、活载 → 继续提示选择插入哪层前，按［Esc］结束命令。

2.1.5.3　荷载删除

荷载删除 → 点取右侧要删除的荷载标准层 → 继续选择要删除的荷载标准层，按

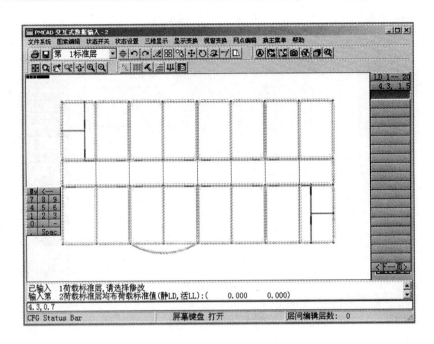

图 2-56　荷载标准层的定义

[Esc] 结束命令。

2.1.6　楼层组装

2.1.6.1　楼层组装

将定义的结构标准层和荷载标准层从下到上组装成实际的建筑模型。

楼层组装→选择复制层数→选择结构标准层→选择荷载标准层→输入层高→添加。

注：定义结构标准层和荷载标准层时必须按建筑从下至上的顺序进行定义；楼层组装时，结构标准层与荷载标准层不允许交叉组装，必须从下到上进行组装。

底层柱接通基础，底层层高应该从基础顶面算起。这样对风荷载、地震作用、结构的总刚度都有影响，结果是设计偏于安全。

【例】　接图 2-56，进行楼层组装，各层层高 3600mm，地下部分 1000mm。

楼层组装

复制层数：1，标准层：标准层 1，荷载标准层：荷载标准层 1，层高：4600，添加

复制层数：1，标准层：标准层 2，荷载标准层：荷载标准层 1，层高：3600，添加

复制层数：1，标准层：标准层 3，荷载标准层：荷载标准层 2，层高：3600，添加

确定（图 2-57）。

2.1.6.2　设计参数

设计参数在从 PM 生成的各种结构计算文件中均起作用。

（1）总信息（图 2-58）

① 结构体系：框架结构、框-剪结构、框-筒结构、筒中筒结构、剪力墙结构、转换层结构、复杂高层结构、砌体结构、底框结构。选择结构类型是为了程序对不同的结构类型采用规范中规定的不同的设计参数。

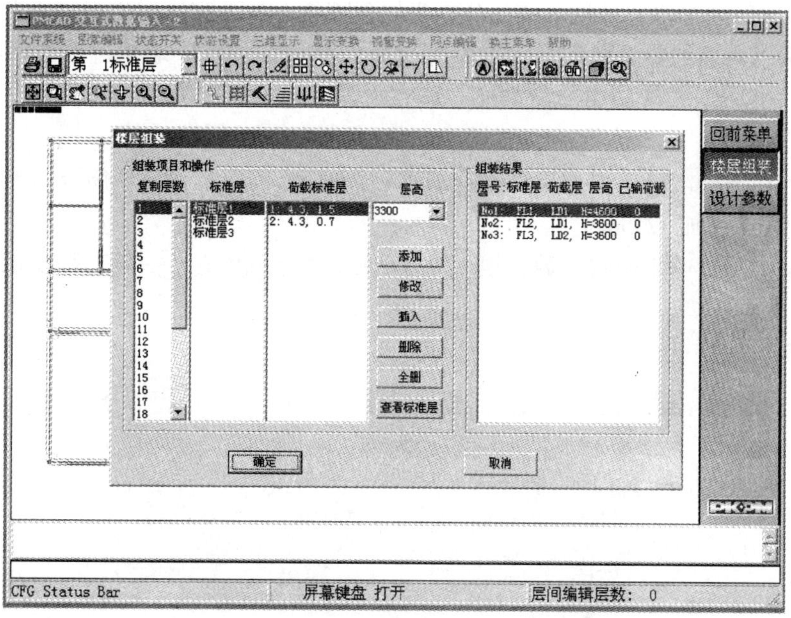

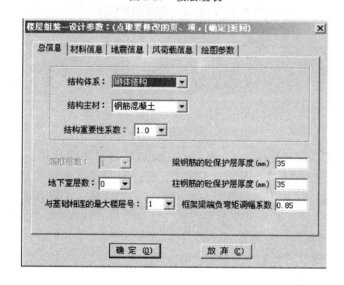

图 2-57　楼层组装

图 2-58　设计参数（总信息）

② 结构主材：钢筋混凝土、砌体、钢和混凝土。

③ 结构重要性系数：1.1、1.0、0.9，隐含取值1.0。该系数主要是针对非抗震地区设置，程序在组合配筋时，对非地震参与的组合才乘以该放大系数。

④ 底框层数：底框结构中的底框层数。

⑤ 地下室层数：填入小于层数的数。当选择填入数时，程序对结构作如下处理：算风力时，其高度系数扣去地下室层数，风力在地下室处为0；在总刚度集成时，地下室各层的水平位移被嵌固；在抗震计算时，结构地下室不产生振动，地下室各层没有地震力，但地下室各层承担上部传下的地震反应；在计算剪力墙加强区时，将扣除地下室的高度求

上部结构的加强区部位，且地下室部分亦为加强部位；地下室同样进行内力调整。

⑥ 与基础相连的最大楼层号：指除底层外，其他层的柱、墙也可以与基础相连（如建在坡地上的建筑），这些层的悬空柱、墙在形成 PK 文件和 TAT、SATWE 数据时自动取为固定端。

⑦ 梁、柱钢筋混凝土保护层厚度：缺省取 35mm。程序在计算钢筋合力点到边缘的长度时取保护曾厚度加 12.5mm。

⑧ 框架梁端负弯矩调幅系数：填入 0.7～1.0 之间的数值，一般工程取 0.85（钢梁不调整）。

（2）材料信息（图 2-59）

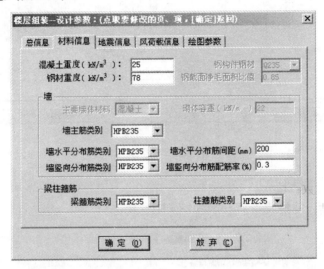

图 2-59　设计参数（材料信息）

① 混凝土重度、钢材重度、钢号、钢净截面与毛截面的比值：混凝土重度可填入 25kN/m³ 左右的数。混凝土重度用于计算混凝土梁、柱、支撑和剪力墙的自重，对于不考虑自重的结构可填如 0，如果要细算梁、柱墙的抹灰等荷载，可把自重定为 26～28 等。

② 墙：墙主筋类别、墙水平分布筋类别、墙水平分布筋间距（加强区的间距）、墙竖向分布筋类别、墙竖向分布筋配筋率。

③ 梁柱箍筋：梁箍筋类别、柱箍筋类别。

（3）地震信息（图 2-60）

① 设计地震分组：第一组、第二组、第三组。根据抗震规范选择，程序根据不同的地震分组，计算特征周期。

② 地震烈度：6（0.05g）、7（0.10g）、7（0.15g）、8（0.20g）、8（0.30g）、9（0.40g）。根据抗震规范选择。

③ 场地类别：1 类、2 类、3 类、4 类、上海。根据荷载规范选择。

④ 框架抗震等级：特一级、一级、二级、三级、四级、非抗震。根据荷载规范选择。

⑤ 剪力墙的抗震等级：特一级、一级、二级、三级、四级、非抗震。根据荷载规范选择。

⑥ 计算振型个数：地震力计算用侧刚计算法时，不考虑耦连的振型数，个数不大于

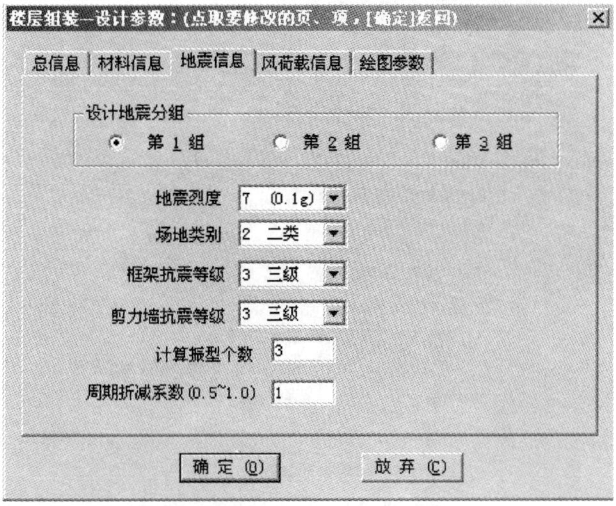

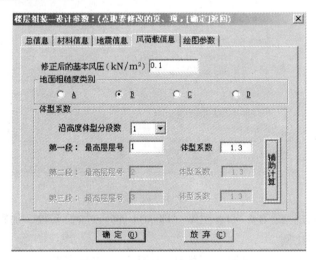

图 2-60　设计参数（地震信息）

结构的层数，考虑藕连的振型数，个数不大于 3 倍层数。地震力计算用总刚度法时，此结构要有较多的弹性节点，振型个数不受上限控制，一般取大于 12。振型个数的大小与结构层数、结构形式有关，当结构层数较多或结构层刚度突变较大时振型个数取得多些。

　　⑦ 周期折剪系数：填入 0.7~1.0 之间的数。填充墙越多取值越小，框架结构一般取 0.7~0.8，框-剪结构一般取 0.8~0.9，剪力墙一般取 1.0。

　　（4）风荷载信息（图 2-61）

图 2-61　设计参数（风荷载信息）

　　① 修正后的基本风压：根据荷载规范取值。一般还要考虑地点和环境的影响，如沿海和强风地带，基本风压放大 1.1 或 1.2 倍。

　　② 地面的粗糙度类别：根据荷载规范提供 A、B、C、D4 个选择。

　　③ 体型系数：沿高度的体型分段数（与楼层的平面形状有关，不同形状楼面的体型系数不一样，一栋建筑最多可为 3 段）。每段参数有 2 个，此段的最高层号、体型系数

（体型系数可由辅助计算按钮计算，图 2-62）。

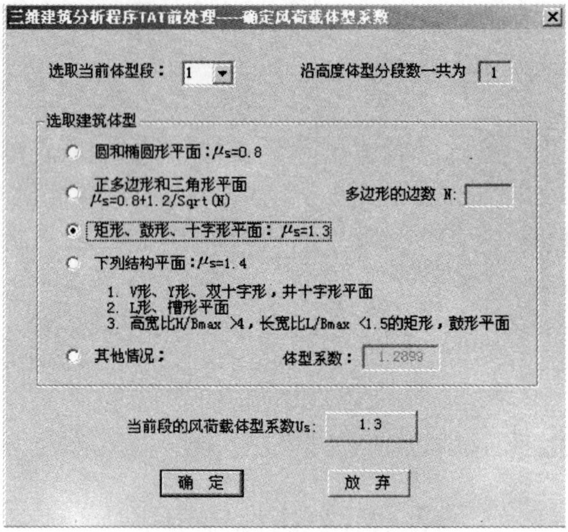

图 2-62　体型系数的辅助计算

（5）绘图信息（图 2-63）

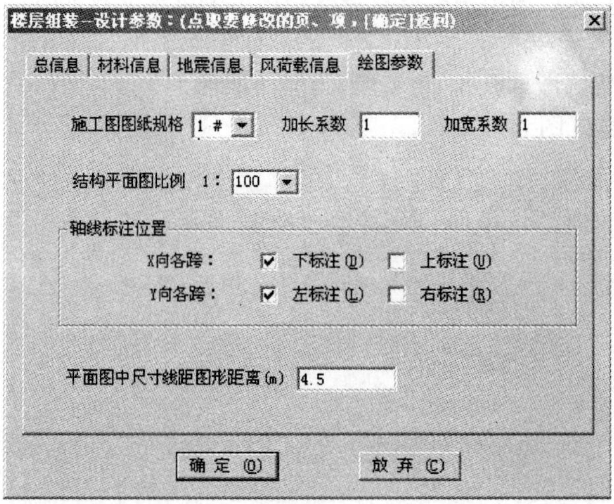

图 2-63　设计参数（绘图参数）

① 施工图纸的规格：0＃~4＃图纸（即 A0~A4）、加长系数、加宽系数。

② 结构平面图比例。

③ 轴线标注位置：X 向各跨（下标注/上标注）、Y 向各跨（左标注/右标注）。

④ 平面图中尺寸线距图形距离：单位是"m"，在图中的距离要考虑成图比例。

注：以上各设计参数在从 PM 生成的各种结构计算文件中均起作用，有些参数在后面各菜单还可以
进行修改。

2.1.7　保存文件

2.1.7.1　保存文件

保存输入的数据。

2.1.7.2 退出程序

退出程序 → 存盘退出/不存盘退出/取消 → 是否生成接后面菜单的数据文件？（Y/N）
→ 逐层显示各层平面和网格（图 2-64）/显示工程的整体轴测图（图 2-65）。

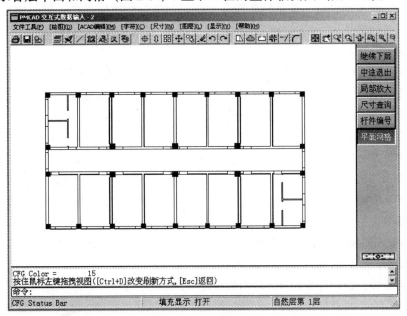

图 2-64 标准层平面简图

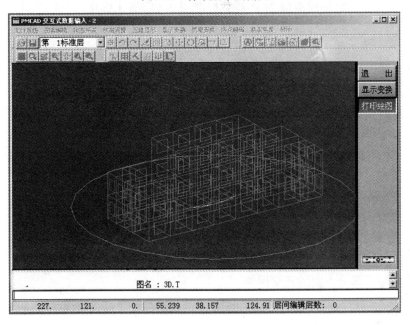

图 2-65 工程的整体轴测图

注：各标准层平面简图文件分别为 PP1.T、PP2.T、PP3.T…，点尺寸查询菜单可分别显示构件的截面尺寸、构件和节点的编号。

生成接后面菜单的数据文件为 TATDA1.PM、PMDA2.PM。

主菜单一重新执行并修改布置必须选生成接后面菜单的数据选项，才能将修改后的内容传给后面的程序。

模型初步建立完成，下面的工作将对初步模型进行修改、补充，直至模型的最终建立。

本章例题由于讲解每个菜单的作用，故框架和砖混的建模混在一起，与实际工程是不同的。以下是框架结构（附录2）、砖混结构（附录3）的模型建立过程。

框架结构设计：

本建筑为5层框架结构，抗震设防烈度为7度，二类场地，框架抗震等级为3级，周期折减系数取0.7，按一组计算。基本风压0.4kN/m²，地面粗糙度类别为C类，梁、板、柱的混凝土均选C30，梁、柱主筋选HRB400，箍筋选HPB235，板筋选HPB235。框架梁端弯矩调幅系数为0.85，结构重要系数为1。各层建筑平面图、门窗表如附录2所示，一～五层的结构层高分别为5.5m（从基础顶面算，包括地下部分1m）、3.0m、3.0m、3.0m、3.0m。各梁、柱的布置及尺寸见结构平面图，各层采用现浇混凝土板，板厚取100mm。

对于框架结构，非受力墙起分割空间作用，在PMCAD建模时不要布置非受力墙，而应该将墙重转化为梁间荷载在荷载输入中布置。大厅、电梯间处的次梁和交叉梁以及客房间的某些次梁作主梁输入，卫生间有门洞的墙下不布置二级次梁，做现浇带处理。

具体楼面恒载、活载，梁间恒载见附录2中的各荷载图。

结构标准层：结构标准层1、结构标准层2、结构标准层3、结构标准层4。

荷载标准层：荷载标准层1、荷载标准层2、荷载标准层3、荷载标准层4。

楼层组合：1个结构标准层1 + 荷载标准层1（层高5.5m）

2个结构标准层2 + 荷载标准层2（层高3.0m）

1个结构标准层3 + 荷载标准层3（层高3.0m）

1个结构标准层4 + 荷载标准层4（层高3.0m）

/ * 定义第1结构标准层 * /

/ * 建立网格 * /

/ * 建立右半部分的正交网格 * /

轴线输入，正交轴网，轴网输入

开间：3900，跨度：10，添加

进深：7200，跨度：1，添加

进深：2100，跨度：1，添加

进深：7200，跨度：1，添加

基点：左下，转角：0，确定

用光标在屏幕选择一点

/ * 建立左半部分上面的正交网格 * /

轴网输入

开间：7200，跨度：1，添加

开间：2100，跨度：1，添加

开间：7200，跨度：1，添加

进深：3900，跨度：6，添加

基点：右下，转角：0，确定

用光标捕捉左半部分正交网格的左上节点，［Enter］

/＊建立弧形网格＊/

前菜单，圆弧．环，圆弧

用光标捕捉建立的两正交网格公共节点，［Enter］（圆心）

用光标捕捉左半部分的正交网格的左下节点，［Enter］

用光标捕捉右半部分的正交网格的左下节点，［Enter］

图素编辑，图素延伸

用光标选择圆弧（延伸边界）

用光标选择②轴、Ⓑ轴（延伸图素），［Esc］，［Esc］

前菜单，两点直线

用光标捕捉④轴与Ⓑ轴交点，［Tab］

［Home］，－4600，0

［F4］，用光标在弧线下边点一点（保证垂直方向）

用光标捕捉②轴与Ⓓ轴交点，［Tab］

［Home］，0，－4600

用光标在弧线左边点一点（保证水平方向），［Esc］

图素编辑，图素修剪

用光标选择圆弧，［Esc］（修剪边界）

用光标选择刚绘制的两直线（修剪图素），［Esc］，［Esc］

/＊补充网格＊/

图素编辑，图素延伸

用光标选择Ⓓ轴

用光标选择刚所绘制的垂直线，［Esc］

用光标选择④轴

用光标选择刚所绘制的水平线，［Esc］，［Esc］

两点直线

用光标捕捉圆弧与Ⓑ轴相交的节点，［Enter］

用光标捕捉②轴与1/Ⓒ轴相交的节点，［Enter］

用光标捕捉圆弧与②轴相交的节点，［Enter］

用光标捕捉1/③轴与Ⓑ轴相交的节点，［Enter］

图素编辑，平移复制

用光标在屏幕上输入基准点，［F4］，在基准点左边水平方向点一点（平移复制方向）

2400，2（平移复制的间距，个数）

用光标选择电梯井在④轴的网格，［Esc］

用光标在屏幕上输入基准点，［F4］，在基准点下边垂直方向点一点

2300，1

用光标选择电梯井在Ⓔ轴的网格，［Esc］，［Esc］

用图素修剪去掉多余的网格

网格生成，形成网点（网格建立完毕）

/＊**轴线命名**＊/

轴线命名

[Tab]，用光标点取①轴（起始轴），用光标点取⑭轴（终止轴）

用光标点取③~④轴不标的轴线，[Esc]

1，[Enter]

用光标点取Ⓐ轴（起始轴），用光标点取Ⓚ轴（终止轴）

用光标点取Ⓒ~Ⓓ轴不标的轴线，[Esc]

A，[Enter]，[Esc]，[Esc]

轴线命名

用光标点取 1/③轴，1/③，[Enter]

用光标点取 1/Ⓒ轴，1/Ⓒ，[Enter]，前菜单（轴线命名完毕）

/＊**构件定义**＊/

/＊**柱定义**＊/

构件定义，柱定义

点取右侧空白表列，截面类型 1，柱宽 500mm，柱高 500mm，材料类别 6，确定

点取右侧空白表列，截面类型 3，圆直径 500mm，材料类别 6，确定，前菜单

/＊**梁定义**＊/

主梁定义

点取右侧空白表列，截面类型 1，梁宽 200mm，梁高 300mm，材料类别 6，确定

点取右侧空白表列，截面类型 1，梁宽 250mm，梁高 400mm，材料类别 6，确定

点取右侧空白表列，截面类型 1，梁宽 250mm，梁高 450mm，材料类别 6，确定

点取右侧空白表列，截面类型 1，梁宽 250mm，梁高 600mm，材料类别 6，确定

点取右侧空白表列，截面类型 1，梁宽 300mm，梁高 500mm，材料类别 6，确定

点取右侧空白表列，截面类型 1，梁宽 300mm，梁高 600mm，材料类别 6，确定

前菜单，前菜单（构件定义完毕）

/＊**楼层定义**＊/

/＊**第一结构标准层的柱布置**＊/

楼层定义，柱布置（参考附录 2 一层结构平面图）

选择圆柱 500，沿轴偏心 0，偏轴偏心 0，轴转角 0，用光标选择大厅要布置圆柱的节点

选择柱 500×500，沿轴偏心 130，偏轴偏心 0，轴转角 0，用光标选择①、③轴要布置柱 500×500 的节点

选择柱 500×500，沿轴偏心 –130，偏轴偏心 0，轴转角 0，用光标选择②、④轴要布置柱 500×500 的节点

选择柱 500×500，沿轴偏心 130，偏轴偏心 –130，轴转角 0，用光标选择Ⓚ轴要布置柱 500×500 的节点

选择柱 500×500，沿轴偏心 –130，偏轴偏心 –130，轴转角 0，用光标选择Ⓚ轴要布置柱 500×500 的节点

选择柱 500×500，沿轴偏心 0，偏轴偏心 –130，轴转角 0，用光标选择Ⓑ、Ⓓ轴要布

置柱 500×500 的节点

选择柱 500×500，沿轴偏心 0，偏轴偏心 130，轴转角 0，用光标选择Ⓐ、Ⓒ轴要布置柱 500×500 的节点

选择柱 500×500，沿轴偏心 130，偏轴偏心 130，轴转角 0，用光标选择④轴与Ⓐ轴、Ⓓ轴交点要布置柱 500×500 的节点

选择柱 500×500，沿轴偏心 130，偏轴偏心 -130，轴转角 0，用光标选择④轴与Ⓑ轴交点要布置柱 500×500 的节点

选择柱 500×500，沿轴偏心 -130，偏轴偏心 130，轴转角 0，用光标选择⑭轴与Ⓐ、Ⓒ轴交点要布置柱 500×500 的节点

选择柱 500×500，沿轴偏心 -130，偏轴偏心 -130，轴转角 0，用光标选择⑭轴与Ⓑ、Ⓓ轴交点要布置柱 500×500 的节点

[Esc]，前菜单（柱布置完毕）

／＊第一结构标准层的主梁布置＊／

偏心方向在沿轴、光标布置时由光标点取时所在轴线某一边决定，与偏轴距离的正负无关。在窗口、围栏布置时，偏轴距离为正表示左、上偏，为负表示右、下偏

大厅、电梯间处的次梁和交叉梁以及客房间的某些次梁作主梁输入

主梁布置（参考附录 2 一层结构平面图、一层次梁荷载图）

选择梁 200×300，偏轴距离 0，梁顶标高 0，用光标点取电梯井位置布置此梁的网格（次梁作为主梁输入）

选择梁 250×400，偏轴距离 0，梁顶标高 0，用光标点取豪华客房位置布置此梁的网格

选择梁 250×450，偏轴距离 0，梁顶标高 0，用光标点取电梯井位置布置此梁的网格

选择梁 250×600，偏轴距离 0，梁顶标高 0，用光标点取 1/③、1/Ⓒ轴位置布置此梁的网格

选择梁 250×600，偏轴距离 5，梁顶标高 0，用窗口选择②、④、Ⓐ、Ⓒ轴位置布置此梁的网格

选择梁 250×600，偏轴距离 -5，梁顶标高 0，用窗口选择①、③、Ⓑ、Ⓓ轴位置布置此梁的网格，用轴线方式在圆弧轴线的上方点一下

选择梁 300×500，偏轴距离 0，梁顶标高 0，用窗口选择⑤、⑦、⑨、⑪、⑬、Ⓔ、Ⓖ、Ⓙ轴次梁位置布置此梁的网格（次梁作为主梁输入）

选择梁 300×600，偏轴距离 0，梁顶标高 0，用窗口选择⑥、⑧、⑩、⑫、Ⓕ、Ⓗ轴位置布置此梁的网格

选择梁 300×600，偏轴距离 30，梁顶标高 0，用窗口选择①、⑭轴主梁位置布置此梁的网格

选择梁 300×600，偏轴距离 -30，梁顶标高 0，用窗口选择Ⓚ、④轴主梁位置布置此梁的网格

前菜单（主梁布置完毕）

／＊第一结构标准层的本层信息＊／

本层信息

板厚 100，板、柱、梁、剪力墙混凝土均选 C30，钢筋保护层厚度 15，梁、柱主筋选 HRB400，本标准层层高 5500，确定（本层信息设置完毕）（第一结构标准层定义完毕）

/ * 定义第 2、3、4 结构标准层 * /

定义上层结构标准层以前面已定义过的标准层为基础复制过来，再进行修改、补充。好处一是方便，减少工作量；二是建筑的上、下层相应节点对齐，避免因上、下节点不对齐造成构件布置不对齐而形成的错误。本例中第二结构标准层比第一结构标准层少一悬挑板（悬挑板在主菜单 2 输入），其他完全一样，在主菜单 1 这两个标准层必须分开建立，在建立第二结构标准层可以完全复制第一结构标准层。第 3 结构标准层比第 2 结构标准层少次梁，其他完全一样，次梁在主菜单 2 输入，在建立第 3 结构标准层可以完全复制第 2 结构标准层。第 4 结构标准层可以部分复制第 3 结构标准层（在主菜单 1 中实际结构标准层 1、结构标准层 2、结构标准层 3 完全一样，但在主菜单 2 中则各不一样，所以在主菜单 1 必须分开建立）。

换标准层

添加新标准层，全部复制，确定（建立第 2 结构标准层）

换标准层

添加新标准层，全部复制，确定（建立第 3 结构标准层）

换标准层

添加新标准层，局部复制，确定（建立第 4 结构标准层）

用窗口选择第 3 结构标准层的左部分，［Esc］，前菜单（第 2、3、4 结构标准层建立完毕）

/ * 建立荷载标准层 * /

建议定义楼面的恒、活载与此楼层大多数房间的一致，减少主菜单 3 的工作量；不同楼面荷载的楼层建立不同的荷载标准层。

荷载定义，荷载定义

1（计算活载），［Enter］

用光标点取右侧表列第一空白处，3.5，2.0，［Enter］（定义第 1 荷载标准层）

用光标点取右侧表列下一空白处，3.5，2.0，［Enter］（定义第 2 荷载标准层）

用光标点取右侧表列下一空白处，3.5，2.0，［Enter］（定义第 3 荷载标准层）

用光标点取右侧表列下一空白处，3.5，0.5，［Enter］（定义第 4 荷载标准层）

［Esc］，前菜单（荷载标准层定义完毕）

（荷载标准层建立完毕。本例题第 1、2、3 荷载标准层实际可以只建一个，因为这一个荷载标准层与 3 个不同的结构标准层组合，在主菜单 3 进行荷载修改时是可以分开的，详细情况见主菜单 3 输入荷载信息介绍。一般建议不同楼面荷载的楼层定义不同的荷载标准层。）

/ * 楼层组装 * /

楼层组装，楼层组装

1，标准层 1，荷载标准层 1，5500，添加

2，标准层 2，荷载标准层 2，3000，添加

1，标准层 3，荷载标准层 3，3000，添加

1，标准层 4，荷载标准层 4，3000，添加，确定（楼层组装完毕）

/∗ **设计参数** ∗/

设计参数

总信息，结构体系：框架结构；结构主材：钢筋混凝土；结构重要系数：1.0；地下室层数：0；与基础相连的最大楼层号：1；梁钢筋的混凝土保护层厚度：35；柱钢筋的混凝土保护层厚度：35；框架梁端负弯矩调幅系数：0.85

材料信息，混凝土密度：25；钢材密度 78；墙主筋类别：HPB235；墙水平分布筋类别：HPB235；墙水平分布筋间距：200；墙竖向分布筋类别：HPB235；墙竖向分布筋配筋率：0.3；梁箍筋类别：HPB235；柱箍筋类别：HPB235

地震信息，设计地震分组：第 1 组；地震烈度：7；场地类别：2；框架抗震等级：3；剪力墙抗震等级：3；计算振型个数：3；周期折减系数：0.7

风荷载信息，修正后的基本风压：0.4；地面粗糙度类别：C；沿高度体型分段数：1；最高层号：5；体型系数：1.4

确定，前菜单（设计参数输入完毕）

/∗ **保存文件，生成接后面菜单数据文件** ∗/

存盘退出，生成接后面的数据文件，直接退出（建筑模型的初步建立完毕）

砖混结构设计：

本建筑为五层砖混结构，抗震设防烈度为 7 度，外墙采用 360mm 厚黏土砖墙，内墙采用 240mm 厚黏土砖墙。1、2 层采用 M10 级水泥砂浆，MU15 级砖，3、4 层采用 M7.5 级水泥砂浆，MU10 级砖。构造柱 240mm × 240mm，配 4ϕ14 纵筋，ϕ6 @ 200 箍筋。圈梁 240mm × 250mm，配 4ϕ14 纵筋，ϕ6@200 箍筋，外墙圈梁外包 120mm 砖墙。除卫生间、走道，其余房间采用 130mm 厚预制钢筋混凝土板。各层层高均为 3600mm。C1（1500 × 1800），C2（1000 × 1800），M1（1000 × 2700），M2（1500 × 2700），其他具体情况见附录 3。

/∗ **定义第 1 结构结构标准层** ∗/

/∗ **建立网格** ∗/

轴线输入，正交轴网，轴网输入

开间：2，跨度：3000，添加

开间：5，跨度：3600，添加

开间：2，跨度：3000，添加

进深：1，跨度：5400，添加

进深：1，跨度：2100，添加

进深：1，跨度：5400，添加

基点：左下，转角：0，确定

用光标在屏幕上选择一点（网格建立完毕）

/∗ **轴线命名** ∗/

轴线命名

[Tab]，用光标点取①轴（起始轴），用光标点取⑩轴（终止轴），[Esc]（无不标的轴线）

1，［Enter］

用光标点取Ⓐ轴（起始轴），用光标点取Ⓚ轴（终止轴），［Esc］

A，［Enter］，［Esc］，［Esc］，前菜单，前菜单（轴线命名完毕）

/＊构件定义＊/

/＊柱定义＊/

构件定义，柱定义

点取右侧空白表列，截面类型 1，柱宽 240mm，柱高 240mm，材料类别 6，确定，前菜单

/＊梁定义＊/

主梁定义

点取右侧空白表列，截面类型 1，梁宽 240mm，梁高 400mm，材料类别 6，确定，前菜单

/＊墙定义＊/

点取右侧空白表列，截面类型 1，墙厚 240mm，墙高 0，确定

点取右侧空白表列，截面类型 1，墙厚 360mm，墙高 0，确定，前菜单

/＊洞口定义＊/

洞口定义

点取右侧空白表列，截面类型 1，洞口宽 1500mm，洞口高 1800mm，确定

点取右侧空白表列，截面类型 1，洞口宽 1000mm，洞口高 1800mm，确定

点取右侧空白表列，截面类型 1，洞口宽 1000mm，洞口高 2700mm，确定

点取右侧空白表列，截面类型 1，洞口宽 1500mm，洞口高 2700mm，确定

前菜单，前菜单（构件定义完毕）

/＊楼层定义＊/

/＊第一结构标准层的柱布置＊/

楼层定义，柱布置（参考附录 3 建筑图）

选择柱 240×240，沿轴偏心 0，偏轴偏心 0，轴转角 0，用窗口选择①、②、③、⑤、⑥、⑧、⑨、⑩轴所有节点

［Esc］，前菜单

/＊第一结构标准层的主梁布置＊/

主梁布置

选择梁 240×400，偏轴距离 0，梁顶标高 0，用光标点取Ⓑ、Ⓒ轴在②、③轴和⑧、⑨轴之间的网格

［Esc］，前菜单

/＊第一结构标准层的墙布置＊/

墙布置

选择墙 240，偏轴距离 0，用光标选择布置内墙的网格（除了楼梯间、门厅外所有其他的内部网格）

选择墙 360，偏轴距离 60，用轴线布置方式，点取①轴左边，点取⑩轴右边，点取Ⓐ轴下边，点取Ⓓ轴的上边

［Esc］，前菜单

/＊第一结构标准层的洞口布置＊/

洞口布置

选择洞口 1500×1800，定位距离 0，底部标高 900，用光标选择Ⓐ轴上除②、③轴和⑧、⑨轴之间的所有其他网格，用光标选择①轴所有网格

选择洞口 1000×1800，定位距离 0，底部标高 900，用光标选择①轴和⑩轴走道中间网格

选择洞口 1000×2700，定位距离 −360，底部标高 0，用光标选择Ⓑ、Ⓒ轴和①、②轴，③、④轴，④、⑤轴，⑤、⑥轴，⑥、⑦轴之间的网格

选择洞口 1000×2700，定位距离 360，底部标高 0，用光标选择Ⓑ、Ⓒ轴和⑦、⑧轴，⑨、⑩轴之间的网格

选择洞口 1500×2700，定位距离 0，底部标高 0，用光标选择Ⓐ轴和②、③轴，⑧、⑨轴之间的网格

［Esc］，前菜单

/＊第一结构标准层的本层信息＊/

本层信息

板厚 100，板、柱、梁、剪力墙混凝土均选 C25，钢筋保护层厚度 15，梁、柱主筋选 HRB335，本标准层层高 3600，确定（本层信息设置完毕）（第一结构标准层定义完毕）

/＊定义第 2、3 结构标准层＊/

换标准层

添加新标准层，全部复制，确定（建立第 2 结构标准层，第 2 结构标准层为当前结构标准层）

本层修改，删除主梁（对第二结构标准层补充、修改）

用光标选择Ⓑ轴在②、③轴，⑧、⑨轴之间布置的柱

［Esc］，前菜单

墙布置（对第二结构标准层补充、修改）

选择墙 240，偏轴距离 0，用光标选择Ⓑ轴和②、③轴，⑧、⑨轴之间的网格

［Esc］，前菜单

洞口布置

选择洞口 1500×1800，定位距离 0，底部标高 900，用光标选择Ⓐ轴上与②、③轴和⑧、⑨轴之间的网格（原有的洞口被新布置的洞口覆盖）

选择洞口 1000×2700，定位距离 360，底部标高 0，用光标选择Ⓐ轴上与②、③轴之间的网格

选择洞口 1000×2700，定位距离 −360，底部标高 0，用光标选择Ⓐ轴上与⑧、⑨轴之间的网格

前菜单（第 2 结构标准层定义完毕）

换标准层

添加新标准层，全部复制，确定（建立第 3 结构标准层）

本层修改

删除墙

用光标选择④、⑤、⑦轴在Ⓐ、Ⓑ轴之间的网格

删除洞口

用光标选择Ⓑ轴在③、④、⑤轴，⑥、⑦、⑧轴之间的洞口，[Enter]，[Esc]，前菜单

洞口布置

选择洞口 1000×2700，定位距离 360，底部标高 0，用光标选择Ⓑ轴上与③、④轴，⑥、⑦轴之间的网格

选择洞口 1000×2700，定位距离 -360，底部标高 0，用光标选择Ⓑ轴在⑦、⑧轴之间的网格

[Esc]，前菜单

选择梁 240×400，偏轴距离 0，梁顶标高 0，用光标点取④、⑤、⑦轴在Ⓐ、Ⓑ轴之间的网格

[Esc]，前菜单，前菜单（第3结构标准层定义完毕）

/＊建立荷载标准层＊/

荷载定义，荷载定义

1（计算活载），[Enter]

用光标点取右侧表列第一空白处，3.4，2.0，[Enter]（定义第1荷载标准层）

用光标点取右侧表列下一空白处，5.1，2.0，[Enter]（定义第2荷载标准层）

[Esc]，前菜单（荷载标准层定义完毕）

/＊楼层组装＊/

楼层组装，楼层组装

1，标准层1，荷载标准层1，3600，添加

2，标准层2，荷载标准层1，3600，添加

1，标准层3，荷载标准层2，3600，添加，确定（楼层组装完毕）

/＊设计参数＊/

设计参数

总信息，结构体系：砌体结构；结构主材：砌体；结构重要系数：1.0；地下室层数：0；与基础相连的最大楼层号：1；梁钢筋的混凝土保护层厚度：35；柱钢筋的混凝土保护层厚度：35；框架梁端负弯矩调幅系数：0.85

材料信息，混凝土重度：25；钢材重度78；墙主筋类别：HPB235；墙水平分布筋类别：HPB235；墙水平分布筋间距：200；墙竖向分布筋类别：HPB235；墙竖向分布筋配筋率：0.3；梁箍筋类别：HPB235；柱箍筋类别：HPB235

地震信息，设计地震分组：第1组；地震烈度：7；场地类别：2；框架抗震等级：3；剪力墙抗震等级：3；计算振型个数：3；周期折减系数：1

风荷载信息，修正后的基本风压：0.4；地面粗糙度类别：C；沿高度体型分段数：1；最高层号：4；体型系数：1.3

确定，前菜单（设计参数输入完毕）

/＊保存文件，生成接后面菜单数据文件＊/

存盘退出，生成接后面的数据文件，直接退出（建筑模型的初步建立完毕）

第3章　建筑结构模型的补充、修改

3.1　输入次梁楼板（主菜单2）

主菜单1PM交互数据输入完成后，建筑的结构模型初步建立。主菜单2次梁楼板的输入，人机交互输入有关楼板结构的信息（在各楼层布置次梁、铺预制板、楼板开洞、改楼板厚度、设层间梁、设悬挑板、楼层错层）。主菜单2必须在主菜单1完成以后进行。

本菜单的大部分操作是以房间为单元进行的，房间的划分和编号由程序自动进行。程序把由墙或梁围成的每个平面闭合形体作为一个房间，在有房间的地方才能布置次梁、预制板、开洞口等。房间内的荷载可以从楼板自动传递给周围的杆件，程序先隐含每房间内设一定厚度的现浇楼板。不闭合的区域不能形成房间，无房间的区域内无现浇板，不能在其上布置次梁、预制板，上面也无荷载可传，但悬挑板上的荷载可传到与其相邻的构件上。

房间分为矩形房间和非矩形房间，目前版本有些功能如楼板开洞和铺预制板还不能在非矩形房间进行。每层平面房间总数限于900个，每个房间周边的杆件数量不宜大于150个，超过此数，宜设拉梁把房间划小。

鼠标双击**2输入次梁楼板**或单击**2输入次梁楼**选中后用鼠标点取**应用**（保证当前工作目录为PM交互数据输入时的工作目录），出现如图所示界面（图3-1）。

（1）0本菜单不是第一次执行（未在主菜单1作过修改）

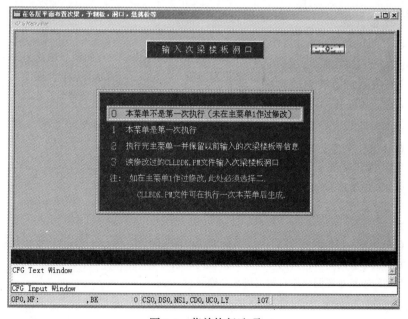

图3-1　菜单执行选项

当本项工程以前已执行过主菜单 2，且没有再执行主菜单 1，对已输入的次梁楼板布置修改补充时，选择 0。这时可对已布置过的次梁、预制板等进行修改、补充。本菜单用于反复进入主菜单 2 并保留以前输入的次梁楼板信息。

（2）1 本菜单是第一次执行

当执行完主菜单 1，且第一次执行主菜单 2 时，必须选择 1，程序建立一个新的数据结构。如果已经执行过主菜单 2 建立了各层次梁楼板的数据，再次选择 1，则提示本目录下已有的次梁楼板布置数据是否删除，点取删除重新输入次梁楼板的信息，点取保留返回前面的选择菜单。

（3）2 执行完主菜单 1 并保留以前输入的次梁楼板等信息

当已输完次梁楼板，但又需对结构布置修改而回主菜单 1 执行，同时又要保留前次输入的次梁楼板数据，可选择 2。

> 注：对层间梁的信息不能保留，需由用户再补充。
>
> 结构标准层总层数增删变化等信息将由主菜单 1 传递过来，程序可把以前输入的旧的各结构标准层的次梁楼板布置和新的结构标准层层号自动对位。新增加的结构标准层应重新布置次梁楼板。

（4）3 读修改过的 CLLBDK.PM 文件输入次梁楼板洞口

可通过修改已建立好的 CLLBDK.PM 文件来修改次梁或洞口布置，可选择 3。

输入 1 后，若各结构平面上有墙的输入，则屏幕提示墙体材料是什么，用户可选择混凝土或砖砌体，这是表示全部或大部分的墙体材料。局部的改动可通过改墙材料菜单进行。继续提示选择一个作布置的标准层号。

图形右边菜单有 10 项内容：次梁布置、预制楼板布置、楼板上开洞口、设悬挑板、设层间梁、改墙材料、房间错层、拷贝前层、输入完毕。这些操作在自下而上的各结构标准层中逐层进行。

> 注：本节结束处有附录 2、附录 3 在本节要做的完整步骤，也可供讲解各菜单命令的参考。

3.1.1　楼板开洞

3.1.1.1　洞口布置

洞口布置 → 指定需布置洞口的房间（按［Esc］退出），用光标在屏幕上点取需要开洞的房间（该房间中有加亮的圆圈，表示选中）→ 提示有几个洞口，键入房间内洞口数量 N →（以下反复操作 N 次）输入第 N 方孔左下角（或圆孔中心）坐标？（该坐标是指以房间左下角纵横轴线交点为原点 X、Y 坐标，单位为米）→ 输入方孔宽、高（B、H）或圆孔直径-D（单位为米，若为方孔，键入宽、高；若为圆孔键入直径，但 D 前一定要加负号）→ 重新指定需布置洞口的房间（按［Esc］退出）。

> 注：本菜单只能对矩形房间开洞口，但全房间洞口可开在非矩形房间。
>
> 某房间部分为楼梯间时，可在楼梯间处开设一大洞口。某房间全部为楼梯间时，也可修改该房间的板厚为 0。
>
> 每房间内最多布置 7 个洞口，每结构标准层的房间洞口类别 ≤15。
>
> 房间内所布置的洞口，其洞口部分的荷载在荷载传导时扣除。
>
> 对某房间重新布置洞口原有的洞口自动删除。

3.1.1.2　洞口复制

洞口复制 → 用光标点取被拷贝的房间（该房间中有加亮的圆圈，表示选中）→ 指定需拷贝洞口的房间（按［Esc］退出）→ 继续指定需拷贝洞口的房间（按［Esc］退出）。

3.1.1.3 洞口删除

洞口删除 → 指定需删除洞口的房间（按［Esc］退出）→ 继续指定需删除洞口的房间（按［Esc］退出）。

3.1.1.4 全房间洞

沿用户指定的某房间内边界开一个洞口，对非矩形房间也可开全房间洞口。

全房间洞 → 指定需布置洞口的房间（按［Esc］退出）→ 继续指定需布置洞口的房间（按［Esc］退出）。

3.1.1.5 图形缩放

缩放屏幕的图形，有显示全图、窗口放大、平移显示、放大一倍、缩小一半、比例缩放、局部放大、充满显示、恢复显示、观察角度等菜单。

3.1.1.6 房间编号

在平面图上给房间标上编号，是一个切换菜单，再次点房编号会消失。

3.1.1.7 说明

程序弹出当前操作的详细说明，是即时帮助菜单。

3.1.2 次梁布置

3.1.2.1 次梁布置

（1）矩形房间

次梁布置 → 指定需布置次梁的房间（按［Esc］退出），用光标在屏幕上点取需要布置次梁的房间（该房间中有加亮的圆圈，表示选中）→ 输入横放次梁根数（指平行于 X 轴线的次梁根数 NHCL，无横次梁则输入 0，或直接回车）→ 输入竖放次梁根数（指平行于 Y 轴线的次梁根数 NSCL，无竖次梁键入 0 或直接回车）→ （以下反复操作 NHCL 次）输入横放次梁型号、距离 → （以下反复操作 NSCL 次）输入竖放次梁型号、距离 → 继续指定需布置次梁的房间（按［Esc］退出）。

> 注：次梁的型号见右侧梁类别列表，次梁的类型需在主菜单 1 中定义，型号数是此梁在列表中的位置序号。距离是该次梁（第一根横次梁）距房间下边轴线或（第一根竖次梁）左边轴线的距离，或（除了第一根外的其他次梁）与上一根次梁轴线的距离，单位是米。要求同时输入两个数，数之间用空格或逗号隔开。
>
> 某房间无某方向次梁时，将横次梁或竖次梁数输为 0 或直接回车。
>
> 每标准层次梁布置的类别不能多余 40，当某房间的次梁布置与其他房间相同时应该采用次梁复制所述方法，以减少次梁布置的类别。每房间内的横、竖次梁总数小于等于 16，每层平面内次梁总数≤600。
>
> 某房间重新布置次梁，则原有的次梁自动删除。

可以进行二级次梁的输入，即次梁搭在次梁上的输入。若竖次梁搭在横次梁上，提示输入 3 个数据：－（负号）次梁类型、距离、竖次梁下端连接的横次梁顺序号。第一个数据类型前一定要加负号，第 3 个数据也可以是 0，表示二级次梁从房间下轴线（或墙）开始，伸至第一根横次梁。若横次梁搭在竖次梁上，提示输入 3 个数据：－（负号）次梁类型、距离、横次梁左端连接的竖次梁顺序号。第一个数据类型前一定要加负号，第三个数据也可以是 0，表示二级次梁从房间左轴线（或墙）开始，伸至第一根竖次梁。

【例】　房间的次梁如图 3-2 所示，设次梁的类型号都为 3（二级次梁虚线表示）。

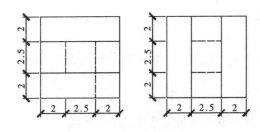

图 3-2 某房间的次梁图

对于图 3-2（左），横次梁 2 根，竖次梁 3 根

第一根横次梁数据是：3，2

第二根横次梁数据是：3，2.5

第一根竖次梁数据是：-3，2，1

第二根竖次梁数据是：-3，2.5，0

第三根竖次梁数据是：-3，0，1

对于图 3-2（右），横次梁 2 根，竖次梁 2 根

第一根横次梁数据是：-3，2，1

第二根横次梁数据是：-3，2.5，1

第一根竖次梁数据是：3，2

第二根竖次梁数据是：3，2.5

（2）非矩形房间

可输入与房间某一边平行的次梁或与某一边垂直的次梁，如为交叉次梁或二级次梁，某次梁相交角度必须是 90°。

次梁布置 → 指定需布置次梁的房间（按［Esc］退出），用光标在屏幕上点取需要布置次梁的房间（该房间中有加亮的圆圈，表示选中）→ 点取与横次梁平行的参考边（确定横次梁的方向）→ 点取竖次梁的参考点（第一根竖次梁的距离为次梁与参考点之间的距离，确定竖次梁的位置）→ 输入横放次梁根数（指平行于参考边的次梁根数 NHCL，无横次梁则输入 0，或直接回车）→ 输入竖放次梁根数（指垂直于参考边方向的次梁根数 NSCL，无竖次梁键入 0 或直接回车）→ （以下反复操作 NHCL 次）输入横放次梁型号、距离 → （以下反复操作 NSCL 次）输入竖放次梁型号、距离 → 继续指定需布置次梁的房间（按［Esc］退出）。

注：斜矩形房间指定参考边时会在该房间出现一黄线，该线指示的方向即为横次梁方向。

【例】 房间的次梁如图 3-3 所示，设次梁的类型号都为 3。横次梁方向是 BC 方向，参考点是 A 点（二级次梁虚线表示）。

横次梁 2 根，竖次梁 2 根

第一根横次梁数据是：3，2.5

第二根横次梁数据是：3，2.5

第一根竖次梁数据是：3，3.5

第二根竖次梁数据是：-3，2.5，1

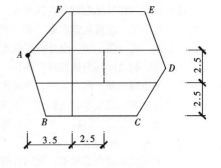

图 3-3 次梁图

3.1.2.2 次梁复制

次梁复制 → 用光标点取被拷贝的房间（该房间中有加亮的圆圈，表示选中）→ 指定需拷贝次梁的房间（按［Esc］退出）→ 继续指定需拷贝次梁的房间（按［Esc］退出）。

注：次梁布置相同的房间可直接拷贝复制，从而简化输入。次梁的布置相同是指在布置过程中输入的数据相同，与房间的大小没有关系。

3.1.2.3 次梁删除

次梁删除 → 指定需删除次梁的房间（按［Esc］退出）→ 继续指定需删除次梁的房间（按［Esc］退出）。

3.1.2.4　次梁尺寸

在平面图上给每根次梁标上它的截面尺寸。是一个标注切换菜单，再次点本菜单次梁截面尺寸会消失。

3.1.3　预制楼板

3.1.3.1　楼板布置

楼板布置 → 用光标指定需布置预制板的房间，（该房间中有加亮的圆圈，表示选中）→ 弹出预制板输入窗口，根据布置需要选择布置方式、板信息（图3-4），点取确定 → 重新指定需布置预制板的房间（按［Esc］退出）。

图 3-4　预制板的输入信息

板布置方式分为自动布板方式和指定布板方式。

（1）自动布板方式：输入预制板宽度（每间可有两种宽度）、板间缝的最大宽度与最小宽度、横放（竖放）。程序自动选择板的数量、板缝，并将剩余部分做成现浇带放在最右或最上。

（2）指定布板方式：由用户指定本房间中楼板的宽度和数量，板缝宽度，现浇带所在位置。

注：房间输入预制板后，程序自动将该房间处的现浇楼板取消。

每间房间中预制板可有两种宽度，在自动布板方式下以最小现浇带为目标对两种板的数量做优化选择。

目前版本不能在一个房间范围内同时布置预制板和现浇楼板。

某房间重新布置预制板，则原有的预制板自动删除。

楼板复制时，板跨不一致则自动增加一种楼板类型，所以复制时尽量是板跨一致复制，否则将增加楼板类型，使类型有可能超界。

3.1.3.2　楼板复制

楼板复制 → 用光标点取被拷贝的房间（该房间中有加亮的圆圈，表示选中）→ 指定需拷贝预制板的房间（按［Esc］退出）→ 继续指定需拷贝预制板的房间（按［Esc］退出）。

注：对于不同类型（比如跨度）预制板布置采用楼板复制，则画结构平面图时会归并在一起，一般
　　不要采样楼板复制；对于房间预制板布置完全一样，布置完一间后，其他的采用楼板复制进行
　　布置，否则画结构平面图时不会归并在一起。

3.1.3.3　楼板删除

楼板删除 → 指定需删除预制板的房间（按［Esc］退出）→ 继续指定需删除预制板的
房间（按［Esc］退出）。

3.1.4　修改板厚

每层现浇楼板厚度在主菜单1交互建模和数据文件中给出，这个数据是本层所有房间
都采用的厚度，当某房间厚度不是此值，可将这间房间的板厚度修改。

修改板厚 → 屏幕显示现浇楼板的各房间的板厚，同时弹出一窗口，输入修改后的楼
板厚度（m），点取确定（图3-5）→ 用光标点取被修改的房间（光标、轴线、窗口、围栏
方式均可，按［Esc］退出）→ 点取取消退出命令操作。

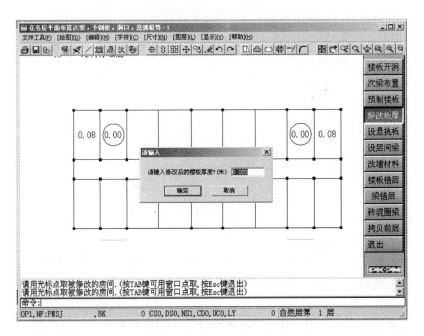

图 3-5　修改板厚

注：房间为空洞例如楼梯间，或某房间的内容不打算画出时，可将该房间板厚修改为0。某房间楼
　　板厚度为0时，该房间上的荷载仍传到房间四周的梁或墙上。
　　对于楼梯间，一是在其位置开一较大洞口，导荷载时其洞口范围的荷载将被扣除；二是将楼梯
　　所在的房间的楼板厚度输入0，导荷载时该房间上的荷载（楼板上的恒载、活载）仍能近似的
　　导至周围的梁和墙上。但楼板厚度为0时，该房间不会画出板钢筋。

3.1.5　设悬挑板

3.1.5.1　布悬挑板

在平面外围的梁或墙上均可设置现浇悬挑板，其板厚程序自动按该梁或墙所在房间取
值，用户应输入悬挑板上的恒载和活载均布面荷标准值，如该荷载输0，程序也自动取相
邻房间的楼面荷载，悬挑范围为用户点取的某梁或墙全长（以节点之间的梁或墙段为准），

挑出宽度沿该梁或墙为等宽。

布悬挑板 → 用光标选择目标，用光标或鼠标指定需设悬挑板的梁或墙，可连续指示位于同一侧的几段梁或墙（光标、轴线、窗口、围栏方式均可，按［Esc］退出）→ 键入悬挑板挑出轴线的长度（m），恒载标准值（kN/m²），活载标准值（荷载输 0，程序自动取悬挑板上荷载为相邻房间楼面荷载）→ 指示悬挑方向，梁（墙）X 向布置时在梁（墙）的上方或下方用光标点一下，梁（墙）Y 向布置时在梁（墙）的左方或右方点一下即可，图面上显示出该类挑板的示意图 → 继续用光标选择目标（按［Esc］退出）。

注：当悬挑板的位置在平面外围的同一边，且悬挑长度相同可归为一类悬挑板。

悬挑板的设置需指定梁或墙，当梁或墙部分有悬挑板时，应在主菜单 1 建模时加节点，把此处的梁或墙分成两段。

目前版本不能布置弧形的悬挑板。

3.1.5.2　删悬挑板

删悬挑板 → 用光标选择删除的悬挑板（光标、轴线、窗口、围栏方式均可，按［Esc］退出）→ 继续用光标选择删除的悬挑板（按［Esc］退出）。

注：删悬挑板时选择目标应选择有悬挑板的梁或墙。

3.1.6　设层间梁

层间梁是指其标高不在楼层上而在两层之间的连接柱或墙的梁段，例如某些楼梯间处的梁或某些特殊用途的层间梁。输入层间梁后，程序可在做该榀框架分析时作出这种复式框架的立面图和荷载简图。但在做 TAT 或 SATWE 程序时，只把层间梁上的荷载传给主结构，并未考虑该杆件的刚度存在。

设层间梁 → 指定层间梁的起始节点 → 指定层间梁的终止节点 → 输入梁的截面类型 → 输入低于楼面的距离（m）→ 梁上的均布荷载（kN/m）→ 继续指定层间梁的起始节点（按［Esc］退出）。

注：层间梁以下沉距离为正。层间梁起始、终止节点是布置柱的节点。

层间梁的删除，点取设层间梁，如果以前已经设置过层间梁会提示保留/全部删除。

3.1.7　改墙材料

如本标准层墙体材料不同于开始输入的材料，点此菜单可对个别墙体修改，移动光标点取需修改的墙体即可（紫色为混凝土墙，红色为砖墙）。

3.1.7.1　混凝土墙

混凝土墙 → 选择将材料变为混凝土的砖墙（光标、轴线、窗口、围栏方式均可，按［Esc］退出）→ 继续选择将材料变为混凝土的砖墙（按［Esc］退出）。

3.1.7.2　砖墙

砖墙 → 选择将材料变为砖的混凝土墙（光标、轴线、窗口、围栏方式均可，按［Esc］退出）→ 继续选择将材料变为砖的混凝土墙（按［Esc］退出）。

3.1.8　楼板错层

当个别房间的楼板标高不同于该层楼层标高，即出现错层时，点此菜单输入个别房间与该楼层标高的差值。房间标高低于楼层标高时的错层为正。

楼板错层 → 输入楼板的错层值（m，下沉为正）→ 用光标点取楼板错层的房间（按［Esc］退出）→ 继续用光标点取楼板错层的房间（按［Esc］退出）→ 点取取消结束此命令操作（图3-6）。

注：本菜单仅对某一房间楼板作错层处理，使该房间楼板的支座筋在错层处断开，不能对房间周围的梁作错层处理。

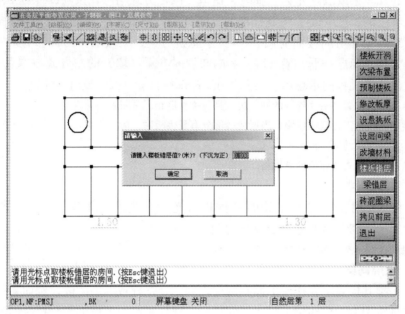

图3-6 楼板错层

3.1.9 梁错层

建模时输入的梁（主梁）不同于楼层其他梁的标高，可在此菜单为该梁设置错层值，该梁低于其他梁时错层值为正。

梁错层 → 输入梁的错层值（m，下沉为正）→ 选择错层的梁（光标、轴线、窗口、围栏方式均可，按［Esc］退出）→ 继续选择错层的梁（按［Esc］退出）→ 点取取消结束此命令操作。

注：目前版本的梁错层不在结构计算中反映，只是将错层值传到该梁绘图时画出梁错层的状态。

3.1.10 砖混圈梁

布置砖混结构的圈梁并输入相关参数，为PM主菜单六画砖混圈梁大样图提供数据。

3.1.10.1 参数输入

弹出圈梁设计参数（图3-7）。

（1）圈梁主筋根数、圈梁主筋直径、圈梁箍筋直径、圈梁箍筋间距、构造柱主筋根数、构造柱主筋直径根据预制楼等级、建筑的总层数确定。

（2）内墙板下圈梁的最小高度、梁外包砖墙厚：一般圈梁宽同内墙宽，如果内墙是240mm，外墙360mm，则梁外包砖墙厚设为120mm；内墙板下圈梁的最小高度不得小于120 mm。

（3）现浇板和预制板的高差：按大部分的布置情况写。

（4）圈梁位置参数：全部板底，表示不论板边是否有放置圈梁的位置，圈梁底面均设在板底下圈梁的最小高度，梁顶根据板边位置设在板底或板顶；板底与板边均有，根据板边是否有放置圈梁的位置确定梁底面和顶面高度，当板边有位置，圈梁设在板边，梁顶与

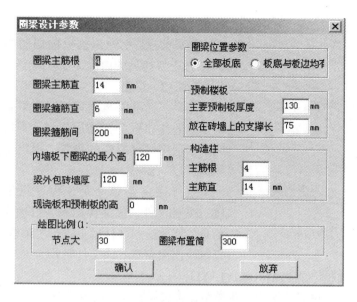

图 3-7　圈梁设计参数

板顶齐，两高取板厚，且不小于 120 mm，当板边无位置，圈梁设在板下。

（5）预制楼板：主要预制板厚度（本层大多数预制板厚度，各房间不同时可用修改预制板厚菜单进行修改；放在砖墙上的支撑长（确定 L 形圈梁的尺寸）。

（6）绘图比例：节点大样、圈梁布置简图。

3.1.10.2　布置圈梁（圈梁黄色显示）

布置圈梁 → 选择布置圈梁的目标（光标、轴线、窗口、围栏方式均可，按［Esc］退出）→ 继续选择布置圈梁的目标（按［Esc］退出）。

3.1.10.3　删除圈梁

删除圈梁 → 选择删除圈梁的目标（光标、轴线、窗口、围栏方式均可，按［Esc］退出）→ 继续选择删除圈梁的目标（按［Esc］退出）。

3.1.10.4　预制板厚

预制板厚 → 输入修改后的楼板厚度（单位毫米，按［Esc］退出）→ 用光标点取被修改的房间（按［Esc］退出）→ 继续输入修改后的楼板厚度（按［Esc］退出）。

3.1.10.5　圈梁纵筋

圈梁纵筋 → 图面显示参数输入所设置的圈梁纵筋根数和直径，用光标点取要修改纵筋直径和根数的圈梁 → 输入直径（毫米），根数 → 图面显示修改后的圈梁纵筋根数和直径，继续用光标点取要修改纵筋直径和根数的圈梁（按［Esc］退出）。

3.1.10.6　圈梁箍筋

圈梁箍筋 → 图面显示参数输入所设置的圈梁箍筋直径和间距，用光标点取要修改箍筋直径和间距的圈梁 → 输入直径（毫米），间距（毫米）→ 图面显示修改后的圈梁箍筋直径和间距，继续用光标点取要修改箍筋直径和间距的圈梁（按［Esc］退出）。

3.1.11　拷贝前层

可将上一标准层已输入的楼板开洞、次梁布置、预制楼板、现浇板厚、悬挑楼板、楼板错层、梁错层、砖混圈梁、组合楼盖等布置直接拷贝到本层，再对其局部修改，从而使

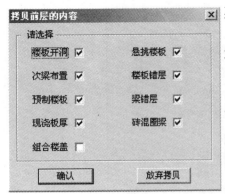

图 3-8 拷贝前层

其余各层布置过程简化。

拷贝前层 → 弹出拷贝前层的内容的窗口（图 3-8），选上要拷贝的内容，点取确定。

3.1.12　退出

当某一标准层布置完毕后点取退出，提示选择下一个需作布置的标准层层号。当所有标准层布置完毕，程序保存所作的布置，退出主菜单 2 输入次梁楼板。

执行完主菜单 2 后，程序写出一名为 CLLB-DK.PM 的文件，该文件记录了已输入的次梁和洞口信息，修改这一文件后重执行主菜单二并选择 3，可以修改次梁布置。该文件格式为：

• 按结构标准层记录 STANGERD LAYER……

• IROCL（I），I 房间的次梁布置类型，将次梁布置自动分类

• NCLLB 本标准层上次梁布置类别总数

• 各次梁类别的次梁布置详细数据，该数据即是布置次梁时由键盘顺序键入的各种次梁布置数据。

主菜单 2 运行完后，产生的文件是 TATDA1.PM、LAYDATN.PM。这两个文件是描述各层布置并与本 CAD 系统其他功能模块接口的重要数据文件。

附录 2 框架结构设计、附录 3 砖混结构设计在 PM 交互式数据输入在第 2 章已经完成，生成接后面的数据文件。现接第 2 章内容进行主菜单 2 输入次梁楼板。

框架结构设计：

大厅、电梯井处的次梁和交叉梁以及客房间的某些次梁已经作主梁输入，卫生间有门洞的墙下不布置二级次梁，做现浇带处理，其他次梁布置的位置参考附录 2 次梁荷载图。电梯井全房间开洞，楼梯间板厚设为 0 处理，注意顶层电梯井位置不开洞，顶层楼梯间板厚不设为 0。

/＊标准层 1 次梁楼板布置＊/

应用主菜单 2 输入次梁楼板，选择第一次输入或保留原次梁楼板

1，[Enter]（布置第一结构标准层）

/＊楼板开洞＊/

楼板开洞，全房间洞

用光标点取两个电梯井的位置处

[Esc]，前菜单（电梯井位置全房间开洞）

/＊次梁布置＊/

次梁布置，次梁布置

用光标点取由④、⑤轴和Ⓐ、Ⓑ轴围成的房间

1，[Enter]（横放次梁根数）

0，[Enter]（竖放次梁根数）

1（梁 200×300 类型号，参见右侧的梁表列），5.0（次梁距下面轴线距离），[Enter]

〔Esc〕

次梁复制

用光标点取刚布置次梁的房间

用光标点取其他与之布置相同的房间（参见附录 2 次梁荷载图），〔Esc〕

次梁布置

用光标点取由④、⑤轴和ⓒ、ⓓ轴围成的房间

1，〔Enter〕（横放次梁根数）

0，〔Enter〕（竖放次梁根数）

1（梁 200×300 类型号，参见右侧的梁表列），2.2（次梁距下面轴线距离），〔Enter〕

〔Esc〕

次梁复制

用光标点取刚布置次梁的房间

用光标点取其他与之布置相同的房间（参见附录 2 次梁荷载图），〔Esc〕

次梁布置

用光标点取由①、②轴和ⓔ、ⓕ轴围成的房间

0，〔Enter〕（横放次梁根数）

1，〔Enter〕（竖放次梁根数）

1（梁 200×300 类型号，参见右侧的梁表列），5.0（次梁距下面轴线距离），〔Enter〕

〔Esc〕

次梁复制

用光标点取刚布置次梁的房间

用光标点取其他与之布置相同的房间（参见附录 2 次梁荷载图），〔Esc〕

次梁布置

用光标点取由③、④轴和ⓔ、ⓕ轴围成的房间

0，〔Enter〕（横放次梁根数）

1，〔Enter〕（竖放次梁根数）

1（梁 200×300 类型号，参见右侧的梁表列），2.2（次梁距下面轴线距离），〔Enter〕

〔Esc〕

次梁复制

用光标点取刚布置次梁的房间

用光标点取其他与之布置相同的房间（参见附录 2 次梁荷载图），〔Esc〕

次梁布置

用光标点取由 1/③、④轴和ⓐ、ⓑ轴围成的房间

用光标点取ⓑ轴在此房间的网格（指定与横次梁平行的参考边）

用光标点取房间的左上点（指定竖次梁布置的起始参考点）

1，〔Enter〕（横放次梁根数）

0，〔Enter〕（竖放次梁根数）

1（梁 200×300 类型号，参见右侧的梁表列），−3.2（次梁距距指定横边距离，注意负号表示在横边下方），〔Enter〕

·用光标点取由①、②轴和1/ⓒ、ⓓ轴围成的房间

用光标点取②轴在此房间的网格（指定与横次梁平行的参考边）

用光标点取房间的右上点（指定竖次梁布置的起始参考点）

1，［Enter］（横放次梁根数）

0，［Enter］（竖放次梁根数）

1（梁200×300类型号，参见右侧的梁表列），3.2（次梁距距指定横边距离），［Enter］

［Esc］，前菜单（次梁布置完毕）

／＊修改板厚＊／

修改板厚

0，确定

用光标点取3个楼梯间位置处的房间

［Esc］，取消

／＊设悬挑板＊／

设悬挑板，布置挑板

用光标选择ⓐ轴在⑪、⑫、⑬轴之间的网格，［Esc］

2.0，3.5.1.5［Enter］（悬挑长度2.0m，恒荷载3.5 kN/m²，活荷载3.5 kN/m²）

用光标点取所选梁段的下方（确定悬挑方向，悬挑示意图）

［Esc］，前菜单

退出（标准层1次梁楼板布置完毕）

／＊标准层2、3、4次梁楼板的布置＊／

2，［Enter］

拷贝前层

选择楼板开洞、次梁布置、现浇板厚，点取确定

退出

3，［Enter］

拷贝前层

选择楼板开洞、次梁布置、现浇板厚，点取确定

次梁布置，次梁删除

用光标点取右半部所有布置次梁的房间

［Esc］，前菜单

修改板厚

0.1，确定

用光标点取⑬、⑭轴之间的楼梯间所在的房间

［Esc］，取消

退出

4，［Enter］

退出（次梁楼板布置完毕）

砖混结构设计：

1，［Enter］

墙体材料：砖

/＊布预制板＊/

预制楼板，楼板布置

用光标指定需布置预制板的房间（除卫生间、楼梯间、走道外所有其他的房间）

自动布板，第一种板宽度 1200mm，第二种板宽度 0mm，最大板间缝 100 mm，最小板间缝 30 mm，横放，确定

［Esc］，前菜单（预制板布置完毕）

修改板厚

0，确定

用光标点取楼梯间两个房间

［Esc］，取消

设悬挑板，布置挑板

用光标选择Ⓐ轴在②、③轴，⑧、⑨轴之间的网格，［Esc］

1.3，3.5，1.5，［Enter］

用光标点取被选网格的下方一点

［Esc］，前菜单

楼板错层

0.03，确定

用光标点取卫生间所在的房间

［Esc］，取消

砖混圈梁

参数输入

圈梁主筋根数：4，圈梁主筋直径：12，圈梁箍筋直径 6，圈梁箍筋间距：200，内墙板下圈梁的最小高度：120，梁外包砖墙厚度：120，现浇板和预制板的高差：0，圈梁位置参数：全部板底，主要预制板厚：130，放在砖墙上的支撑长 75，构造柱主筋根数：4，构造柱主筋直径：14，确认

布置圈梁

用光标选择没有布置梁的所有网格

［Esc］，前菜单

退出

2，［Enter］

拷贝前层

选择预制楼板、现浇楼板、楼板错层、砖混圈梁，确认

砖混圈梁，布置圈梁

用光标选择Ⓑ轴在②、③轴，⑧、⑨轴之间的网格

［Esc］，前菜单

退出

3，［Enter］

拷贝前层

选择预制楼板、砖混圈梁，确认

预制楼板，楼板复制

用光标选择①、②轴与Ⓐ、Ⓑ轴围成的房间

用光标选择卫生间、楼梯间位置处的房间

[Esc]，前菜单

砖混圈梁，删除圈梁

用光标选择④、⑤、⑦轴在Ⓐ、Ⓑ轴之间的网格

[Esc]，前菜单

楼板开洞，洞口布置

用光标点取走道所在的房间

1，[Enter]（1个洞口）

3.12，1.38 [Enter]（洞口左下角距房间左下角 X，Y 距离）

0.6，0.6 [Enter]（洞口宽，高）

[Esc]，前菜单

退出

3.2　输入荷载信息（主菜单3）

执行主菜单3输入荷载（PM3W.EXE）。

此程序必须运行输入次梁楼板后进行，它将可能生成 DAT1A.PM ~ DATB.PM、DATK.PM、DATW.PM 共13个荷载数据文件。如 DAT1A.PM 记录了各楼层每个房间楼板上的恒荷载、活面荷载值。

从平面数据文件中此时已获得的荷载信息有：活荷载是否计算信息；各荷载标准层中均布楼面静荷载和均布楼面活荷载信息（主菜单1建立荷载标准层输入）。主菜单3的主要功能是对均布楼面荷载局部修正和输入非楼面传来的梁间荷载、柱间荷载、墙间荷载、节点荷载及次梁荷载。然后程序对楼面荷载做传导计算，例如从楼板到次梁，再从次梁到承重墙或梁的传导计算，计算框架梁自重，再对用户人机交互输入的梁间、柱间、墙间、节点、次梁等荷载归类整理，从而完成整栋建筑荷载数据库。

鼠标双击**3输入荷载信息**或单击**3输入荷载信息**选中后用鼠标点取**应用**（保证当前工作目录为输入次梁楼板时的工作目录），出现如图所示界面（图3-9）。

程序提示：本工程荷载是否第一次输入？（[Esc]返回），有如下3项选择：

（1）0保留原荷载

可保留已输入的外加荷载，用于反复补充、修改荷载信息。如果对前面的结构布置已作了修改（某层的杆件总数和编号有了改变）时，仍可保留未变部分上已经输入了的荷载，结构变动部分的荷载应作补充修改。杆件两端的坐标改变的杆件即属于已经改动的杆件，它上面原已输入的荷载将丢失。楼层总层数增删变化等信息

图3-9　菜单执行选项

将由主菜单 1 传递过来，程序可把以前输入的旧的各层荷载和新的层号自动对位。操作时对新增加的楼层的荷载应重新布置。

（2）1 第一次输入

所有荷载将重新生成（以前输入的外加荷载清零）。

（3）2 由建筑传来

程序从建筑软件 APM 中传导计算建筑构件生成的外加荷载。除已转成结构构件（梁、柱、承重墙）外，其余建筑构件将按后面确定的材料容重计算成荷载，加到梁、墙、柱、节点、次梁或楼板上。

（4）按［Esc］，程序将不进行荷载导算直接退回主菜单

选择 0、1 或 2 后将提示用户输入一个要加外荷载的层号（此层是由荷载标准层和结构标准层组合的实际楼层）。右边显示 7 项菜单：楼面荷载、梁间荷载、柱间荷载、墙间荷载、节点荷载、次梁荷载、输入完毕，这些操作在自下而上的各实际楼层中逐层进行。

> 注：由相同的结构标准层和荷载标准层组成的实际楼层在本菜单作荷载补充、修改时，用相应的结构标准层和荷载标准层表示，意味补充、修改某一楼层，所有与其组合一样的楼层的荷载信息都会改动。例如三、四、五楼层由第 1 结构标准层和第 2 荷载标准层组合，荷载的补充修改在第三楼层进行，四、五楼层自动和三楼层一致。如果第五楼层某个房间的荷载与第三层不同时，是无法修改的。所以建议荷载不同的楼层定义成不同的荷载标准层。

在此主菜单下，用光标指向某个构件（如梁、柱、墙、次梁等），再点击鼠标右键，可显示并编辑此构件上的各个荷载，进行增加、删除、修改等操作。

若本层荷载不是第一次输入，实际修改原来输入的内容，则在点取上面每一项子菜单后，屏幕提示：保留以前输入的梁间荷载（或墙间、柱间、节点、次梁荷载）吗？（保留：0，不保留：1）。键入 1 则这类荷载全部清 0，需重新输入，键入 0 则是在原有荷载上增加或删除。

3.2.1 楼面荷载

3.2.1.1 楼面恒载

楼面恒载 → 面荷载是否需要逐间显示处理［0 否/1 是］（一般选默认值 0，屏幕显示各房间的楼面恒载值，图 3-10）→ 输入需修改楼面恒荷载的荷载值（kN/m²）（［Tab］设置显示，设置屏幕上数字的大小，［Enter］显示数字增大，［Esc］显示数字减少，［Esc］退出）→ 选择要处理面荷载的房间（光标、轴线、窗口、围栏方式均可，按［Esc］键退出）→ 继续选择要处理面荷载的房间（按［Esc］退出）→ 继续输入需修改楼面恒荷载的荷载值（kN/m²）（按［Esc］退出）。

3.2.1.2 楼面活载

楼面活载 → 面荷载是否需要逐间显示处理［0 否/1 是］（一般选默认值 0，屏幕显示各房间的楼面恒载值）→ 输入需修改楼面活荷载的荷载值（kN/m²）（［Tab］设置显示，设置屏幕上数字的大小，［Enter］显示数字增大，［Esc］显示数字减少，［Esc］退出）→ 选择要处理面荷载的房间（光标、轴线、窗口、围栏方式均可，按［Esc］键退出）→ 继续选择要处理面荷载的房间（按［Esc］退出）→ 继续输入需修改楼面活荷载的荷载值（kN/m²）（按［Esc］退出）。

> 注：若工程没有算活荷载（在主菜单 1 设置不计算活载），则不出现楼面活荷载菜单。

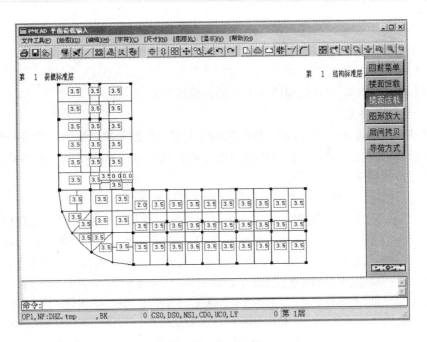

图 3-10　楼面恒载

3.2.1.3　层间拷贝

可将上一层的各房间楼面荷载拷贝到本层，只有上层与本层的房间形心重合的房间才能拷贝。

层间拷贝 → 选择所拷贝面荷载的层号（如果设置第 N 层面荷载，则所拷贝面荷载的层号小于 N）。

3.2.1.4　导荷方式

(1) 指定方式（图 3-11）

可以修改程序自动设定的楼面荷载传导方向，程序向房间周围杆件传导楼面荷载的方式有 3 种：

① 梯形三角形方式：对现浇混凝土且为矩形房间程序自动采用这种荷载传导方式。

② 对边传导方式：只将荷载向房间二对边传导，在矩形房间上铺预制板时，程序按板的布置方向自动取用这种荷载传导方式。

③ 沿周边布置方式：将房间内的总荷载沿房间周长等分成均布荷载布置，对于非矩形房间程序自动采用这种传导方式。

指定方式 → 屏幕显示出各房间的荷载传导方式，选择要设定导荷方式的房间（按［Esc］退出）→ 选择右侧楼面荷载传导方式 → 屏幕显示出修改后各房间的荷载传导方式，继续选择要设定导荷方式的房间（按［Esc］退出）。

注：选用对边方式后，还需指定房间受力边方向上的一根梁。

选用周边传导方式后，可以指定房间的某一边或某几边为不受力边，屏幕显示虚线在不受力的边上。

(2) 调屈服线

调屈服线菜单，主要针对梯形、三角形方式（三角形方式是梯形方式的一种特例）导算的房间，可对屈服线角度特殊设定。程序缺省屈服线角度为 45°。

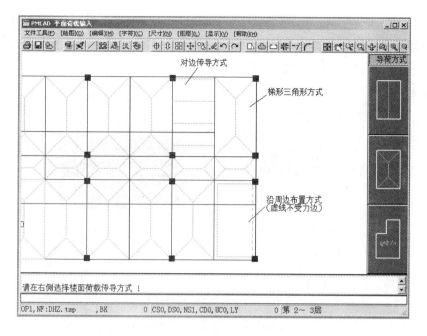

图 3-11　楼面荷载导荷方式

调屈服线 → 选择调整塑性铰线的房间 → 设定新的塑性角 1、塑性角 2，点取确定（图 3-12）→ 继续选择调整塑性铰线的房间（按［Esc］退出）。

注：只有没有布置次梁的矩形房间采用梯形、三角形导荷方式时才可调屈服线。

（3）相同复制

相同复制 → 选择要被复制导荷方式的样板房间（按［Esc］退出）→ 选择要复制导荷方式的房间（按［Esc］退出）→ 继续选择要复制导荷方式的房间（按［Esc］退出）→ 继续选择要被复制导荷方式的样板房间（按［Esc］退出）。

注：复制仅仅复制导荷的方式，对于同种导荷方式不会复制。例如两个房间都为梯形导荷方式，但屈服线的角度不同，两者是不能复制的。

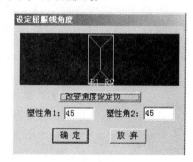

图 3-12　调屈服线角度

（4）层间拷贝

层间拷贝 → 选择拷贝导荷方式的样本层的层号（如果设置第 N 层面荷载，则所拷贝面荷载的层号小于 N）。

3.2.2　梁间荷载

3.2.2.1　梁间恒载

如果以前输入过梁间恒载，询问是否保留（保留：0；不保留：1）。输入 0，保留以前输入的梁间恒载，可对已有的梁间恒载进行增删；输入 1，原有的梁间恒载将全部清除。

（1）梁荷输入

梁荷输入 → 弹出选择要布置的梁墙荷载窗口，在标准荷载库中用光标选择一个荷载（如果没有，则添加一个标准荷载），然后点取确认 → 选择需输入恒荷载的梁（光标、轴线、窗口、围栏方式均可，按［Esc］退出）→继续选择需输入恒荷载的梁（按［Esc］退出）→继续弹出选择要布置的梁墙荷载窗口，在标准荷载库中用光标选择新的一个荷载，然后点取确认布置新的梁间恒载或点取退出结束命令。

标准荷载库的操作：（图 3-13）

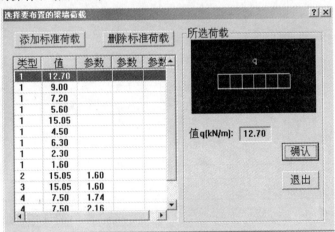

图 3-13　梁墙荷载

左边是梁墙标准荷载库的荷载清单，它是在建立结构模型开始时，即第一次进入荷载输入时，从 PM3W. INI 文件读入的。

① 添加标准荷载

点取添加标准荷载，弹出选择梁的荷载类型的窗口（图 3-14），选择一种荷载类型后，点取选择，弹出对应荷载类型的输入荷载参数窗口，输入荷载相关参数后，点取确定标准荷载库中就增加一个标准荷载。

【例】　框架结构中，将隔墙作为梁间恒载输入。求附录 2 中建筑Ⓐ轴有窗 C1（1800×1500）宽度 240mm 的墙，Ⓑ轴卫生间有门 M1 的墙下的梁间恒载。

工程上一般将墙作为均布荷载输入(荷载类型 1，不记梁重、板传来的荷载)，将自重平均分布。如果墙上洞口面积占很大部分，将洞口部分的重量减去再平均分布。实际情况如果墙上有一个门洞，应该将墙作为 3 段荷载输入(荷载类型 1、2、3)。相应位置梁高 600mm，梁段长度 3900mm，板厚度 100mm

查建筑结构荷载规范：砖墙 19kN/m³，水泥砂浆 20 kN/m³，钢框玻璃窗 0.45 kN/m²。

Ⓐ轴有窗 C1 宽度 240mm 的墙：

实墙线荷载：

$19 \times 0.24 \times (3.0 - 0.6) + 20 \times 0.02 \times (3.0 - 0.6) \times 2 = 12.864$kN/m

窗 C1 部分墙体转化为的梁间线荷载：

$(19 \times 1.8 \times 1.5 \times 0.24 + 20 \times 1.8 \times 1.5 \times 0.02 \times 2) / 3.9 = 3.711$kN/m

窗 C1 转化为的梁间线荷载：$0.45 \times 1.8 \times 1.5 / 3.9 = 0.312$kN/m

计算梁间恒荷载为：$12.864 - 3.711 + 0.312 = 9.465$kN/m（荷载类型 1）

Ⓑ轴卫生间有门 M1 的墙：

实墙线荷载：$19 \times 0.24 \times (3.0 - 0.6) + 20 \times 0.02 \times (3.0 - 0.6) \times 2 = 12.864$kN/m

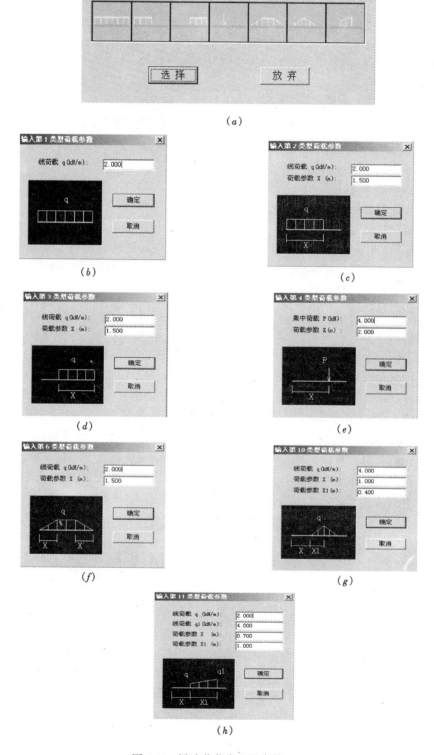

图 3-14 梁墙荷载类型及参数

门 M1 部分线荷载折减(内墙门洞一般不减,计算简便,设计偏于安全):0kN/m

卫生间的竖向隔墙（隔墙净长 2040mm，由于下面做成现浇带没做成次梁，故将这部分荷载作为两个集中荷载加在相应的梁上：

$$[19 \times 0.12 \times 2.04(3.0-0.1) + 20 \times 0.02 \times 2.04 \times (3.0-0.1) \times 2]/2 = 9.111\text{kN}$$

门 M2 的荷载折减： $(0.7 \times 2.1 \times 0.12 \times 19 + 0.7 \times 2.1 \times 0.02 \times 20 \times 2)$ /2 = 2.2638kN

门 M2 的荷载：$0.7 \times 2.1 \times 0.2/2 = 0.147\text{kN}$

集中荷载为：$9.111 - 2.2638 + 0.147 = 6.994$ kN

计算梁间恒荷载为：12.864kN/m （荷载类型 1），6.994kN （荷载类型 4）

② 删除标准荷载

用光标点取要删除的标准值，然后点取删除标准荷载即可。

（2）恒载拷贝

恒载拷贝 → 选择被拷贝恒荷载的那根梁（按［Esc］退出）→ 选择需拷贝恒荷载的梁（按［Esc］退出）→ 继续选择需拷贝恒荷载的梁（按［Esc］退出）→ 继续选择被拷贝恒荷载的那根梁（按［Esc］退出）。

（3）删除梁荷

删除梁荷→选择需删除恒荷载的梁(光标、轴线、窗口、围栏方式均可,按[Esc]退出)→继续选择需删除恒荷载的梁(按[Esc]退出,提示所选梁的恒荷载将全部清除)。

（4）荷载修改

荷载修改 → 选择需修改恒荷载的梁（按［Esc］退出）→ 弹出编辑修改梁墙荷载的窗口（图 3-15）。添加梁间恒载，点取添加恒载，弹出选择要布置的梁墙荷载窗口，操作同梁荷输入；删除梁间恒载，选择左侧梁上已有恒载，点取删除；修改梁间恒载，选择左侧梁上已有恒载，点取修改，弹出荷载修改窗口（图 3-16），修改完毕后点取退出 → 继续选择需修改恒荷载的梁（按［Esc］退出）。

（5）查询恒载

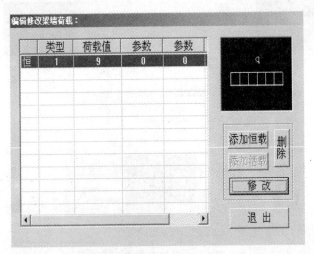

图 3-15　梁墙荷载修改 1

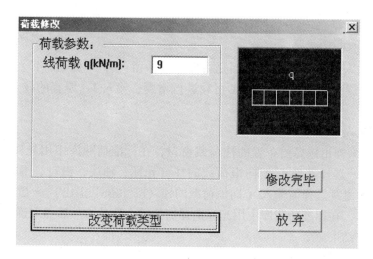

图 3-16 梁墙荷载修改 2

查询恒载 → 选择需查询恒荷载的梁（按［Esc］退出），弹出点取的梁上所加外部恒荷载的窗口 → 继续选择需查询恒荷载的梁（按［Esc］退出）。

（6）数据开关（图 3-17）

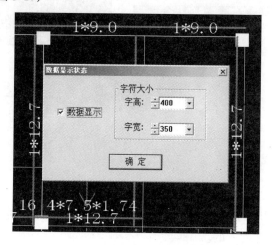

图 3-17 梁间恒载（数据开关）

数据开关→弹出数据显示状态窗口，可选择打开数据显示，设置字符大，点取确定。

（7）打印绘图

如果连通打印机或绘图仪，可即时打印出当前屏幕图形。

3.2.2.2 梁间活载（菜单操作同梁间恒载）

3.2.2.3 层间拷贝

层间拷贝可把前荷载标准层已输入的梁间荷载拷贝到本层上，在此基础上修改，从而简化输入。

层间拷贝 → 选择所拷贝梁（墙）间荷载的层号（如果设置第 N 层梁（墙）荷载，则所拷贝梁（墙）荷载的层号小于 N）。

3.2.3 柱间荷载

柱 X 表示作用于平面上 X 方向的柱间荷载，柱 Y 表示作用与平面 Y 方向的柱间荷载。

点中柱时，屏幕加亮显示所选柱，柱边的两道线表示与 X 的平行方向。

3.2.3.1 柱 X 恒载

如果以前输入过柱 X 恒载，询问是否保留（保留：0；不保留：1）。输入 0，保留以前输入的柱 X 恒载，可对已有的柱 X 恒载进行增删；输入 1，原有的柱 X 恒载将全部清除。

（1）柱荷输入

柱荷输入 → 弹出选择要布置的柱荷载窗口，在标准荷载库中用光标选择一个荷载，然后点取确认 → 选择需输入 X 向恒荷载的柱（光标、轴线、窗口、围栏方式均可，按［Esc］退出）→ 继续选择需输入 X 向恒荷载的柱（按［Esc］退出）→ 继续弹出选择要布置的柱荷载窗口，在标准荷载库中用光标选择新的一个荷载，然后点取确认布置新的柱 X 恒载或点取退出结束命令。

标准荷载库的操作：（图 3-18）

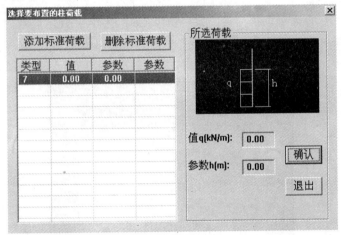

图 3-18　柱荷载

左边是柱标准荷载库的荷载清单，它是在建立结构模型开始时，即第一次进入荷载输入时，从 PM3W.INI 文件读入的。

① 添加标准荷载

点取添加标准荷载，弹出选择柱的荷载类型的窗口，选择一种荷载类型后，点取选择，弹出对应荷载类型的输入荷载参数窗口（图 3-19），输入荷载相关参数后，点取确定标准荷载库中就增加一个标准荷载。

② 删除标准荷载

用光标点取要删除的标准值，然后点取删除标准荷载即可。

（2）恒载拷贝

恒载拷贝 → 选择被拷贝 X 向恒荷载的那根柱（按［Esc］退出）→ 选择需拷贝 X 向恒荷载的柱（按［Esc］退出）→ 继续选择需拷贝 X 向恒荷载的柱（按［Esc］退出）→ 继续选择被拷贝 X 向恒荷载的那根柱（按［Esc］退出）。

（3）清柱 X 荷

清柱 X 荷 → 选择需删除 X 向恒荷载的柱（光标、轴线、窗口、围栏方式均可，按

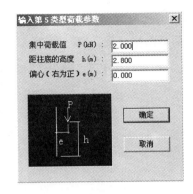
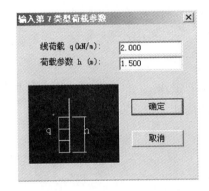
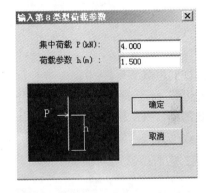

图 3-19　柱荷载类型及参数

［Esc］退出）→ 继续选择需删除 X 向恒荷载的柱（按 ［Esc］退出，提示所选柱的 X 向恒荷载将全部清除）。

（4）荷载修改

荷载修改 → 选择需修改 X 向恒荷载的柱 → 弹出编辑修改柱荷载的窗口 （图 3-20）。添加 X 向柱恒载，点取添加恒载，弹出选择要布置的柱荷载窗口，操作同柱荷输入；删除 X 向柱恒载，选择左侧柱上已有恒载，点取删除；修改 X 向柱恒载，选择左侧柱上已有

图 3-20　柱荷载修改 1

恒载，点取修改，弹出荷载修改窗口，修改完毕后点取退出（图3-21）→继续选择需修改 X 向恒荷载的柱（按［Esc］退出）。

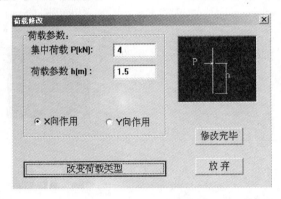

图3-21　柱荷载修改2

（5）查询恒载

查询恒载 → 选择需查询恒荷载的柱（按［Esc］退出），弹出点取的柱上所加外部 X 向恒荷载的窗口（2-22）→继续选择需查询恒荷载的柱（按［Esc］退出）。

（6）数据开关（图3-23）

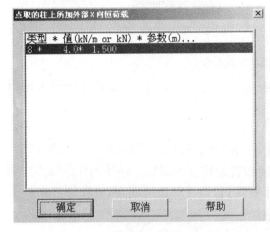

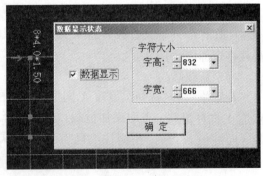

图3-22　查询恒载　　　　　　　　　图3-23　柱 X 恒载（数据开关）

数据开关→弹出数据显示状态窗口，可选择打开数据显示，设置字符大，点取确定。

3.2.3.2　柱 Y 恒载（菜单操作同柱 X 恒载）

3.2.3.3　柱 X 活载（菜单操作同柱 X 恒载）

3.2.3.4　柱 Y 活载（菜单操作同柱 X 恒载）

3.2.4　墙间荷载

3.2.4.1　墙间恒载

如果以前输入过墙间恒载，询问是否保留（保留：0；不保留：1）。输入0，保留以前输入的墙间恒载，可对已有的墙间恒载进行增删；输入1，原有的墙间恒载将全部清除。

（1）墙荷输入

墙荷输入 → 弹出选择要布置的梁墙荷载窗口，在标准荷载库中用光标选择一个荷载，然后点取确认 → 选择需输入恒荷载的墙（光标、轴线、窗口、围栏方式均可，按［Esc］退出）→ 继续选择需输入恒荷载的墙（按［Esc］退出）→ 继续弹出选择要布置的梁墙荷载窗口，在标准荷载库中用光标选择新的一个荷载，然后点取确认布置新的墙间恒载或点取退出结束命令。

（2）恒载拷贝

恒载拷贝 → 选择被拷贝恒荷载的那根墙（按［Esc］退出）→ 选择需拷贝恒荷载的墙（按［Esc］退出）→ 继续选择需拷贝恒荷载的墙（按［Esc］退出）→ 继续选择被拷贝恒荷载的那根墙（按［Esc］退出）。

（3）删除墙荷

删除墙荷 → 选择需删除恒荷载的墙（光标、轴线、窗口、围栏方式均可，按［Esc］退出）→ 继续选择需删除恒荷载的墙（按［Esc］退出，提示所选墙的恒荷载将全部清除）。

（4）荷载修改

荷载修改 → 选择需修改恒荷载的墙（按［Esc］退出）→ 弹出编辑修改梁墙荷载的窗口。可以添加墙间恒载，点取添加恒载，弹出选择要布置的梁墙荷载窗口，操作同墙荷输入；可以删除墙梁间恒载，选择左侧墙上已有恒载，点取删除；可以修改墙间恒载，选择左侧墙上已有恒载，点取修改，弹出荷载修改窗口，修改完毕后点取退出 → 继续选择需修改恒荷载的墙（按［Esc］退出）。

（5）查询恒载

查询恒载 → 选择需查询恒荷载的墙（按［Esc］退出），弹出点取的墙上所加外部恒荷载的窗口 → 继续选择需查询恒荷载的墙（按［Esc］退出）。

3.2.4.2　墙间活载（菜单操作同墙间活载）

3.2.5　节点荷载

提供输入平面节点上的某些附加荷载，荷载作用点即平面上的节点，各方向弯矩的正向以右手螺旋法确定。

3.2.5.1　节点恒载

如果以前输入过节点恒载，询问是否保留（保留：0；不保留：1）。输入 0，保留以前输入的节点恒载，可对已有的节点恒载进行增删；输入 1，原有的节点恒载将全部清除。

（1）点荷输入

点荷输入 → 弹出选择要布置的节点荷载窗口（图 3-24），在标准荷载库中用光标选择一个荷载，然后点取确认 → 选择需输入恒荷载的节点（光标、轴线、窗口、围栏方式均可，按［Esc］退出）→ 继续选择需输入恒荷载的节点（按［Esc］退出）→ 继续弹出选择要布置的节点荷载窗口，在标准荷载库中用光标选择新的一个荷载，然后点取确认布置新的节点恒载或点取退出结束命令。

上边是节点标准荷载库的荷载清单，它是在建立结构模型开始时，即第一次进入荷载输入时，从 PM3W.INI 文件读入的。

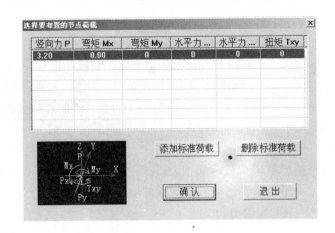

图 3-24　节点荷载

① 添加标准荷载

点取添加标准荷载，弹出节点的荷载参数的窗口（图 3-25），输入荷载相关参数后，点取确定标准荷载库中就增加一个标准荷载。

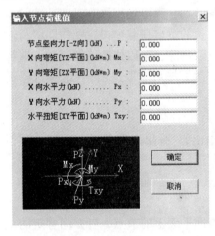

图 3-25　节点荷载类型及参数

② 删除标准荷载

用光标点取要删除的标准值，然后点取删除标准荷载即可。

（2）恒载拷贝

恒载拷贝 → 选择被拷贝恒荷载的那个节点（按［Esc］退出）→ 选择需拷贝恒荷载的节点（按［Esc］退出）→ 继续选择需拷贝恒荷载的节点（按［Esc］退出）→ 继续选择被拷贝恒荷载的那个节点（按［Esc］退出）。

（3）删除点载

删除点载 → 选择需删除恒荷载的节点（光标、轴线、窗口、围栏方式均可，按［Esc］退出）→ 继续选择需删除恒荷载的节点（按［Esc］退出，提示所选节点的恒荷载将全部清除）。

（4）荷载修改

荷载修改 → 选择需修改恒荷载的节点（按［Esc］退出）→ 弹出编辑修改节点荷载的窗口（图 3-26）。添加节点恒载，点取添加恒载，弹出选择要布置的节点荷载窗口，操作同点荷输入；删除节点恒载，选择左侧节点上已有恒载，点取删除；修改节点恒载，选择左侧节点上已有恒载，点取修改，弹出荷载修改窗口，修改完毕后点取退出 → 继续选择需修改恒荷载的节点（按［Esc］退出）。

（5）查询恒载

查询恒载 → 选择需查询恒荷载的节点（按［Esc］退出），弹出点取的节点上所加外部恒荷载的窗口 → 继续选择需查询恒荷载的节点（按［Esc］退出）。

3.2.5.2　节点活载（菜单操作同节点恒载）

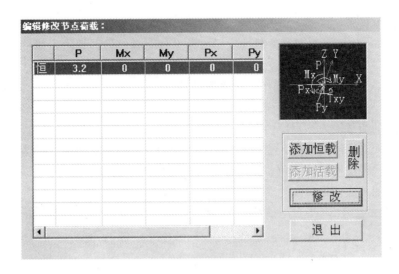

图 3-26　节点荷载修改

3.2.6　次梁荷载

3.2.6.1　次梁恒载

如果以前输入过次梁恒载，询问是否保留（保留：0；不保留：1）。输入 0，保留以前输入的次梁恒载，可对已有的次梁恒载进行增删；输入 1，原有的次梁恒载将全部清除。

（1）荷载布置

荷载布置 → 弹出选择要布置的梁墙荷载窗口，在标准荷载库中用光标选择一个荷载，然后点取确认 → 选择需输入恒荷载的次梁（光标、轴线、窗口、围栏方式均可，按［Esc］退出）→ 继续选择需输入恒荷载的次梁（按［Esc］退出）→ 继续弹出选择要布置的梁墙荷载窗口，在标准荷载库中用光标选择新的一个荷载，然后点取确认布置新的次梁恒载或点取退出结束命令。

（2）恒载拷贝

恒载拷贝 → 选择被拷贝恒荷载的那根次梁（按［Esc］退出）→ 选择需拷贝恒荷载的次梁（按［Esc］退出）→ 继续选择需拷贝恒荷载的次梁（按［Esc］退出）→ 继续选择被拷贝恒荷载的那根次梁（按［Esc］退出）。

（3）清次梁荷

清次梁荷→ 选择需删除恒荷载的次梁（光标、轴线、窗口、围栏方式均可，按［Esc］退出）→ 继续选择需删除恒荷载的次梁（按［Esc］退出，提示所选次梁的恒荷载将全部清除）。

（4）荷载修改

荷载修改 → 选择需修改恒荷载的次梁（按［Esc］退出）→ 弹出编辑修改梁墙荷载的窗口。可以添加次梁恒载，点取添加恒载，弹出选择要布置的梁墙荷载窗口，操作同墙荷输入；可以删除次梁恒载，选择左侧墙上已有恒载，点取删除；可以修改次梁恒载，选择左侧次梁上已有恒载，点取修改，弹出荷载修改窗口，修改完毕后点取退出 → 继续选择需修改恒荷载的次梁（按［Esc］退出）。

(5) 查询恒载

查询恒载 → 选择需查询恒荷载的次梁（按［Esc］退出），弹出点取的次梁上所加外部恒荷载的窗口 → 继续选择需查询恒荷载的次梁（按［Esc］退出）。

3.2.6.2　次梁活载（菜单操作同次梁恒载）

3.2.7　输入完毕

结束一层的荷载输入，程序内部将自动导算荷载，并显示下一层（输入下一层荷载）或结束荷载输入（顶层荷载输入完毕）（图3-27）。各房间导算荷载有3种方式：沿预制板方向单向导算；现浇楼板按三角、梯形导算（其房间周围必须有4根梁或墙）；按边长分配传递（其他的现浇楼板房间）。

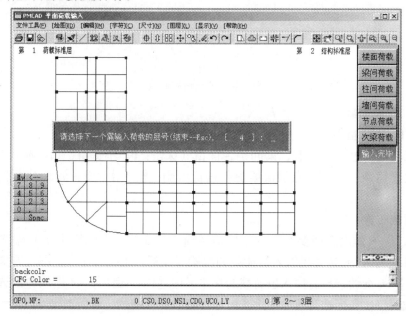

图 3-27　输入完毕的提示

当房间有次梁时：则楼板荷载传给次梁、次梁再传给主梁；对由楼面传给主梁的活荷载考虑了活荷载折减系数。挑板的荷载按均布荷载传给梁或墙，但没有考虑扭矩。某房间楼板厚度为 0 时，该房间楼板上的荷载仍传到房间四周的梁或墙上。房间内布置洞口时，洞口范围内的荷载在荷载传导时被扣除。楼面荷载的导算按房间周围梁（墙）的中心线位置计算，即考虑了梁（墙）的偏心及弧梁（墙）等因素。

输入完各层外加荷载后，程序将提示 3 个选择项：（图3-28）

（1）生成各层荷载传到基础的数据：程序把从上至下的各层恒载、活载（包括结构自重）作传导计算，生成一个基础的 CAD 模块可接口 PM 恒活荷载，这个荷载只能在基础 CAD 软件中显示。

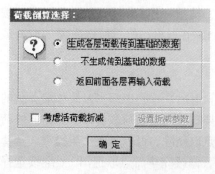

图 3-28　荷载导算选项

（2）不生成传到基础的数据。

（3）返回前面各层再输入荷载：回到前面各层补充荷载。

当选择考虑楼面活载折减时，应先点取设置折减参数按钮，随后弹出楼面活荷载窗口（图3-29）。考虑楼面活载折减后，导算出的主梁活荷载均已进行折减，这可在荷载校核菜单中查看结果，在后面所有菜单中的梁活荷载均使用折减后的结果。但是，程序对导算到墙上的活荷载没有折减。这里的折减和后面SATWE等三维计算、基础荷载导算时考虑楼层数的活荷载折减是可以同时进行的。也就说，如果在这里选择了某种活荷载折减，后面SATWE等三维计算又选择了某种活荷载折减，则活荷载被折减了两次，这在有时是允许的，有时又是不允许的。

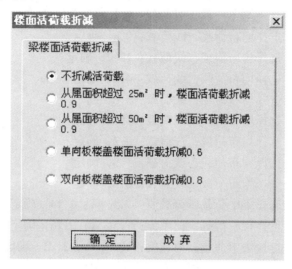

图3-29　楼面活荷载折减的设定

导荷计算中常出现溢出的原因：

（1）主菜单2输入的次梁、楼板、洞口的类别总数超过规定范围。

（2）某层平面上没有一个能闭和的房间。

（3）有的房间周围杆件的个数大于150。

（4）梁的截面积为0（或很小）。

（5）在Room Load Finished出现之前发生错误时，主要是房间内布置次梁所引起的错误（没显示出哪个标准层，则其发生错误）。

（6）在Storey＝最高层号之前出现错误，（尚未显示Room Load Finished时）是楼层交叉梁计算发生错误。

（7）在Storey＝层号时出现错误，是向基础传递荷载出错，出错的层号为层号－1。例如有不等高嵌固的基础而没有设置等，此时的出错只影响往基础传递的荷载。

结构布置修改后，如何保留已经输入的外加荷载

（1）在PM主菜单1修改结构布置，执行PM主菜单2时必须选择2：执行完主菜单1并保留以前输入的次梁楼板信息。执行PM主菜单3时选择0：保留原荷载。

（2）凡梁墙柱等在平面上位置未变的构件，其上原有的输入荷载会得到保留。

附录2框架结构、附录3砖混结构完成主菜单2输入次梁楼板后，进行主菜单3输入荷载信息的步骤。

框架结构设计：

对于框架结构，填充墙作为梁间恒载输入，具体计算方法见相关章节。在本例中卫生间有门洞的墙下做现浇带处理，在两边的梁上有集中荷载，具体计算方法见本书相关章节。目前版本还不能布置非矩形悬挑板，所以大厅前的弧形悬挑板在这里作为均布的梁间恒载加上。

/＊第一层荷载输入＊/

1，［Enter］

梁间荷载，梁间恒载，梁荷输入

添加标准荷载，选择均布荷载，线荷载：7.2，确定

添加标准荷载，选择均布荷载，线荷载：9.0，确定

添加标准荷载，选择均布荷载，线荷载：12.7，确定

添加标准荷载，选择均布荷载，线荷载：4.5，确定

添加标准荷载，选择均布荷载，线荷载：5.6，确定

添加标准荷载，选择均布荷载，线荷载：15.1，确定

添加标准荷载，选择均布荷载，线荷载：2.3，确定

添加标准荷载，选择均布荷载，线荷载：1.6，确定

添加标准荷载，选择均布荷载，线荷载：6.3，确定

添加标准荷载，选择集中荷载，荷载值：7.5，X：1.74，确定

添加标准荷载，选择集中荷载，荷载值：7.5，X：2.16，确定

添加标准荷载，选择集中荷载，荷载值：10.9，X：2.22，确定

添加标准荷载，选择部分均布荷载2，荷载值：15.1，X：1.6，确定

添加标准荷载，选择部分均布荷载3，荷载值：15.1，X：1.6，确定

选择荷载类型1，值7.2，确认

用光标选择电梯井位置处相应的梁，［Esc］

同以上步骤，参考附录2梁、墙荷载图将相应的荷载布置到相应的梁上，退出

前菜单，前菜单

次梁荷载，次梁恒载，荷载布置

选择荷载类型1，值7.2，确认

用光标选择所有次梁，［Esc］

同以上步骤，参考附录2次梁荷载图将相应的荷载布置到相应的次梁上，退出

前菜单，前菜单，输入完毕（第一层荷载输入完毕）

/＊第二、三层荷载输入＊/

2，［Enter］

（由于二、三层由相同的结构标准层、荷载标准层组合，无论修改哪一层都会影响另一层）

梁间荷载，层间拷贝

1，［Enter］（拷贝1层梁间荷载）

梁间恒载，0（保留原荷载）

荷载修改，分别点取弧梁，将上面的荷载值为15.1的荷载删除，退出，［Esc］

前菜单，前菜单

次梁荷载，次梁恒载，荷载布置

操作步骤同一层次梁荷载布置

输入完毕（第二、三层荷载输入完毕）

/＊**第四层荷载输入** ＊/

4，［Enter］

楼面荷载，楼面活载，0，［Enter］

3.0，［Enter］（修改后楼面活载值）

用光标选择右半部分所有房间，［Esc］，［Esc］

梁间恒载、次梁恒载操作步骤同前面相应的步骤，参考附录2相应荷载图

输入完毕（第四层荷载输入完毕）

/＊**第五层荷载输入** ＊/

5，［Enter］

梁间恒载、次梁恒载操作步骤同前面相应的步骤，参考附录2相应荷载图

输入完毕（第5层荷载输入完毕）

生成各层荷载传到基础数据，确定（建筑的结构模型全部建立完毕）

砖混结构设计：

本建筑设计没其他荷载输入、修改，每层点取输入完毕即可。

3.3　平面荷载显示校核（主菜单C）

执行主菜单C：平面荷载校核程序CHKW.EXE。

主菜单3执行完后点主菜单C，即可执行这项功能。此项菜单只对主菜单3导算的结

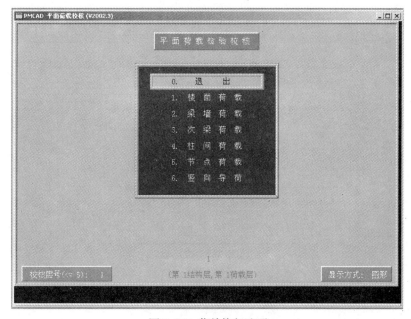

图3-30　菜单执行选项

果进行查验，不会对结果进行修正、重写等影响。

可校核的荷载有两类，一类是程序自动导算出的荷载，即楼面传导到承重梁、墙上的荷载和梁自重，另一类是用户在 PM 主菜单 3 中人机交互输入的荷载，这类荷载在 PM 主菜单 3 输入时可能较多较杂乱，但在这里可得到人机交互输入的清晰记录。进入程序后的菜单是：0 退出、1 楼面荷载、2 梁墙荷载、3 次梁荷载、4 柱间荷载、5 节点荷载、6 竖向导荷。

屏幕左下浅蓝色对话框可用来选择要输出荷载的楼层，屏幕右下浅蓝色框可用光标切换选择图形或文本输出方式。文本方式显示荷载时，各校核项目中的荷载类型按 PK 说明书中定义；荷载的数据格式为：梁、墙、柱荷载：杆件号（梁、柱为正号，墙为负号），荷载类型号，荷载值（kN），荷载参数（m）；节点荷载：节点号，集中力，X 向弯矩，Y 向弯矩形。生成校核文件的文件名为 DAT.TXT。

3.3.1 楼面荷载（图 3-31）

图 3-31　楼面荷载选项

白色选项按钮有两个：恒载、活载，光标点取后有 X 号表示选中，再点一下变为白色，表示取消；两个按钮都点成 X，则同时输出各房间的恒荷载、活荷载值，如只点恒或活按钮，则仅输出恒或活载。

红色按钮有两个：确认、返回，点确认则输出荷载图，点返回则返回前菜单。点确认，如选用图形方式输出，则屏幕上显示该层荷载荷载简图（图 3-32），右菜单有 5 项：返回、设字大小、字符拖动、指定图名。

（1）显示放大

缩放屏幕的图形，有显示全图、窗口放大、平移显示、放大一倍、缩小一倍、比例缩

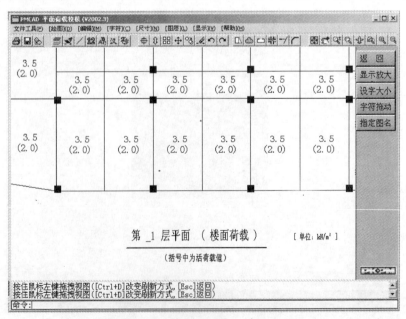

图 3-32　楼面荷载（带括号的为活载）

放、局部放大、充满显示、恢复显示、观察角度等菜单。

（2）设字大小

菜单用来修改屏幕上字符的宽和高，以达到显示清晰，不重叠的效果。

（3）字符拖动

菜单可对位置重叠或不合适的字符拖到合适的位置显示。

字符拖动 → 用光标点取图素（光标、轴线、窗口、围栏方式均可，按［Esc］退出） → 移动光标拖动图素（［Tab］连续选取，［Esc］取消）→ 继续用光标点取图素（按 ［Esc］退出）。

注：在移动光标拖动图素时可按［Tab］连续选取拖动的图素，在选择的过程中按住［Shift］可进行 反选，选取完毕按［Esc］返回。

（4）指定图名

菜单是由用户对该图定义名称，该 图名称隐含为 CHKPM.T。

3.3.2　梁墙荷载（图 3-33）

白色选项按钮有 8 个，它们是：恒 载、活载、输入、导算、梁荷、墙荷、 自重、归并。

点取确认选项的方法同上，即用光 标点为 X 时输出该选项荷载，点为白时 不输出该选项荷载。梁墙上的恒、活荷

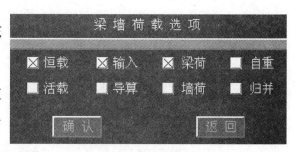

图 3-33　梁墙荷载选项

载可分别输出，也可点恒活按钮为 X 同时输出。导算指的是由楼板传到梁上的及由次梁 传到主梁上的由程序自动导算的出的梁墙荷载。输入指的是用户在主菜单 3 用人机交互方 式点梁墙荷载菜单输入的外加恒或活荷载。输入荷载和导算可分别输出，也可同时使两按

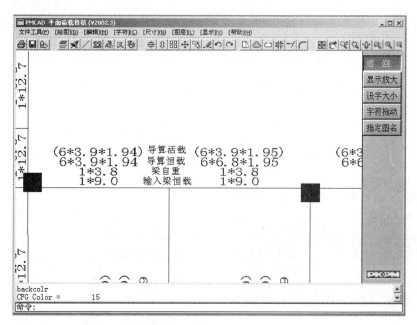

图 3-34　梁荷载（未归并）

钮为 X 共同输出。梁荷指的是作用在梁上的荷载，墙荷指的是作用在墙上的荷载。自重指的是梁或墙的自重，归并选项是对以上共同输出的荷载经归并后减少荷载个数再输出，如可将作用在梁上的恒、活、自重的 3 个均布荷载迭加成一个均布荷载输出，从而简化图面，不归并时输出内容很多很详细，有时可用于校核荷载。

3.3.3　次梁荷载

白色选项按钮有 8 个，它们是：恒载、活载、输入、导算、一级、二级、自重、归并。

3.3.4　柱间荷载

白色选项按钮有 4 个，它们是：恒载、活载、X 向、Y 向。

3.3.5　节点荷载

白色选项按钮有 2 个，它们是：恒载、活载。

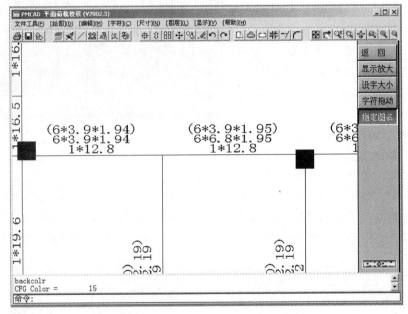

图 3-35　梁荷载（归并）

3.3.6　竖向导荷（图 3-36）

可算出作用于任一层柱或墙上的由其上层传来的恒荷载、活荷载，可以根据荷载规范的要求考虑活载折减，可以输出某层的总面积及单位面积荷载，可以输出某层以上的总荷载，可以输出荷载的设计值，也可输出标准值。

白色选项按钮为恒载、活载、活载折减，输出柱墙荷载图或荷载总值。

选取活荷载折减后，出现各层活载折减系数，程序默认取规范值。

同时选取恒、活荷载时出现恒活的分项系数菜单，程序默认恒载为 1.2，活载为 1.4。

图 3-36　竖向导荷选项

荷载图：输出的图形是每根柱和墙上荷载值（图3-37）。

荷载总值：输出某层的总面积及单位面积荷载、某层以上的总荷载。

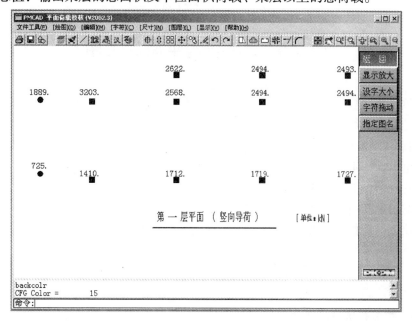

图 3-37　竖向导荷

第4章　画结构平面施工图

本菜单可绘制框架结构、框剪结构、剪力墙结构和砖混结构的结构平面图，还能完成现浇楼板的配筋计算。每操作一次此项菜单绘制一个楼层的结构平面图（楼层的层号开始输入），图名为 PM＊.T（＊为层号），图纸的规格及比例取自 PMCAD 主菜单 1 建模时定义的值，也可以在此重新定义。每层的操作分为输入计算和画图参数、计算钢筋混凝土板配筋、交互式画结构平面图 3 部分。本菜单运行程序 PM5W.EXE。

鼠标双击 **5 画结构平面图**或单击 **5 画结构平面图**选中后用鼠标点取应用（保证当前工作目录为输入荷载信息时的工作目录），出现键入要画楼层号窗口。

4.1　输入计算和画图参数

4.1.1　修改楼板配筋参数

4.1.1.1　配筋计算参数

（1）支座受力钢筋最小直径（mm）。

（2）板分布钢筋的最大间距（mm）。

（3）双向板计算方法：弹性算法，塑性算法。

（4）钢筋级别：全部用 HPB235 钢，全部用 HRB335 钢，全部用 HRB400 钢筋，仅直径 $\geqslant D$（如 $D = 12\text{mm}$）为 HRB335 钢（HPB235 钢和 HRB335 钢混合配筋）。

（5）钢筋放大调整系数：板底钢筋（隐含为 1），支座钢筋（隐含为 1）。

（6）边缘梁支座算法：按简支梁计算，按固定端计算。

（7）有错层楼板算法：按简支梁计算，按固定端计算。

（8）是否根据允许裂缝宽度自动选筋：是（允许裂缝宽度（mm））/否。

（9）钢筋强度设计值：HPB235 钢（隐含 210N/mm^2），HRB335 钢（隐含 300N/mm^2），HRB400 钢（隐含 360N/mm^2）。

（10）是否使用矩形连续板跨中弯矩算法。

4.1.1.2　钢筋级配表

可对钢筋级配表进行添加、替换、删除。

4.1.2　修改边界条件

（1）固定边界（固定边界为红色显示）

固定边界→指定需修改边界条件的板边（按［Esc］退出）→继续指定需修改边界条件的板边（按［Esc］退出）。

（2）简支边界（简支边界为兰色显示）

简支边界→指定需修改边界条件的板边（按［Esc］退出）→继续指定需修改边界条件的板边（按［Esc］退出）。

（3）显边条件

显示边界条件的切换开光（固定边界为红色显示，简支边界为蓝色显示）。

（4）前菜单

返回前处理菜单。

4.1.3 不计算楼板配筋

点取此菜单之后进入画结构平面图，但没进行楼板的配筋计算，在后面的操作中不能画楼板钢筋。

4.1.4 画平面图参数修改（图4-1）

（1）图幅比例：平面图纸号，图纸加宽比例，比例尺。

（2）是否绘制钢筋表：画钢筋表时，程序在画图时提示钢筋表的位置。钢筋表的内容和编号是随后面人机交互画钢筋的操作而定，对钢筋的增删操作时钢筋表均进行修正。目前版本的钢筋表未统计钢筋数量。

（3）是否标注预制板缝尺寸。

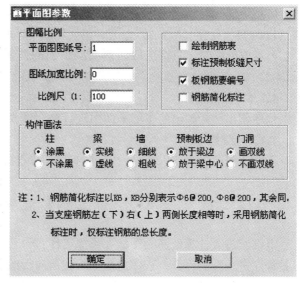

图4-1 平面图参数

（4）是否板钢筋要编号：控制楼板钢筋标注方式，板钢筋编号时相同的钢筋均编一个号，只在其中的一根标注钢筋的级配及尺寸；不要编号时，则图上每根钢筋无编号，在每根钢筋上均要标注钢筋的级配及尺寸。

（5）是否钢筋简化标柱。

（6）构件画法：柱（涂黑/不涂黑），梁（实线/虚线），墙（细线/粗线），预制板边

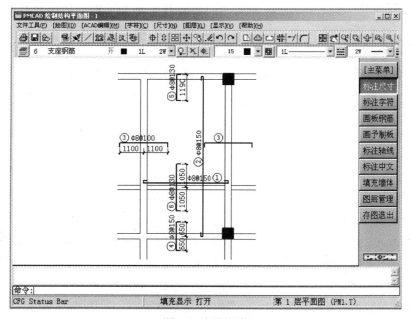

图4-2 切割局部

（放于梁边/放于梁中心），门洞（画双线/不画双线）。

4.1.5 切割局部平面

切割局部

切割局部→输入第一点（按［Esc］退出），输入下一点（按［Esc］退出）…→闭和（Y［Enter］）/放弃（N（Esc），围一单元轮廓 → 回前菜单。

再点取继续时，只将选取切割某层平面的该部分用不同的比例画出这一局部平面图（图4-2）。

4.1.6 续画前图

程序调出已经画出的本层平面图进行补充修改。

4.1.7 继续

不修改程序隐含或以前已设定过的参数，或修改参数完毕进入配筋计算画图。

4.2 计算钢筋混凝土板配筋

点继续进入计算配筋画图，如果原工作目录已有结构平面图，则询问是否重画新图，点是程序进入配筋计算。程序对矩形板按单向板或双向板的算法计算，对非矩形的凸形不规则板块用边界元法计算，对非矩形的凹形不规则板块用有限元法计算。计算完现浇楼板配筋后屏幕上出现可调出各种现浇楼板弯矩图和配筋图的菜单（图4-3）。

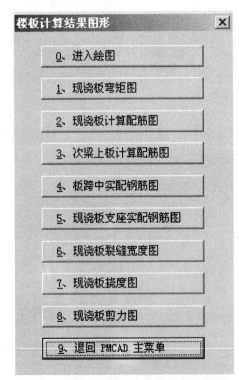

图4-3 楼板计算结果图形

4.2.1 现浇板弯矩图

显示板弯矩图（图4-4），在平面草图上标出每根梁、次梁、墙的支座弯矩值（蓝色），每个房间板跨中 X 向和 Y 向弯矩值（黄色），该图图名为 BM * .T（ * 为层号）。

（1）继续

返回楼板计算结果图形菜单。

（2）字符大小

字符大小 → 弹出改变字高、字宽窗口，修改完毕点取确定。

（3）编辑打印

打印现浇板弯矩图。

（4）局部放大

缩放屏幕的图形，有显示全图、窗口放大、平移显示、放大一倍、缩小一倍、比例缩放、局部放大、充满显示、恢复显示、观察角度等菜单。

（5）连板参数

负弯矩调幅度系数，左（下）端支座（铰支/固定），右（上）端支座（铰支/固定），

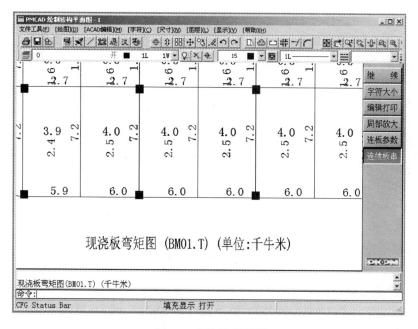

图 4-4　现浇板弯矩图

是否板跨中正弯矩按不小于简支板跨中正弯矩的一半调整，是否次梁形成连续板支座，是否荷载考虑双向板作用。

(6) 连续板串

连续板串 → 指定连续板串的起点（按［Esc］退出）→ 指定连续板串的终点（按［Esc］退出）→ 继续指定连续板串的起点（按［Esc］退出）。

4.2.2　现浇板计算配筋图

显示板的计算配筋图（图 4-5），梁、次梁、墙上的值用蓝色显示，各房间的板跨中的

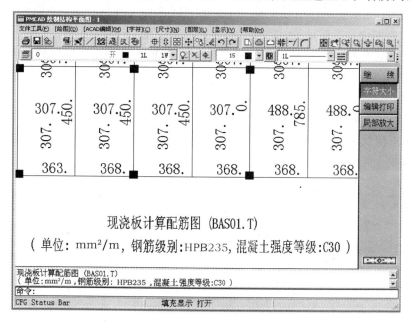

图 4-5　现浇板计算配筋图

值用黄色显示，该图图名为 BAS＊.T（＊为层号）。

注：图上数值均按 HPB235 级钢筋计算的结果，当 HPB235 和 HRB335 级混合配筋时，配筋图上的钢筋面积均是按 HPB235 级钢筋计算的结果，而实配钢筋取 HRB335 级钢筋，则实配面积可能比图上的小。

（1）继续

返回楼板计算结果图形菜单。

（2）字符大小

字符大小 → 弹出改变字高、字宽窗口，修改完毕点取确定。

（3）编辑打印

打印现浇板计算配筋图。

（4）局部放大

缩放屏幕的图形，有显示全图、窗口放大、平移显示、放大一倍、缩小一倍、比例缩放、局部放大、充满显示、恢复显示、观察角度等菜单。

4.2.3 次梁上板计算配筋图

显示次梁支座处板的钢筋面积图，该图图名为 CLAS＊.T（＊为层号）。

（1）继续

返回楼板计算结果图形菜单。

（2）字符大小·

字符大小 → 弹出改变字高、字宽窗口，修改完毕点取确定。

（3）编辑打印

打印次梁上板计算配筋图。

（4）局部放大

缩放屏幕的图形，有显示全图、窗口放大、平移显示、放大一倍、缩小一倍、比例缩放、局部放大、充满显示、恢复显示、观察角度等菜单。

4.2.4 板跨中实配钢筋图

显示板跨中实配钢筋计算结果（绿色：钢筋直径，黄色：钢筋间距），该图图名为 BGJ＊.T（＊为层号）。

（1）继续

返回楼板计算结果图形菜单。

（2）改 X 向筋（图 4-6）

改 X 向筋→指定需修改钢筋的房间（按［Esc］退出）→ 弹出输入钢筋直径和间距窗口，修改完毕点取确定 → 继续指定需修改钢筋的房间（按［Esc］退出）。

（3）改 Y 向筋

改 Y 向筋→指定需修改钢筋的房间（按［Esc］退出）→ 弹出输入钢筋直径和间距窗口，修改完毕点取确定 → 继续指定需修改钢筋的房间（按［Esc］退出）。

（4）相同修改

相同修改 → 指定需修改钢筋的房间（以上次修改房间的值为本次修改值，按［Esc］退出）→ 继续指定需修改钢筋的房间（按［Esc］退出）。

（5）字符大小

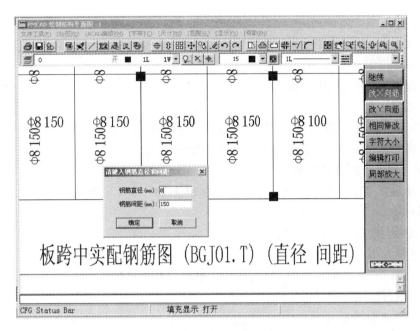

图 4-6　板跨中实配筋图及修改

字符大小 → 弹出改变字高、字宽窗口，修改完毕点取确定。

（6）编辑打印

打印板跨中实配钢筋图。

（7）局部放大

缩放屏幕的图形，有显示全图、窗口放大、平移显示、放大一倍、缩小一倍、比例缩放、局部放大、充满显示、恢复显示、观察角度等菜单。

4.2.5　现浇板支座实配钢筋图

显示板座实配钢筋计算结果（绿色：钢筋直径，黄色：钢筋间距），该图图名为 LGJ ＊.T（＊为层号）。

（1）继续

返回楼板计算结果图形菜单。

（2）改梁上筋

改梁上筋 → 指定需修改钢筋的梁（按［Esc］退出）→ 弹出输入钢筋直径和间距窗口，修改完毕点取确定 → 继续指定需修改钢筋的梁（按［Esc］退出）。

（3）改墙上筋

改墙上筋 → 指定需修改钢筋的墙（按［Esc］退出）→ 弹出输入钢筋直径和间距窗口，修改完毕点取确定 → 继续指定需修改钢筋的墙（按［Esc］退出）。

（4）改次梁筋

改次梁筋 → 指定需修改钢筋的次梁（按［Esc］退出）→ 弹出输入钢筋直径和间距窗口，修改完毕点取确定 → 继续指定需修改钢筋的次梁（按［Esc］退出）。

（5）相同修改

相同修改 → 指定需修改钢筋的梁/墙/次梁（以上次修改梁/墙/次梁的值为本次修改值，按［Esc］退出）→ 继续指定需修改钢筋的梁/墙/次梁（按［Esc］退出）。

（6）字符大小

字符大小 → 弹出改变字高、字宽窗口，修改完毕点取确定。

（7）编辑打印

打印现浇板支座实配钢筋图。

（8）局部放大

缩放屏幕的图形，有显示全图、窗口放大、平移显示、放大一倍、缩小一倍、比例缩放、局部放大、充满显示、恢复显示、观察角度等菜单。

4.2.6 现浇板裂缝宽度图

显示板的裂缝宽度计算结果，该图图名为 CRACK＊.T（＊为层号）。

（1）继续

返回楼板计算结果图形菜单。

（2）字符大小

字符大小 → 弹出改变字高、字宽窗口，修改完毕点取确定。

（3）编辑打印

打印现浇板裂缝宽度图。

（4）局部放大

缩放屏幕的图形，有显示全图、窗口放大、平移显示、放大一倍、缩小一倍、比例缩放、局部放大、充满显示、恢复显示、观察角度等菜单。

4.2.7 现浇板挠度图

显示板的挠度计算结果，该图图名为 DEFLET＊.T（＊为层号）。

（1）继续

返回楼板计算结果图形菜单。

（2）字符大小

字符大小 → 弹出改变字高、字宽窗口，修改完毕点取确定。

（3）编辑打印

打印现浇板挠度图。

（4）局部放大

缩放屏幕的图形，有显示全图、窗口放大、平移显示、放大一倍、缩小一倍、比例缩放、局部放大、充满显示、恢复显示、观察角度等菜单。

4.2.8 现浇板剪力图

显示板的剪力计算结果，该图图名为 BQ＊.T（＊为层号）。

（1）继续

返回楼板计算结果图形菜单。

（2）字符大小

字符大小 → 弹出改变字高、字宽窗口，修改完毕点取确定。

（3）编辑打印

打印现浇板剪力图。

（4）局部放大

缩放屏幕的图形，有显示全图、窗口放大、平移显示、放大一倍、缩小一倍、比例缩放、局部放大、充满显示、恢复显示、观察角度等菜单。

4.2.9 退回 PMCAD 主要菜单

4.2.10 进入绘图

进入交互式画结构平面图。

4.3 交互式画结构平面图

4.3.1 标注尺寸

4.3.1.1 注柱尺寸

注柱尺寸 → 用光标点取需标尺寸的柱（按［Esc］退出）→ 继续用光标点取需标尺寸的柱（按［Esc］退出）。

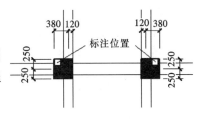

图 4-7 标柱尺寸

注：标注柱尺寸是柱两个面上的尺寸及与轴线的相对位置。

尺寸标注位置取决于光标点与柱所在节点的相对位置。

4.3.1.2 注梁尺寸（图 4-8）

注梁尺寸 → 用光标点取需标尺寸的梁（按［Esc］退出）→ 继续用光标点取需标尺寸的梁（按［Esc］退出）。

注：标注梁尺寸及与轴线的相对位置。

尺寸标注位置取决于光标所点的位置。

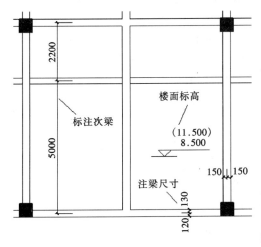

图 4-8 注梁尺寸、标注次梁、楼面标高

4.3.1.3 注墙尺寸

注墙尺寸 → 用光标点取需标尺寸的墙（按［Esc］退出）→ 继续用光标点取需标尺寸的墙（按［Esc］退出）。

注：标注墙尺寸及与轴线的相对位置。

尺寸标注位置取决于光标所点的位置。

4.3.1.4 注墙洞口

注墙洞口 → 连续点取一直线上需标尺寸的墙（选中后显示为红色，按［Tab］键改为窗口点取，按［Esc］结束）→ 点取完毕按［Esc］，提示是否标注两洞口中间的节点或轴线（Y/N）→ 点取尺寸标注位置（按［Tab］可修改光标所在跨的标注数值）→ 点取引线位置（随光标移动动态的显示引线的位置，也可以一些特征点捕捉）→ 继续连续点取一直线上需标尺寸的墙（按［Esc］结束）。

4.3.1.5 标注次梁（图 4-8）

标注次梁 → 指定需标注次梁的房间（按［Esc］退出）→ 点取横次梁的尺寸标注位置（按［Tab］可修改光标所在跨的标注数值）→ 点取引线位置（随光标移动动态的显示引线的位置，也可以一些特征点捕捉）→ 点取竖次梁的尺寸标注位置（按［Tab］可修改光标所在跨的标注数值）→ 点取引线位置（随光标移动动态的显示引线的位置，也可以一些特征点捕捉）→ 继续指定需标注次梁的房间（按［Esc］退出）。

4.3.1.6 标注洞口

标注洞口 → 指定需标注洞口的房间（房间内的洞口黄色显示，按［Esc］退出）→ 指出横向标注的参考轴线 → 点取尺寸标注位置（按［Tab］可修改光标所在跨的标注数值）→ 点取引线位置（随光标移动动态的显示引线的位置，也可以一些特征点捕捉）→ 指出竖向标注的参考轴线 → 点取尺寸标注位置（按［Tab］可修改光标所在跨的标注数值）→ 点取引线位置（随光标移动动态的显示引线的位置，也可以一些特征点捕捉）→ 标注被选房间下一个洞口，标注完毕，继续指定需标注洞口的房间（按［Esc］退出）。

4.3.1.7 楼面标高（图4-8）

楼面标高 → 连续键入要标注的标高值（中间用空格或逗号分开）→ 用光标指定标高在图面上的标注位置（按［Esc］退出）→ 继续用光标指定标高在图面上的标注位置（按［Esc］退出）→ 返回输入标高值窗口，点取取消结束命令。

4.3.1.8 任意标注

（1）点点距离

点点距离 → 用光标指定第一点位置（按［Tab］可捕捉点，按［S］可选节点捕捉方式，按［Esc］退出）→ 用光标指定下一点位置（按［Tab］可捕捉点，按［S］可选节点捕捉方式，按［Esc］结束）→ 继续用光标指定下一点位置（按［Esc］结束）→ 弹出标注方式窗口（图4-9），点取所选的标注方式，点取确定 → 点取尺寸标注位置（按［Tab］可修改光标所在跨的标注数值）→ 继续用光标指定第一点位置（按［Esc］退出）。

标注方式：

① 起止点间距：标注的方向平行于起止点方向，标注的数值是两点的间距。

② X 向间距：标注的方向平行于 X 方向，标注的数值是两点的 X 向间距。

③ Y 向间距：标注的方向平行于 Y 方向，标注的数值是两点的 Y 向间距。

④ 输入角度：标注的方向平行于输入角度的方向，标注的数值是两点在角度方向投影的间距。

⑤ 选择直线：标注的方向平行于所选直线的方向，标注的数值是两点在直线方向投影的间距。

选择直线方式 → 用光标点取直线（［Tab］键可改变选择直线的方式：光标、窗口、直线）→ 直线选中确认，是 Y［Enter］/终止确认 A［Tab］/否 N［Esc］。

注：直线方式选图素是指定直线的第一、二点，由此直线穿过的图素被选中。

（2）点线距离

点线距离 → 用光标指定点位置（按［Tab］可捕捉点，按［S］可选节点捕捉方式）→ 用光标点取直线（［Tab］可改变选择直线的方式：光标、窗口、直线）→ 直线选中确认，是 Y［Enter］/终止确认 A［Tab］/否 N［Esc］→ 点取尺寸标注位置（按［Tab］可修

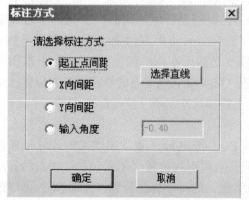

图4-9 点点距离的标注方式

改光标所在跨的标注数值）→ 点取引线位置（随光标移动动态的显示引线的位置，也可以一些特征点捕捉）→ 继续用光标指定点位置（按［Esc］退出）。

（3）线线距离

线线距离 → 用光标逐一指定要标注的直线（［Tab］可改变选择直线的方式：光标、窗口、直线，［Esc］退出）→ 直线选择完毕按［Esc］（被选直线黄色显示），点取尺寸标注位置（按［Tab］可修改光标所在跨的标注数值）→ 点取引线位置（随光标移动动态的显示引线的位置，也可以一些特征点捕捉）→ 继续用光标逐一指定要标注的直线（按［Esc］退出）。

（4）弧弧距离

弧弧距离 → 用光标点取弧线（［Tab］可改变选择直线的方式：光标、窗口、直线，［Esc］退出）→ 圆弧选中确认，是 Y［Enter］/终止确认 A［Tab］/否 N［Esc］→ 重复以上步骤，提示用光标点取弧线，而圆弧选择完毕时按［Esc］结束选择 → 点取尺寸标注位置（按［Tab］可修改光标所在跨的标注数值）→ 继续用光标点取弧线（按［Esc］退出）。

（5）标注直线

标注直线 → 用光标点取直线（［Tab］可改变选择直线的方式：光标、窗口、直线，［Esc］返回）→ 直线选中确认，是 Y［Enter］/终止确认 A［Tab］/否 N［Esc］→ 点取尺寸标注位置（按［Tab］可修改光标所在跨的标注数值）→ 点取引线位置（随光标移动动态的显示引线的位置，也可以一些特征点捕捉）→ 继续用光标点取直线（按［Esc］退出）。

（6）标注半径

标注半径 → 用光标点取弧线（［Tab］可改变选择直线的方式：光标、窗口、直线，［Esc］退出）→ 圆弧选中确认，是 Y［Enter］/终止确认 A［Tab］/否 N［Esc］→ 点取尺寸标注位置（按［Tab］可修改光标所在跨的标注数值）→ 继续用光标点取弧线（按［Esc］退出）。

（7）标注直径

标注直径→用光标点取弧线（［Tab］可改变选择直线的方式：光标、窗口、直线，［Esc］退出）→圆弧选中确认，是 Y［Enter］/终止确认 A［Tab］/否 N［Esc］→ 点取尺寸标注位置（按［Tab］可修改光标所在跨的标注数值）→ 继续用光标点取弧线（按［Esc］退出）。

（8）标注角度

标注角度→用光标点取直线（［Tab］可改变选择直线的方式：光标、窗口、直线，［Esc］退出）→ 直线选中确认，是 Y［Enter］/终止确认 A［Tab］/否 N［Esc］→ 继续用光标点取直线（［Tab］可改变选择直线的方式：光标、窗口、直线，［Esc］退出）→ 直线选中确认，是 Y［Enter］/终止确认 A［Tab］/否 N［Esc］点取尺寸标注位置（按［Tab］可修改光标所在跨的标注数值）→ 点取尺寸标注位置 → 继续用光标点取直线（按［Esc］退出）。

（9）引线长度

引线长度 → 输入尺寸引出线长度（mm），点取确定。

（10）标注精度

例如实际尺寸为 1204，标注精度为 1，标注尺寸为 1204；标注精度为 5，标注尺寸为 1205；标注精度为 10，标注尺寸为 1200。

标注精度 → 输入标注精度（mm），点取确定。

4.3.1.9　局部放大

缩放屏幕的图形，有显示全图、窗口放大、平移显示、放大一倍、缩小一倍、比例缩放、局部放大、充满显示、恢复显示、观察角度等菜单。

4.3.1.10　UNDO

把上一次执行完所画的内容从图面上删去。

4.3.2　标注字符

4.3.2.1　设字大小

设字大小 → 输入图面上字符的高度（mm），点取确定。

4.3.2.2　按层改字

按层改字 → 指定目标层（目标层的指定用光标指定字符，只有与指定的字符在同一层的字符大小才能改变）→ 输入修改后的字符的高度（mm）、修改后圆圈半径（mm），点取确定 → 用窗口选取需要修改的范围（按［Esc］退出）→ 继续用窗口选取需要修改的范围（按［Esc］退出）。

注：在指定目标层的时候如果按［Esc］，则可以修改任意层的字符。

4.3.2.3　注柱字符

注柱字符 → 弹出是否同时标注柱尺寸（Y/N/取消）→ 输入要标注的字符，点取确定 → 选择需作标注的柱（按［Esc］退出）→ 用光标指定标注位置 → 继续选择需作标注的柱（按［Esc］退出）。

注：在注柱字符时同时选择标柱尺寸，尺寸由程序自动给出，不必输入。

4.3.2.4　注梁字符

注梁字符 → 弹出是否同时标注梁尺寸（Y/N/取消）→ 输入要标注的字符，点取确定 → 选择需作标注的梁（按［Esc］退出）→ 用光标指定标注位置 → 继续选择需作标注的梁（按［Esc］退出）。

注：在注梁字符时同时选择标柱尺寸，尺寸由程序自动给出，不必输入。

4.3.2.5　注墙字符

注墙字符 → 输入要标注的字符，点取确定 → 选择需作标注的墙（按［Esc］退出）→ 用光标指定标注位置 → 继续选择需作标注的墙（按［Esc］退出）。

4.3.2.6　任意标字

任意标字 → 输入要标注的字符，点取确定 → 输入字符的书写角度，点取确定 → 用光标指定字符在图面上的位置（按［Esc］退出）→ 继续用光标指定字符在图面上的位置（按［Esc］退出）。

4.3.2.7　自动标注

要进行自动标注，必须执行 TAT 或 SATWE 全楼梁柱归并，将归并计算后生成的梁柱编号自动标注在结构平面图上。

（1）柱归并值（图 4-10）

柱归并值 → 弹出窗口，自动标注经 TAT 或 SATWE 柱归并计算后的柱编号在平面图上，点取确定。

（2）梁归并值（图 4-10）

梁归并值 → 弹出窗口，自动标注经 TAT 或 SATWE 梁归并计算后的梁编号在平面图上，点取确定。

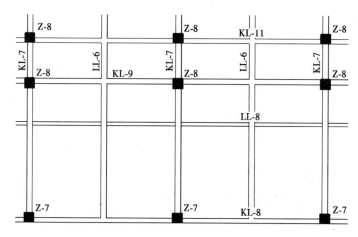

图 4-10　梁、柱归并后的自动标注

（3）注柱尺寸

自动标注结构平面图上所有柱的尺寸。

（4）注梁尺寸

自动标注结构平面图上所有梁的尺寸。

4.3.2.8　字符拖动

字符拖动 → 用光标点取需拖动的字符（［Tab］可改变选择字符的方式：光标、窗口、直线，［Esc］退出）→移动光标拖动所选字符（［Tab］连续选取，［Esc］取消）→ 继续用光标点取需拖动的字符（按［Esc］退出）。

字符拖动 → 用光标点取需拖动的字符（［Tab］可改变选择字符的方式：光标、窗口、直线，［Esc］退出）→ 移动光标拖动所选字符（［Tab］连续选取，［Esc］取消），按［Tab］连续选取 → 继续选择要需拖动的字符（按住［Shift］可反选/［Tab］可改变选择字符的方式/［Esc］返回）→ 选择完毕按［Esc］，输入基准点 → 移动光标拖动所选字符 → 继续用光标点取需拖动的字符（按［Esc］退出）。

4.3.2.9　移钢筋号

移钢筋号 → 用光标点取需移动的钢筋编号或圆圈 → 指定新的标注位置→继续用光标点取需移动的钢筋编号或圆圈（按［Esc］退出）。

4.3.2.10　标注板厚

标注板厚 → 选择标注方式，点取自动标注（每个房间的板厚自动标注出来）。

标注板厚 → 选择标注方式，逐一点取 → 用光标指定需标注的房间 → 用光标指定标注的位置 → 继续用光标指定需标注的房间（按［Esc］退出）。

4.3.2.11　局部放大

缩放屏幕的图形，有显示全图、窗口放大、平移显示、放大一倍、缩小一倍、比例缩放、局部放大、充满显示、恢复显示、观察角度等菜单。

4.3.2.12 Undo

把上一次执行完所画的内容从图面上删去。

4.3.3 画板钢筋

4.3.3.1 自动布筋（图 4-11）

将各房间的楼板布筋全部自动绘出，操作简单但常有绘图线条重叠现象（也可选择按楼板归并只在样板间内画钢筋）。

自动布筋 → 是否按楼板归并结果只在样板间内画钢筋（Y/N）。

注：次梁作主梁输入对板配筋有些影响，板配筋以房间分割进行。房间是由主梁和墙围成的封闭区域。

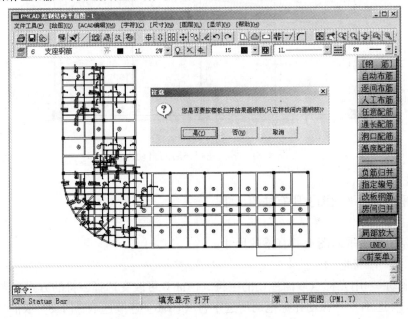

图 4-11　自动布筋（只在样板间布筋）

4.3.3.2 逐间布筋

逐间布筋 → 指定需标注钢筋的房间（按［Esc］退出）→ 继续指定需标注钢筋的房间（按［Esc］退出）。

注：附录 2 板配筋用自动布筋，只画样板间；悬挑板配筋是无法画出，可用逐间布筋，选择与悬挑板相连的房间即可。

4.3.3.3 人工布筋

人工布筋可以将房间板底钢筋、支座钢筋、次梁钢筋放在任意位置。

人工布筋 → 指定需标注钢筋的房间（按［Esc］退出）→ 指定画 X 向板底钢筋的位置（按［Esc］不画）→ 指定画 Y 向板底钢筋的位置（按［Esc］不画）→ 指定画房间左、右梁支座钢筋的位置（按［Esc］不画）→ 指定画房间上、下梁支座钢筋的位置（按［Esc］不画）→（如果房间有次梁，要求指定次梁钢筋位置），继续指定需标注钢筋的房间（按［Esc］退出）。

注：对于形状复杂的板、二级次梁或交叉梁的板常采用这种方式布筋，以避免自动布筋引起的图面

混乱重叠。

4.3.3.4 任意配筋

(1) 板底钢筋

板底钢筋 → 用光标点出钢筋两端的位置（按［Esc］退出）→ 输入钢筋直径（mm）、钢筋间距（mm）→ 继续用光标点出钢筋两端的位置（按［Esc］退出）。

注：用任意配筋方式画出的板底钢筋不能在修改钢筋菜单中进行操作。

(2) 墙梁支座

墙梁支座 → 指定支座钢筋所在的梁或墙 → 输入钢筋直径（mm）、钢筋间距（mm）、左（下）长度（mm）、右（上）长度（mm）→ 继续指定支座钢筋所在的梁或墙（按［Esc］退出）。

(3) 相同配筋

相同配筋 → 指定支座钢筋所在的梁或墙（采用上次所画的梁墙支座钢筋配筋）→ 继续指定支座钢筋所在的梁或墙（按［Esc］退出）。

(4) 任意折线

任意折线 → 用光标点出折线钢筋各折点的位置（按［Esc］退出，按［Tab］结束）。

注：对于程序不能自动画出的板钢筋，可由此菜单进行补充画出。不想要程序计算的配筋，可以自己设定钢筋参数。

4.3.3.5 通长配筋（图 4-12、图 4-13）

将板底钢筋跨越房间布置，将支座钢筋在指定范围内一次绘出或在指定的区间连通。主要的作用是把几个已经画好房间的钢筋归并整理（例如相连房间某个方向的配筋差不多，距离相差很近，为了减少施工工艺的复杂性可将其连通）。

(1) 板底钢筋

① 矩形房间：程序可以自动找出板底钢筋的平面布置走向。

板底钢筋 → 用光标点取板底筋左或下起点处的梁（墙）→ 用光标点取板底筋右或上终止点处的梁（墙）→ 指定钢筋画的位置→ 继续用光标点取支座筋左或下起点处的梁（墙）（按［Esc］退出）。

② 非矩形房间：必须要指定板底钢筋的平面布置走向，各房间的计算结果将向这方

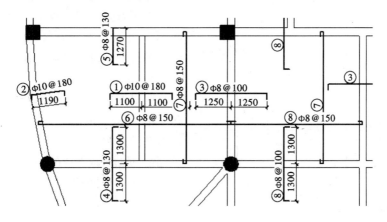

图 4-12　钢筋未连通

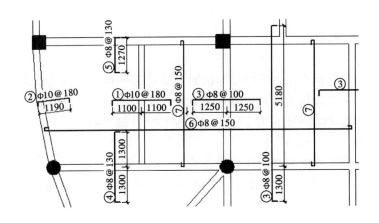

图 4-13　钢筋连通

向投影，确定钢筋的直径和间距。

板底钢筋 → 用光标点取板底筋左或下起点处的梁（墙）→ 用光标点取板底筋右或上终止点处的梁（墙）→ 点取一根与钢筋平行的梁或墙以确定钢筋方向（按［Tab］可输入角度）→ 指定钢筋画的位置→ 继续用光标点取板底筋左或下起点处的梁（墙）（按［Esc］退出）。

注：进行钢筋连通时，原有的未被连通的钢筋会自动消失。

（2）支座钢筋

将支座钢筋在指定范围内一次绘出（不连通）。

支座钢筋 →用光标点取支座筋左或下起点处的梁（墙）→ 用光标点取支座筋右或上终止点处的梁（墙）→ 指定钢筋画的位置→ 继续用光标点取支座筋左或下起点处的梁（墙）（按［Esc］退出）。

（3）支座连通

将支座钢筋在指定指定的区间连通。支座钢筋进行连通配筋时选用这一区间面积大的连通支座钢筋。

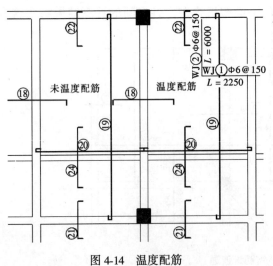

图 4-14　温度配筋

支座连通 → 用光标点取支座筋左或下起点处的梁（墙）→ 用光标点取支座筋右或上终止点处的梁（墙）→ 指定钢筋画的位置→ 继续用光标点取支座筋左或下起点处的梁（墙）（按［Esc］退出）。

4.3.3.6　洞口配筋

洞口配筋 → 指定需标注洞口钢筋的房间（按［Esc］退出）→ 继续指定需标注洞口钢筋的房间（按［Esc］退出）。

注：对边长或直径在 300～1000mm 洞口作洞边附加筋配筋。
　　洞口周围是否有足够的空间以避免画线重叠。

4.3.3.7　温度配筋（图 4-14）

程序可在楼板上层支座筋的未配筋表面布置温度收缩钢筋，沿纵、横两个方向的配筋率均大于0.1%，并使温度收缩钢筋网与周边支座钢筋搭接。程序在用户光标点取的位置画出该房间的温度钢筋，并标注字母WJ。

温度配筋 → 指定需标注温度、收缩钢筋的房间（按［Esc］退出）→ 继续指定需标注温度、收缩钢筋的房间（按［Esc］退出）。

4.3.3.8 负筋归并

程序可对长短不等的支座负筋长度进行归并，但只对挑出长度在300mm（以上）的长度进行归并，因为小于300mm的挑出长度常常是支座宽度限制生成的长度。

负筋归并 → 输入支座钢筋归并长度（mm），点取确定重画楼板配筋。

4.3.3.9 指定编号

用户对钢筋指定编号。

指定编号 → 输入新钢筋编号，点取确定 → 用光标点取需修改的钢筋编号（［Tab］可改变选择方式：光标、窗口、直线，［Esc］退出）→ 继续输入新钢筋编号，点取取消结束命令。

4.3.3.10 改板钢筋

（1）单段改（图4-15）

① 改钢筋值

改钢筋值 → 用光标点取要修改的钢筋（［Tab］可改变选择方式：光标、窗口、直线，［Esc］退出）→ 输入钢筋等级、直径（mm）、间距（mm）、左长度（mm）、右长度（mm），点取确定 → 继续用光标点取要修改的钢筋（按［Esc］退出）。

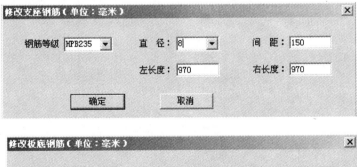

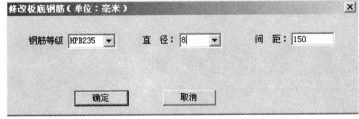

图4-15 改钢筋值

② 相同修改：将上一次修改拷贝到这次的修改中。

相同修改 → 用光标点取要修改的钢筋（［Tab］可改变选择方式：光标、窗口、直线，［Esc］退出）→ 继续用光标点取要修改的钢筋（按［Esc］退出）。

（2）按号改

① 点取修改

点取修改 → 用光标点取要修改的钢筋（[Tab] 可改变选择方式：光标、窗口、直线，[Esc] 退出）→ 输入钢筋等级、直径（mm）、间距（mm）、左长度（mm）、右长度（mm），点取确定 → 继续用光标点取要修改的钢筋（按 [Esc] 退出）。

注：编号一样的钢筋的参数都会改变为修改值。

② 输号修改

输号修改 → 输入要修改的钢筋号 → 输入钢筋等级、直径（mm）、间距（mm）、左长度（mm）、右长度（mm），点取确定。

（3）整间改

① 整间改筋（图 4-16）

整间改筋 → 输入要修改钢筋的房间（按 [Esc] 退出）→ 弹出修改楼板钢筋参数窗口（单位：mm），输入修改的值，点取确定 → 继续输入要修改钢筋的房间（按 [Esc] 退出）。

注：整间修改只能对矩形房间进行。

修改楼板钢筋参数窗口有示意图可进行对照。

对于垂直方向的梁（墙），左长度指左方长度；对非垂直方向的梁（墙），左长度指上方长度。

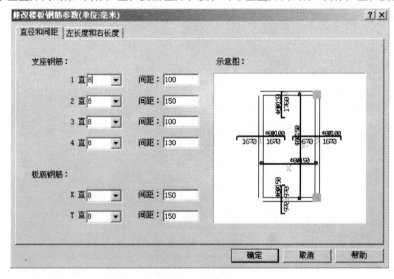

图 4-16　整间改筋

② 相同修改：将上一次修改拷贝到这次的修改中。

相同修改 → 选择要修改钢筋的房间（按 [Esc] 退出）→ 继续选择要修改钢筋的房间（按 [Esc] 退出）。

（4）移动钢筋

移动钢筋 → 用光标点取要移动的钢筋（[Tab] 可改变选择方式：光标、窗口、直线，[Esc] 退出）→ 用光标指定钢筋放置的新位置 → 继续用光标点取要移动的钢筋（按 [Esc] 退出）。

（5）删除钢筋

删除钢筋 → 用光标点取要删除的钢筋（[Tab] 可改变选择方式：光标、窗口、直线，[Esc] 退出）→ 用光标指定要删除钢筋的位置→ 继续用光标点取要删除的钢筋（按

〔Esc〕退出）。

4.3.3.11　房间归并

（1）自动归并

程序根据计算的配筋结果进行房间归并（在自动布筋和重画钢筋操作中选择按楼板归并结果画钢筋时，布筋相同的房间只画一间，其他房间进行编号）。

> 注：房间归并以房间为单位进行，以房间的边界为条件，不考虑房间内部的条件。一般不要用自动归并，以开始进入布筋的自动布筋为准。

（2）人工归并

人工归并 → 选择样板房间（按〔Esc〕退出）→ 选择要归并的房间（按〔Esc〕退出）→ 继续选择样板房间（按〔Esc〕退出）。

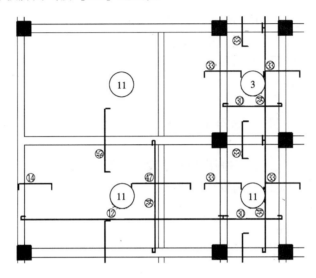

图 4-17　人工归并

> 注：采用人工归并的房间配筋计算结果不会改变，只是图面上的房间编号变为样板房间的编号。从图面看两者的配筋是一样的，如果把被归并的房间配筋画出来，其配筋仍保留计算的配筋结果。图 4-17 将编号为 3 的房间人工归并为 11 号房间，但仍保留归并前的配筋。
> 进行人工归并后，自动归并无效。如果要回到自动归并，必须将原来的归并完全清除，采用菜单清除归并进行操作。

（3）定样板间

用户可直接指定一房间为配筋相同房间的样板间，详细画出配筋，其他房间进行编号。

定样板间 → 选择样板房间（按〔Esc〕退出）→ 继续选择样板房间（按〔Esc〕退出）。

（4）重画钢筋

重画钢筋 → 是否按楼板归并结果只在样板间内画钢筋（Y/N）。

（5）不标板号

删除某房间的编号。

不标板号 → 选择样板房间（按〔Esc〕退出）→ 继续选择样板房间（按〔Esc〕退

出）。

（6）清除归并

清除前面所设定的归并（此时重画钢筋由于没有房间的归并，所有房间的配筋都将画出）。

清除归并 → 是否清除所有楼板归并结果和板号，点取确定。

4.3.4 画预制板

（1）板布置图

板布置图画出预制板的布置方向、板宽、板缝宽，对于预制板布置完全相同的房间，仅详细画出其中一间，其余房间只标分类号。

（2）板标注图

板标注图画一连接房间对角的斜线，并在上面标注板的型号、数量。

板标注图 → 输入布板房间的字符内容（板的型号、数量），点取确定 → 输入第二种宽度板的字符，点取确定 → 用光标指定需标注预制板的房间 → 继续用光标指定需标注预制板的房间（按［Esc］退出）。

（3）预制板边

预制板边→选择预制板边放至位置（梁边/梁中心）。

（4）板缝尺寸

板缝尺寸是否在平面图上只画出板的铺设方向不标板宽尺寸及板缝尺寸。

板缝尺寸 → 是否标注预制板及板缝尺寸（Y/N）。

4.3.5 标注轴线

4.3.5.1 自动标注

点取自动标注，程序对0°和90°的轴线按前面文件中的信息自动画出轴线与总尺寸。

4.3.5.2 交互标注

交互标注 → 用光标点取起始轴线 → 用光标点取终止轴线 → 用光标去掉不标的轴线（按［Esc］表示没有）→ 提示总尺寸是否标注、轴线号是否标注，选择完毕点取确定 → 用光标指定尺寸的起始画位置 → 用光标指定尺寸线位置 → 继续用光标点取起始轴线（按［Esc］退出）。

4.3.5.3 逐根点取

逐根点取 → 用光标逐根点取要标的轴线（点取完按［Esc］）→ 提示总尺寸是否标注、轴线号是否标注，选择完毕点取确定 → 用光标指定尺寸的起始画位置 → 用光标指定尺寸线位置 → 继续用光标逐根点取要标的轴线（按［Esc］退出）。

4.3.5.4 弧轴线

（1）标注弧长

标注弧长 → 用光标点取起始轴线 → 用光标点取终止轴线 → 用光标去掉不标的轴线（按［Esc］表示没有）→ 用光标指定要标弧长的点→ 提示总尺寸是否标注、轴线号是否标注，选择完毕点取确定 → 用光标指定尺寸的起始画位置 → 用光标指定尺寸线位置。

（2）标注角度

标注角度 → 用光标点取起始轴线 → 用光标点取终止轴线 → 用光标去掉不标的轴线（按［Esc］表示没有）→ 提示总尺寸是否标注、轴线号是否标注，选择完毕点取确定 →

用光标指定尺寸的起始画位置 → 用光标指定尺寸线位置 → 用光标指定角度标注位置。

注：尺寸的起始画位置、尺寸线位置决定了轴线号位置。

（3）标注半径

标注半径 → 用光标点取起始轴线 → 用光标点取终止轴线 → 用光标去掉不标的轴线（按［Esc］表示没有）→ 用光标指定要标弧长的点→ 提示总尺寸是否标注、轴线号是否标注，选择完毕点取确定 → 用光标指定尺寸的起始画位置 → 用光标指定尺寸线位置。

（4）弧长角度

弧长角度 → 用光标点取起始轴线 → 用光标点取终止轴线 → 用光标去掉不标的轴线（按［Esc］表示没有）→ 用光标指定要标弧长的点→ 提示总尺寸是否标注、轴线号是否标注，选择完毕点取确定 → 用光标指定尺寸的起始画位置 → 用光标指定尺寸线位置 → 用光标指定角度标注位置。

（5）半径角度

半径角度 → 用光标点取起始轴线 → 用光标点取终止轴线 → 用光标去掉不标的轴线（按［Esc］表示没有）→ 用光标指定要标弧长的点→ 提示总尺寸是否标注、轴线号是否标注，选择完毕点取确定 → 用光标指定尺寸的起始画位置 → 用光标指定尺寸线位置 → 用光标指定角度标注位置。

（6）弧角径

弧角径 → 用光标点取起始轴线 → 用光标点取终止轴线 → 用光标去掉不标的轴线（按［Esc］表示没有）→ 用光标指定要标弧长的点→ 提示总尺寸是否标注、轴线号是否标注，选择完毕点取确定 → 用光标指定尺寸的起始画位置 → 用光标指定尺寸线位置 → 用光标指定角度标注位置。

4.3.6 标注中文

4.3.6.1 写图名

将结构平面图的标题＊层结构平面图及绘图比例画在图面上（＊用户要另外写），标题的位置可以移动光标在图面上选择点取。

4.3.6.2 定义字号

定义字号 → 定义字号（宽，高）、转角，点取确定。

注：在标注中文的过程中还可以修改字号。

4.3.6.3 中文说明

（1）定义字号

定义字号 → 定义字号（宽，高）、转角，点取确定。

（2）直接输入

直接输入一行中文，并可定义单字的宽高和整行文字的转角。

直接输入 → 输入字符内容（特殊符号可用特殊字符输入，包括 HPB235 级钢、HRB335 级钢、HRB400 级钢、正负号、平方号、立方号、度、冷扎带肋、钢绞线），输入字符宽度、高度、转角，点取确定 → 用光标指定字符在图面上的标注位置（［Tab］、［Esc］可返回输入窗口）→ 继续用光标指定字符在图面上的标注位置（［Tab］、［Esc］可返回输入窗口）→ 按［Esc］返回输入窗口输入新的内容或点取取消结束命令。

（3）文件行（图 4-18）

可将事先写好的说明文件（TXT 文件）通过文件行命令整个调出来，选择其中的内容布放在图面上。用户可在窗口中可对文件的内容进行临时修改，可以将多个文本文件的内容有选择的组合在一起，形成新的文本文件布放在图面上。

文件行 → 弹出打开文本文件窗口，选择要调入的文本文件，下面的选择文件行窗口显示被选择的文本文件的内容，点取要布放的行，被选择的行显示在右边窗口，可进行修改 → 同样选择另一个文本文件的内容 → 设定行距，点取打开，用光标指定所选内容的标注位置（按［Esc］退出，点取取消结束命令）。

注：文字的宽度、高度采用定义字号中所设定的。

图 4-18　文件行

（4）文件块（图 4-19）

可将事先写好的说明文件（TXT 文件）通过文件块命令整个调出来，布放在图面上。用户可在窗口中可对文件的内容进行临时修改，形成新的文本文件布放在图面上。

文件块 → 弹出打开文本文件窗口，选择要调入的文本文件，可在下面文件预览窗口对被选择的文本文件的内容进行修改 → 设定行距，点取打开，用光标指定说明标注位置（按［Esc］退出，点取取消结束命令）。

注：文字的宽度、高度采用定义字号中所设定的。

4.3.6.4　标注字符

标 注 字 符 → 输入字符内容（特殊符号可用特殊字符输入，包括 HPB235 级钢、HRB335 级钢、HRB400 级钢、正负号、平方号、立方号、度、冷扎带肋、钢绞线），输入字符宽度、高度、转角，点取确定 → 用光标指定字符在图面上的标注位置（［Tab］、［Esc］可返回输入窗口）→ 继续用光标指定字符在图面上的标注位置（［Tab］、［Esc］可返回输入窗口）→ 按［Esc］返回输入窗口输入新的内容或点取取消结束命令。

4.3.6.5　字符拖动

字符拖动 → 用光标点取需拖动的字符（［Tab］可改变选择字符的方式：光标、窗口、

图 4-19　文件块

直线，［Esc］退出）→ 移动光标拖动所选字符（［Tab］连续选取，［Esc］取消）→ 继续用光标点取需拖动的字符（按［Esc］退出）。

字符拖动 → 用光标点取需拖动的字符（［Tab］可改变选择字符的方式：光标、窗口、直线，［Esc］退出）→ 移动光标拖动所选字符（［Tab］连续选取，［Esc］取消），按［Tab］连续选取 → 继续选择需要拖动的字符（按住［Shift］可反选/［Tab］可改变选择字符的方式/［Esc］返回）→ 选择完毕按［Esc］，输入基准点 → 移动光标拖动所选字符 → 继续用光标点取需拖动的字符（按［Esc］退出）。

4.3.7　填充墙体

填充墙体 → 点取自动填充所有墙体 → 弹出选择填充图案窗口，点取选择的图案（图 4-20），点取确定 → 程序自动将所选的图案填充到图面上墙体（右侧菜单变为结束：墙体填充完毕，点取结束返回前菜单；变大：墙体填充图案可变大；变小：墙体填充图案可变小；调整颜色：墙体填充图案的颜色可改变）。

填充墙体 → 点取逐一点取墙体填充 → 弹出选择填充图案窗口，点取选择的图案，

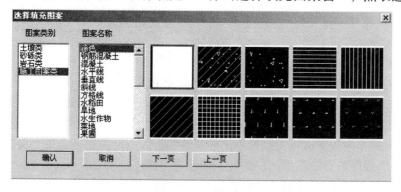

图 4-20　墙体填充图案

点取确定 → 用光标点取要填充区域内一点（[Esc] 结束），程序将所选的图案填充到所选的墙体 → 继续用光标点取要填充区域内一点（[Esc] 结束），程序将所选的图案填充到所选的墙体（右侧菜单变为继续：继续选择墙体填充；变大：墙体填充图案可变大；变小：墙体填充图案可变小；调整颜色：墙体填充图案的颜色可改变）。

4.3.8　图层管理

4.3.8.1　图层开闭

图层开闭 → 弹出窗口，选择关闭的图层，点取确定（被关闭图层的图素不显示，被关闭图层用同样的菜单可重新打开）。

4.3.8.2　图层删除

图层删除 → 弹出窗口，选择删除的图层，点取确定（图层被删除，图层上的图素也被删除，并且是不可 Undo）。

4.3.8.3　图层编辑

（1）图层编辑（图 4-21）

点取图层编辑菜单，弹出图层管理窗口。窗口左上区域为当前图形中的图层列表，图层列表中有图层号、图层名、开关状态、颜色、选择状态、线型、线宽。以深蓝色为背景的图层为当前正在选取的图层，其各项参数在窗口下方的图层特性区域显示，并可进行修改。在窗口右上区域有设当前层、设置新层、删除图层按钮和快速选择图层的几个选项。

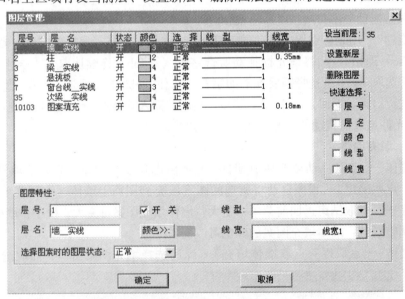

图 4-21　图层编辑

选取图层：被选择图层用深蓝色背景显示，可在图层列表直接点取选择一层；按住 [Shift] 或 [Ctrl] 键同时选择多个图层；按住 [Ctrl] 键再点取已选择的图层可取消被选的图层。

图层列表的排序功能可将图层按不同的属性归类。点取图层列表最上面的表头（如层名、颜色…），程序可自动根据图层的这一属性进行排序。

快速选择功能可选取相同属性的图层。先点取满足属性要求的一个图层，再在快速选

130

择区域将属性要求的项选中，程序可自动将所有满足属性要求的图层都选中。例选择所有红色的图层，先选一个红色图层，在快速选择中点取颜色，则所有红色图层都被选中。

编辑特性：选好的图层可在图层特性区域修改层号、层名、开关状态、颜色、选择状态、线型、线宽。

层名、层号直接输入修改。

开关状态控制图层的可见性。

修改颜色，点取颜色按钮。可直接在256色色板中选择，或点取调色在Windows调色板中按16色或全彩色模式选色。

选择状态控制图层的图素的选择状态，正常可对该图层的图素进行选择编辑；锁定对图面上进行的选择编辑不会涉及该锁定的图层上的图素；只选对图面上进行的选择编辑只涉及该只选的图层上的图素。

线型，点取后面的按钮弹出线型编辑窗口（图4-22），可修改已定义的线型，或定义新的线型。

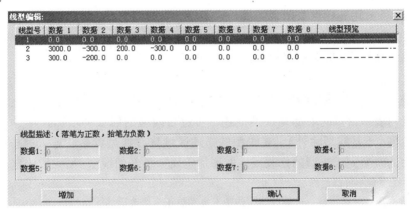

图4-22 线型编辑

线宽，可以选择线宽列表99种相对线宽（相对线宽是相对单位线宽宽度的一个比值，打印图形时可调整单位线宽宽度从而改变实际输出图素的线宽），或点取线宽后面的按钮输入绝对线宽（单位：mm，绝对线宽在打印时按所设的宽度打印）。

设当前层：在图层列表中选择一个图层，点取设当前层按钮。

注：设当前层后点取确定退出图层管理窗口，以后绘制的图素均绘制在当前层上。

设置新层：在图层列表中选择一个图层，点取设制新层按钮。程序将选择的图层复制形成一个新层放在图层列表最后，并将新层设置为当前层。可以在图层特性区域内修改新层的各项参数。

删除图层：在图层列表中选择一个或多个图层，点取删除图层按钮。

注：删除图层后点取确定退出图层管理窗口，所有删除图层上绘制的图素均被删除。

（2）点取查询

点取查询 → 用光标点取图素（［Tab］可改变选择图素的方式：光标、窗口、直线，［Esc］退出）→ 屏幕下方命令提示区给出该图素所属图层信息：层号、层名、线型号、线宽、颜色，继续用光标点取图素（按［Esc］退出）。

（3）点取修改

点取修改 → 用光标点取图素（［Tab］可改变选择图素的方式：光标、窗口、直线，［Esc］退出）→ 弹出图层管理窗口，可进行图层编辑菜单的所有工作，完毕点取确定 → 继续用光标点取图素（按［Esc］退出）。

（4）改为现层

将图面上被选择图素的图层改为当前层。

改为现层 → 用光标点取图素（［Tab］可改变选择图素的方式：光标、窗口、直线，［Esc］退出）→ 继续用光标点取图素（按［Esc］退出）。

（5）特征修改

按图层参数（线型、线宽、颜色）的特征修改所有的图素，例如全图所有红色的图素改为黄色。

特征修改 → 弹出特征修改窗口，选择修改的类别，输入修改类别的原值、新值，点取确定。

（6）线型查询

线型查询 → 用光标点取图素（［Tab］可改变选择图素的方式：光标、窗口、直线，［Esc］退出）→ 屏幕下方命令提示区给出该图素所属线型的参数：线型号、线型值1、线型值2…继续用光标点取图素（按［Esc］退出）。

（7）线型编辑

线型编辑 → 弹出线型编辑窗口（图4-22，窗口上部是当前图中已定义的各种线型的参数和预览列表，窗口的下部是线型描述，可进行线型的修改和增加）→ 点取线型列表中的一种线型（1号线型除外），在线型的描述区域修改线型参数，输入完毕点取线型列表中要修改的线型完成线型的修改或点取增加定义一种新的线型 → 点取确定。

注：1号线型是不可修改的。

修改完毕点取确定后，被修改线型的图素自动更正为修改后的线型。

4.3.8.4　圆弧精度

圆弧精度 → 弹出窗口，输入圆弧精度，点取确定。

4.3.9　存图退出

（1）画钢筋表

画钢筋表 → 用光标指定钢筋表在图面上的位置（［Esc］不画）。

（2）改图纸号

改图纸号 → 输入图纸号（1表示1号图纸，1.75表示1加3/4图纸，其他以此类推）。

（3）插入图框

插入图框 → 用光标指定图框的位置（［Tab］转90度，［Esc］不标）。

（4）重画此图

重画此图 → 提示点确定重画此图，但保持钢筋计算结果不变，点取确定。

（5）保存文件

（6）存图退出

将文件保存为PM＊.T（＊为层号），返回PMCAD主菜单。

第5章　砌体结构辅助设计

5.1　砖混节点大样

本菜单在主菜单5所完成的同一层砖混结构平面图上继续作圈梁布置、画圈梁节点大样图、构造柱大样图、圈梁布置简图，形成 APM＊.T 文件（＊表示层号）。

鼠标双击**6砖混节点大样**或单击**6砖混节点大样**选中后用鼠标点取**应用**（保证当前工作目录为工程目录），出现键入要画楼层号窗口，输入要画楼层号（必须先要完成同层结构平面图）。

5.1.1　圈梁布置

在主菜单2输入次梁楼板也有圈梁布置，在此进行圈梁布置的好处是各标准层统一布置、互相拷贝，方便与预制板、悬挑板的布置协调，并可统一组织数据，方便概预算软件对圈梁、构造柱工程量的统计。

圈梁布置在主菜单6也可进行，为了在画圈梁大样时的即时修改。一般以主菜单2的布置为主，主菜单6的布置为辅。两者在布置数据上是互相通讯的。主菜单6的布置圈梁的规模限于在100段墙上的圈梁。

圈梁一般仅能布置在有墙的部位，但拉接圈梁可布置在无墙的网格线上。对于梁下无墙的拉接圈梁不能直接点取网格来布置，只能通过沿轴布置。

（1）增设圈梁

增设圈梁 → 选择布置圈梁的目标（光标、轴线、窗口、围栏方式均可，按［Esc］退出）→ 继续选择布置圈梁的目标（按［Esc］退出）。

（2）删减圈梁

删减圈梁 → 选择删除圈梁的目标（光标、轴线、窗口、围栏方式均可，按［Esc］退出）→ 继续选择删除圈梁的目标（按［Esc］退出）。

（3）修改参数

弹出圈梁设计参数窗口，具体见输入次梁楼板章节。圈梁钢筋预设值（纵筋直径、纵筋根数、箍筋直径、箍筋间距），构造柱纵钢筋预设值（纵筋直径、纵筋根数），预制楼板预设值参数（主要预制板厚度、预制板放在墙上的搭接长度、预制板与现浇板高差），圈梁尺寸、位置预设值（内墙板下圈梁的最小高度、外墙圈梁外包砖墙厚度、圈梁全部板设在板底/圈梁设在板底与板边均有），绘图比例（节点大样图比例、圈梁布置简图比例）。

（4）预制板厚

预制板厚 → 输入修改后的楼板厚度（单位：mm），点取确定 → 用光标点取被修改的房间（按［Esc］退出）→ 继续输入修改后的楼板厚度，点取取消结束命令。

（5）圈梁纵筋

圈梁纵筋 → 图面显示参数输入所设置的圈梁纵筋根数和直径，用光标点取要修改纵筋直径和根数的圈梁 → 输入直径（mm），根数 → 图面显示修改后的圈梁纵筋根数和直径，继续用光标点取要修改纵筋直径和根数的圈梁（按［Esc］退出）。

（6）圈梁箍筋

圈梁箍筋 → 图面显示参数输入所设置的圈梁箍筋直径和间距，用光标点取要修改箍筋直径和间距的圈梁 → 输入直径（mm），间距（mm）→ 图面显示修改后的圈梁箍筋直径和间距，继续用光标点取要修改箍筋直径和间距的圈梁（按［Esc］退出）。

（7）退出

圈梁布置完毕，点取退出，提示是否保留前次圈梁、构造柱编辑信息。

保留：仍保留前次圈梁布置信息，本次的圈梁布置修改不保留。

重新生成：保留本次圈梁布置修改，重新生成圈梁信息。

5.1.2 圈梁、构造柱节点大样修改

在圈梁布置菜单点取退出后程序自动根据参数设计节点构造，屏幕显示本层圈梁、构造柱的归并结构图：绿色数字为梁类型号，红色数字为柱类型号。同时可对圈梁、构造柱大样进行修改，修改后程序自动进行重新归并编号。

5.1.2.1 改梁（柱）大样

改梁（柱）大样 → 用光标点取需要修改大样的梁（柱）→ 弹出砖混结构圈梁（构造柱）大样参数修改窗口，修改参数得到满意的节点大样（修改参数后大样会即时显示在窗口右侧）→ 修改完毕点取确定。

（1）圈梁大样参数修改（图5-1）

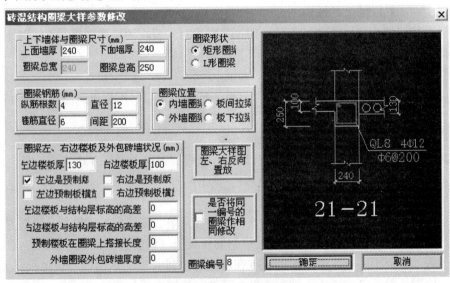

图5-1 圈梁大样参数修改

上、下墙体与圈梁尺寸（上面墙厚、下面砖厚、圈梁总宽、圈梁总高），圈梁形状（矩形圈梁、L形圈梁），圈梁钢筋（纵筋根数、纵筋直径、箍筋直径、箍筋间距），圈梁位置（内墙圈梁、板间圈梁、外墙圈梁、板下圈梁），圈梁左、右边楼板及外包砖墙状况（左边楼板厚、右边楼板厚、左右边是否是预制板、左右边预制板是否横放、左边楼板与结构层标高的高差、右边楼板与结构层标高的高差、预制楼板在圈梁上搭接长度、外墙圈

梁外包砖墙厚度），是否将同一编号的圈梁作相同修改。

（2）构造柱大样参数修改（图5-2）

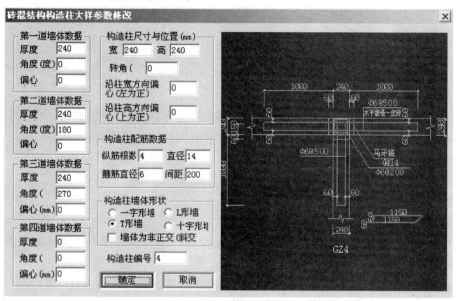

图5-2　构造柱大样参数修改

第一、二、三、四道墙体数据（厚度、角度、偏心），构造柱尺寸与位置（宽、高、转角、沿柱宽方向的偏心：左为正、沿柱高方向偏心：上为正），构造柱配筋数据（纵筋根数、纵筋直径、箍筋直径、箍筋间距），构造柱墙体形状（一字形墙/L形墙/T形墙/十字形墙、斜交）。

注：参数中的长度单位均为"mm"。

5.1.2.2　相同修改

本次改梁（柱）的参数与上次相同时可采用此菜单。

相同修改 → 用光标选择需要作相同大样修改的圈梁（构造柱）（光标、轴线、窗口、围栏方式均可，按［Esc］退出）→继续用光标选择需要作相同大样修改的圈梁（构造柱）（按［Esc］退出）。

5.1.2.3　退出

圈梁、构造柱子修改完毕，点取右侧菜单退出。

5.1.3　圈梁、构造柱节点标注

在圈梁、构造柱大样修改完毕，点取退出后程序对圈梁、构造柱进行归并，并进入梁、柱标注，屏幕显示 PM＊.T（本层结构平面图）的内容。在此基础上标注圈梁、构造柱，圈梁标注相应的剖断面大样号，构造柱标 GZ＊（＊构造柱编号）。

注：在划分类型和归并时，墙体角度考虑了5mm的误差，墙体宽度、柱子尺寸、偏心考虑了2mm的误差。

（1）自动注梁

自动注梁，根据前面的归并编号自动标注圈梁相应的剖断面号。

注：对于某一类大样在平面相关位置只标注一次，如有需要补充标注的部位可用人工注梁进行标注。

大样号在平面图上标注时其字符方向是大样的剖切方向，与大样详图是一致的。

（2）人工注梁

人工注梁 → 用光标选择圈梁剖面位置 → 继续用光标选择圈梁剖面位置（按［Esc］退出）。

（3）自动注柱

自动注柱，根据前面的归并编号自动标注构造柱。

（4）人工注柱

人工注柱 → 用光标点取需要标注的构造柱 → 用光标指定标注构造柱字符的位置 → 继续用光标点取需要标注的构造柱（按［Esc］退出）。

（5）退出

圈梁、构造柱子标注完毕，点取右侧菜单退出。

5.1.4　圈梁、构造柱节点大样布置

（1）窗口布置

窗口布置 → 提示有多少圈梁布置简图、圈梁大样图、构造柱大样图待画，用光标在图面上开窗口布置节点大样图。

　　注：窗口开在图面的空白处，根据所开窗口的大小画出待画的大样图，反复运行此菜单时，将所有大样布置完，布置过的大样不会重复布置。

（2）人工布置

人工布置 → 右侧列出大样图列表（QL－PMJT：圈梁布置简图，QUANLG＊：圈梁大样图，GOZAOZ＊：构造柱大样图），点取要布置的大样图 → 用光标移动大样图到图面适当位置。

　　注：某个大样图在图面只能布置一次，不能重复布置在一张图上。

（3）大样移动

大样移动 → 用光标点取移动大样图（［Tab］可改变选择图素的方式：光标、窗口、直线，［Esc］返回）→ 移动光标拖动图素，将大样图放置在新位置输入 → 继续用光标点取移动大样图（［Esc］退出）。

大样移动 → 用光标点取移动大样图（［Tab］可改变选择图素的方式：光标、窗口、直线，［Esc］返回）→［Tab］，输入基点在 X、Y、Z 方向的偏移值 → 继续用光标点取移动大样图（［Esc］退出）。

（4）重新布图

重新布图，询问是否删除全部大样图（是 Y/否 N/取消），点取是［Y］重新布置所有的大样图。

（5）修改大样

修改大样，询问是否重新修改大样图（是 Y/否 N/取消），点取是［Y］返回到圈梁、构造柱修改步骤。

（6）退出

圈梁、构造柱节点大样图布置完毕，点取右侧菜单退出。生成 APM＊.T 文件，可以在图形编辑、打印及转换菜单中继续修改、补充。

5.2 砖混结构抗震及其他计算

程序适用于 12 层以下任意平面布置的砌体结构及底框-抗震墙砌体结构的计算。底框－抗震墙层数是一或二层，当底框-抗震墙层数超过二层也可进行抗震计算，由于规范未对此类结构的计算作出明确规定，故结果仅供参考使用。楼层总数或高度超过规范的限值，程序会给出警告，但计算仍可进行，计算方法和结果与一般结构相同。

鼠标双击 **8 砖混结构抗震及其他计算**或单击 **8 砖混结构抗震及其他计算**选中后用鼠标点取应用（保证当前工作目录为工程目录）。

5.2.1 砌体结构抗震验算

5.2.1.1 砌体结构抗震验算计算过程及内容

（1）砌体结构抗震验算的计算过程：

按底部剪力法计算各层地震剪力→根据楼面结构刚度及墙体侧向刚度将地震剪力分配到每片墙体和每片墙体中的每个墙段→根据导算的楼面荷载及墙体自重计算墙体的平均压应力→按墙体截面的抗震受剪承载力计算公式验算各片墙体和墙段的抗震受剪承载力。

（2）砌体结构抗震验算的计算内容：

验算每一大片墙体的抗震受剪承载力，计算对象包括门、窗、洞口在内的大片墙体，求出每一片墙体在抗震受剪时考虑压力影响的沿阶梯形截面破坏的抗震抗剪强度。验算结果是墙体截面的抗力与其荷载效应的比值，即墙体截面的抗震受剪承载力。当比值小于1，说明该片墙体的抗力大于其荷载效应，墙体不满足抗震受剪承载力要求。

验算各门、窗间墙段的抗震承载力，计算方法与大片墙体相同。当墙段的抗震受剪承载力不满足要求时，将计算出该墙段在层间竖向截面内所需的水平配筋的总截面面积，供参考使用（实际一般选择某一范围内配筋较大的墙段作为该范围墙体的水平配筋截面面积）。

5.2.1.2 参数输入

如果有参数设定不合要求，程序会提示重新输入。

（1）砌体结构计算数据

① 选择结构类型（砌体结构/底部框架-抗震墙砌体结构）。

② 选择楼面类型（刚性：现浇或装配整体式/刚柔性：装配式/柔性：木楼面或大开洞率）。

③ 地下室结构嵌固高度（mm）＜3 层：当房屋有地下室或半地下室时，输入地下室或半地下室至计算水平地震力的地平面的高度，该高度值小于房屋 3 层高度（当输入的嵌固高度大于 0 时，在计算基地总地震力时不计地平面以下部分的结构重力荷载代表值，在计算各层地震力和地震剪力时，结构高度将减去该高度值）。

④ 墙体材料的自重（kN/m³）：模型输入时墙的厚度应按实际输入，不计抹灰层厚度。输入墙体材料自重时应考虑抹灰层重量，程序隐含值为 21 kN/m³（实心黏土砖自重，粗略考虑了抹灰重量），用户可根据不同墙体材料的实际情况输入墙体的自重值。

⑤ 混凝土墙与砌体弹塑性模量比（3～6）：该系数在既有砖墙又有混凝土墙的砌体结构中，考虑混凝土墙在剪力分配时的等效刚度，该值相当于混凝土墙与砖墙刚度相比的倍数（在底框-抗震墙砌体结构的底部抗剪墙刚度计算及地震剪力分配中该值不起作用）。

⑥地震烈度:6(0.05g)/7(0.10g)/7.5(0.15g)/8(0.20g)/8.5(0.30g)/9(0.40g)。

⑦ 墙体材料:1 烧结砖/2 蒸压砖/3 混凝土砌块（烧结砖包括烧结普通砖和烧结多孔砖；蒸压砖包括蒸压灰砂砖和蒸压粉煤灰砖；混凝土砌块包括混凝土和轻骨料混凝土砌块）。

⑧ 施工质量控制等级:1 A 级/2 B 级/3 C 级，根据施工质量控制等级对砌体的强度作相应调整（A 级乘 1.05；B 级乘 1.00；C 级乘 0.89）。

(2) 砂浆、块体强度

输入每个楼层砂浆、块体强度等级。

(3) 砂浆类型

选择每个楼层是否采用水泥砂浆砌筑，当选择是，将对砌体的抗压强度（＊0.9）、抗剪强度（＊0.8）的调整。

5.2.1.3　墙体抗震承载力计算结果

参数输入完毕，点取确定进入结构的抗震计算。

砌体结构抗震计算结果以图形方式输出，数据直接标注在各层的平面图上，点取算下一层自下而上逐层输出计算结果。抗震验算结果的图形名为 ZH ＊.T（＊表示层号）。

在抗震验算结果图中（图 5-3）:

(1) 黄色数据是各大片墙体（包括门、窗、洞口）的抗震验算结果，数值是该片墙体抗力与荷载效应的比值，标注方向与该片墙的轴线垂直。当验算结果大于 1 时，表明满足抗震强度要求。当验算结果小于 1 时，表明该片墙体不满足抗震强度要求，数据用红色显示。

(2) 蓝色数据是各门、窗间墙段的抗震验算结果，数值是该段墙体抗力与荷载效应的比值，标注方向与该墙段平行。当验算结果大于 1 时，表明满足抗震强度要求。当验算结果小于 1 时，表明该墙段不满足抗震强度要求，数据用红色显示，旁边括号给出该墙段的层间竖向截面中所需水平钢筋的总截面积（单位为 mm²），用户可根据各墙段的钢筋面积进行适当归并后设计成配筋墙体来满足抗震要求。

(3) 白色数字是混凝土剪力墙的剪力设计值（单位为 kN），用户可根据该剪力值计算

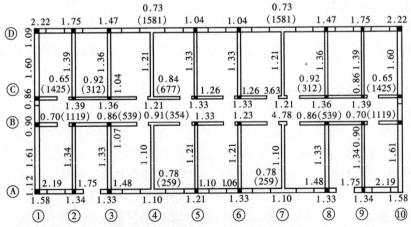

图 5-3　墙体抗震承载力计算结果

剪力墙的水平配筋。

(4) 图形下面标出的内容是：

G_i：第 i 层的重力荷载代表值（kN）

F_i：第 i 层的水平地震作用标准值（kN）

V_i：第 i 层的水平地震剪力（kN）

LD：地震烈度

GD：楼面刚度类别

M：本层砂浆强度等级

MU：本层砌块强度等级

注：右侧菜单"字符大小"可改变输出结果的字符大小，字符大小 → 输入字符高度。

5.2.1.4　墙体剪力设计值计算结果

点取墙剪力图，墙体剪力设计值结果以图形方式输出，数据直接标注在各层的平面图上。墙体剪力设计值图的图形名为 ZV ＊.T（＊表示层号，剪力单位为 kN，地震作用分项系数取 1.3）。

图中各大片墙体的剪力设计值标注方向与该片墙垂直，各墙段的剪力设计值标注方向与该墙段平行，数据都为白色显示。

5.2.1.5　构造柱钢筋的修改

在砌体结构抗震受剪验算和墙体受压承载力计算中，要用到混凝土构造柱的钢筋面积和钢筋强度，右侧菜单构柱钢筋为用户提供交互修改构造柱钢筋的功能。当墙体抗震受剪验算或墙体受压承载力计算不满足时，用户可以通过增加钢筋面积或提高钢筋强度来提高墙体承载力。

注：此处对构造柱钢筋的修改仅仅对本菜单计算有影响，不会修改大样图中的数据。施工大样图要
　　修改必须在 PMCAD 主菜单 6 进行。

点取构柱钢筋，右侧菜单变为回主菜单、修改钢筋、钢筋拷贝、连柱改筋、连柱拷贝、层间拷贝、换其他层。

(1) 回主菜单

点取回主菜单，返回到抗震受剪验算，自动回到第一层楼层，按修改后的构造柱钢筋重新进行计算。

(2) 修改钢筋

用户逐个修改本层内的构造柱钢筋。

修改钢筋 → 用光标点取修改钢筋 → 弹出修改柱钢筋窗口（图 5-4），按提示修改钢筋的直径、根数及强度等级，点取确定。

(3) 钢筋拷贝

钢筋拷贝 → 用光标选择标有钢筋数据的柱（用修改钢筋修改过的柱标有钢筋数据，选择后柱红色显示）→ 用光标选择要拷贝的柱（被拷贝柱紫色显示）→ 继续用光标选择要拷贝的柱（［Esc］退出），点取选择正确/放弃重选 → 继续用光标选择标有钢筋数据的柱（［Esc］退出）。

(4) 连柱改筋

连柱改筋供用户成批修改全楼上下连通的构造柱钢筋。

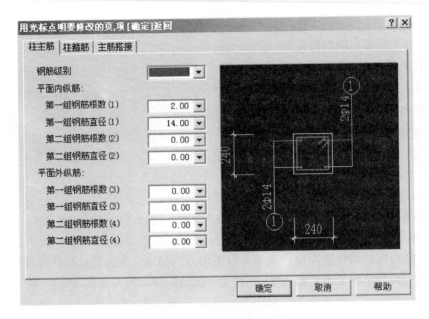

图 5-4　构造柱钢筋修改

连柱改筋 → 用光标选择标第 i 组柱（选择后柱红色显示）→ 输入该组柱的方向角（方向角度指柱 X 方向与坐标 X 方向的夹角）→询问是否正确（0 正确/1 不正确）→ 继续用光标选择标第 i 组柱（［Esc］退出）→ 显示柱 X 方向的配筋图（承受 X 方向的作用的钢筋）。

① 修改钢筋 → 选择需要改动的杆件 → 输入第一种钢筋的根数、直径 → 输入第二种钢筋的根数、直径（第二组钢筋没有直接回车）→ 继续选择需要改动的杆件（［Esc］退出）。

② 相同拷贝 → 选择被拷贝数据的杆件 → 选择需改动的杆件 → 继续选择需改动的杆件（［Esc］退出）。

③ Y 向钢筋：承受 Y 方向的钢筋，其他操作与改 X 方向钢筋相同。

（5）连柱拷贝

连柱拷贝 → 用光标选择标有钢筋数据的柱（用修改钢筋修改过的柱标有钢筋数据，选择后柱红色显示）→ 用光标选择要拷贝的柱（被拷贝柱紫色显示）→ 继续用光标选择要拷贝的柱（［Esc］退出），点取选择正确/放弃重选。

（6）层间拷贝

层间拷贝 → 弹出层间钢筋拷贝窗口，输入被拷贝的原始数据楼层号，选择拷贝层，点取确定。

（7）换其他层

修改其他层构造柱钢筋。

5.2.1.6　生成计算书

砌体结构抗震验算计算书的输出内容：

（1）计算日期、输入信息及计算控制数据等。

（2）结构计算总结果：结构总重力荷载代表值；墙体总自重荷载；楼面总恒荷载；楼

面总活荷载；水平地震作用影响系数；结构总水平地震作用标准值；顶层地震力增大系数等。

(3) 各层计算结果：本层层高；本层重力荷载代表值；本层墙体自重荷载标准值；本层楼面恒荷载标准值；本层楼面活荷载标准值；本层水平地震作用标准值；本层地震剪力标准值；本层砌块强度等级；本层砂浆强度等级（墙体各项验算结果见计算结果图）。

(4) 若是底框-抗震墙砌体结构还要输出：底框总倾覆力矩；各角度下的地震剪力和层间侧向刚度比（各榀框架的地震力和柱子附加轴力见底框计算结果图）。

5.2.2 底框-抗震墙结构的计算

5.2.2.1 底框-抗震墙结构抗震验算计算过程及内容

底框-抗震墙结构的抗震计算内容有 3 部分：

(1) 计算底框-抗震墙中砖填充墙及其他各层砖墙的抗震承载力以及底框-抗震墙中混凝土剪力墙的剪力设计值，计算过程与砌体结构相同。在底框-抗震墙计算中，不考虑框架承担的地震作用，即地震作用全部由抗震墙承担。

底层的混凝土墙和满足砖填充墙构造要求的砖墙应作为受力墙输入，但一般隔墙不能作为受力墙输入。

(2) 计算底部各榀框架承受的侧向地震作用及各榀框架中框架柱有地震倾覆力矩产生的附加轴力。

底框-抗震墙的地震剪力要根据上下层侧移刚度乘以 1.2 ~ 1.5 的增大系数；然后将地震剪力在框架和抗震墙之间进行分配，分配时混凝土剪力墙的侧移刚度乘以 0.3 的折减系数，砖填充墙要乘以 0.2 的折减系数，非抗震墙则不应在模型交互输入中输入；上部砌体房屋产生的地震倾覆力矩按刚度分配到各榀框架和抗震墙，再按各柱的转动惯性矩计算柱的附加轴力。

(3) 在底框-抗震墙中的混凝土剪力墙，程序将根据其承受的剪力、轴力和由倾覆力矩产生的弯矩设计值，计算出各片剪力墙的端部纵向钢筋面积和水平分布筋面积。

程序可将底框-抗震墙结构的抗震计算结果，以及上部砌体房屋传递的竖向荷载，与 PK、TAT、SATWE 等分析软件接口，通过 PK、TAT、SATWE 软件进行底框-抗震墙在地震作用和竖向荷载作用下的内力分析及施工图设计。

5.2.2.2 底框-抗震墙基本参数输入

除了与砌体结构输入相同的参数外，还有：

(1) 底框计算数据

① 底框的层数。

② 考虑墙梁作用上部荷载折减系数：

无洞口墙梁折减系数 QL * S1

有洞口墙梁折减系数 QL * S2

当输入的墙梁荷载折减系数小于 1.0 时，程序在形成底框或底框连梁 PK 文件时，将对上部梁墙传递给框架梁的均布恒载和活荷载乘以该折减系数，折减掉的均布荷载将按集中荷载作用在两端柱子上。当梁上墙体无洞口时，按系数 QL * S1 折减；当梁上墙体有一个洞口时，按系数 QL * S2 折减；当梁上墙体洞口大于等于 2 个时，荷载不折减。

③ 剪力墙侧移刚度是否考虑边框柱作用

当选择考虑边框柱作用时，在计算上层砖房与底框的层间刚度比中将考虑与剪力墙相连的框架柱的刚度，按面积等效的方法计入柱的面积计算剪力墙侧移刚度。否则不予考虑。

(2) 剪力墙计算数据

① 剪力墙的端部主钢筋强度等级；

② 剪力墙水平分布筋强度等级；

③ 剪力墙的混凝土强度等级 C_w；

④ 剪力墙的竖向钢筋配筋率 R_v（%）；

⑤ 剪力墙的水平钢筋间距 S_h（mm）。

5.2.2.3 底框-抗震墙结构抗震验算操作过程及结果

(1) 墙体抗震承载力计算结果（同砌体结构抗震验算结果）

墙体抗震验算结果的图形名为 ZH * .T（*表示层号）。

(2) 底框-抗震墙结构框架地震作用计算结果

完成各层抗震验算后，程序接着计算底框-抗震墙的侧向地震作用和附加轴力。底框-抗震墙结构框架地震作用计算结果的图形文件名为 KJ1.T。

在底框-抗震墙框架抗震验算结果图中：

① 黄色数据表示各榀框架的侧向地震力标准值，数字标注方向与该榀框架轴线垂直。

② 蓝色数据表示各框架柱的附加轴力标准值，数字标注方向与框架轴线平行。

③ 紫色数据表示各片剪力墙的配筋计算结果。其中 A_s 为该片墙每边端柱的纵向配筋面积，A_{sh} 为剪力墙水平分布钢筋的面积，水平分布筋的间距是由用户输入的。

④ 图下标出的内容是：

V_{xx}：经过调整的底层某一方向地震力，xx 数值表示该剪力作用方向角；

K_{xx}：某一方向上层砖房与底框-抗震墙的抗侧移刚度比，xx 表示该比值的方向角，当 K_{xx} 大于规范的限值时用红色显示，以提示用户注意；

M_t：地震倾覆力矩标准值；

C_w：剪力墙的混凝土强度等级；

S_{hw}：剪力墙水平分布筋的间距；

F_{yh}：剪力墙水平分布筋强度设计值；

R_v（%）：剪力墙纵向分布筋配筋率。

5.2.2.4 底框-抗震墙结构抗震计算结果与 PK、TAT、SATWE 接口

(1) 与 PK 接口

完成 PMCAD 主菜单 8 后，PMCAD 主菜单 4 可生成底框-抗震墙 PK 计算数据文件，内容包括结构简图、框架梁上本层楼面传来的荷载以及上面各层砖房楼面及砖墙传来的荷载（恒、活）、水平地震作用及柱子的附加轴力。由 PK 完成各榀框架的内力分析、配筋计算及绘图。

当同一网格线上框架梁与混凝土墙或砖填充墙同时存在时，恒载及活载将优先传至墙，若用户需要在框架计算时考虑由梁承受上部砖房的竖向荷载，可通过 PMCAD 主菜单 4 形成 PK 文件时选择竖向荷载加在梁上。

（2）与 TAT、SATWE 的接口

完成 PMCAD 主菜单 8 后，会自动生成一个与 TAT 及 SATWE 软件的接口文件，将计算所得的底框-抗震墙结构承受的水平地震作用、倾覆力矩、上部各层砖房楼面及砖墙传来的竖向恒、活荷载和风荷载传递给 TAT 及 SATWE 软件。可启动 TAT 或 SATWE 软件，用空间分析方法一次完成底框-抗震墙结构的内力分析和配筋计算，并绘制施工图。

（3）底框梁上由上层砖墙传来的荷载的处理

在接 PK、TAT、SATWE 计算的文件中，框架梁上由以上各层砖墙传来的荷载是按均布方式作用的，并单独填写了一项荷载。当在参数输入小于 1 中输入折减系数时，软件会将梁上的均布荷载乘以输入的折减系数，而把折减掉的那部分荷载作为集中荷载作用在柱上，这样来近似考虑墙梁作用的计算。

如果有必要，用户可根据梁上墙体的开洞情况以及设计经验，对这项荷载的作用方式进行修改，以考虑墙梁作用，即对形成的 PK、TAT、SATWE 荷载文件进行修改。但必须注意到在 PK、TAT、SATWE 计算中，无论是否考虑墙梁作用，对荷载进行折减与否在梁配筋计算中都没有考虑墙梁作用产生的附加水平力。

5.2.3 砌体结构的受压计算

5.2.3.1 墙体受压计算原则及过程

程序按门、窗间墙段为受压构件的计算单元。当墙体中没有钢筋混凝土构造柱，按无筋砌体构件的有关规定进行受压承载力计算；当墙体中有钢筋混凝土构造柱时，按砖砌体和钢筋混凝土构造柱组合墙的有关规定进行受压承载力计算。对于长度小于 250mm 的小墙垛，程序不做受压承载力计算。

程序自动生成各墙段的截面积 A、荷载设计值 N、影响系数 φ 或 φ_{com} 以及钢筋混凝构造柱的面积 A_c 和钢筋面积 A_s；然后求出各构件的抗力与荷载效应之比。该值大于 1 表示满足受压承载力，小于 1 表示不满足。

受压承载力计算时，墙体构件按墙段自动生成，每个墙段生成一个承压构件。各墙段的长度当有洞口时取到洞口边，无洞口时取两节点的中点，构件的轴力取其各段墙的轴力之合力。

5.2.3.2 墙体的受压计算结果

墙体受压承载里计算结果图名为 ZC＊.T（＊表示层号）。图中数值为抗力与荷载效应之比，大于 1 表示满足，用蓝色数字表示，小于 1 不满足，用红色数字显示。

由于墙体受压承载力是按墙段进行计算的，每个墙段都作了计算。当个别情况下一个较短墙段与另一个墙段相交时，如果计算结果中有一个值较大，而另一个值又小于 1.0。此时可以近似按平均值来考虑。

5.2.3.3 墙体轴力设计值计算结果

墙体轴力设计值计算结果图的图名为 ZN＊.T（＊表示层号）。轴力图中单位为 kN/m。在轴力设计图中：

（1）黄色数据表示底层各轴各大片墙每延米的轴力设计值，标注方向与该片墙垂直。

（2）蓝色数据表示各墙段每延米的轴力设计值，标注方向与该墙段平行。

5.2.4 砌体结构的高厚比验算

（1）墙体高厚比验算计算原则及过程

程序将相邻两端有相交的墙肢支承的墙段生成墙高厚比计算单元，按单元进行高厚比验算。墙长度小于 1.9m 的墙单元不作高厚比验算。验算结果是墙体的实际高厚比和经过各种修正的容许高厚比，当实际高厚比大于等于容许高厚比时表示满足要求。

当考虑构造柱共同作用，墙体容许高厚比乘以构造柱提高系数。

(2) 墙体高厚比的计算结果

墙体高厚比验算结果图的图名为 ZG ∗ .T （∗ 表示层号）（图 5-5）。图中数值（计算的

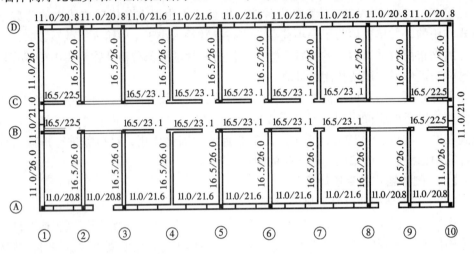

图 5-5　墙体高厚比验算结果图

墙体高厚比值 β/经过各项修正的容许高厚比 $\mu_1\mu_2$［β］）当 $\beta \leqslant \mu_1\mu_2$［$\beta$］表示满足高厚比要求，用蓝色数字显示。否则表示不满足高厚比要求，用红色数字显示。

5.2.5　砌体结构的局部受压计算

5.2.5.1　墙体局部受压计算原则及过程

软件中的砌体局部受压计算是指梁端部支承处的砌体局部受压，按以下 4 种情况进行计算：

(1) 梁端无垫块、垫梁或圈梁。

(2) 梁端设预制板混凝土刚性垫块。

(3) 梁端有与梁端现浇成整体的混凝土垫块。

(4) 梁端有长度大于 πh_0 的垫块（圈梁）。

程序自动搜索出需要进行砌体局部受压计算的节点，搜索的条件是在该节点上支承有一根在交互输入中输入的梁，有一片以上的墙体没有柱。要计算的节点以红点标出。然后自动生成计算所需的信息，其中包括：梁的截面尺寸、跨度及荷载设计值；墙肢的数量、各墙肢的厚度、墙体平均压应力、墙体材料强度；如果输入有圈梁，还读取布置圈梁信息、圈梁截面尺寸。根据以上自动生成的信息，计算出各节点局部受压承载力。

5.2.5.2　墙体局部受压的计算结果

墙体局部受压计算结果标注在平面图上（图 5-6），图名为 JBCY ∗ .T （∗ 表示层号）。图中标注数据（抗力值 F_a/荷载效应值 $N_0 + N_1$）。当抗力大于等于荷载效应时满足局部受压承载力要求，用绿色表示。否则不满足局部受压承载力要求，用红色表示。

点取右侧菜单梁垫输入，用户可以用光标选择节点，补充输入该节点的梁垫类型及尺

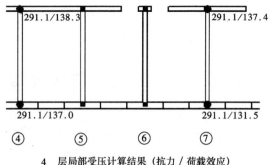

4　层局部受压计算结果（抗力／荷载效应）

图 5-6　墙体局部受压计算结果图

寸等信息，同时也可以查看和修改自动生成的计算参数。用户输入或修改了梁垫信息和计算参数后，根据新的数据重新计算。

点取右侧菜单详细结果，软件将输出砌体局部受压承载力计算的详细结果，结果文件名为 JBCY＊.OUT（＊表示节点号），格式如下图 5-7 所示。

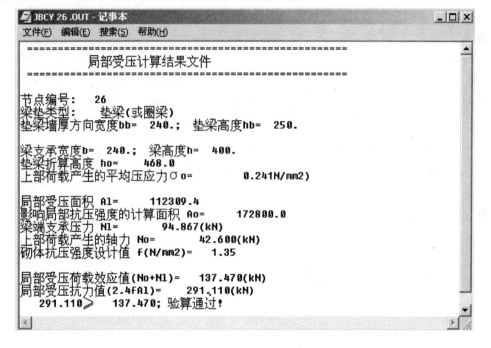

图 5-7　局部受压计算结果文件

第6章 图形编辑、打印及转换

PKPM 系列 CAD 各模块主菜单均设有图形编辑、打印及转换菜单（本菜单运行程序 MODIFYW.EXE）。本菜单可对 .T 图形文件进行各种操作，包括绘制新图、编辑旧图、图形拼接、.T 文件转换 .DWG 文件、DFX 文件转换 .T 文件、打印绘图等功能。

鼠标双击 **9 图形编辑、打印及转换** 或单击 **9 图形编辑、打印及转换** 选中后用鼠标点取**应用**，出现 Modify 主菜单。

注：进行某操作时，可以用下拉菜单（表6-1）、右侧菜单或直接写命令。下面各章节未说明的在右侧菜单均可找到，如果只在下拉菜单有会作相应的说明。

下 拉 菜 单 　　　　　　　表 6-1

文件工具	绘　图	编　辑	字　符	尺　寸	图　层	显　示
新建文件	设线宽色	确　认	查字大小	点点距离	图层编辑	重新显示
旧文件	两点直线	选　择	字　符	点线距离	点取查询	显示全图
插入图形	连续直线	Undo	中　文	线线距离	点取修改	窗口放大
保存文件	平行直线	Redo	点取修改	弧弧距离	图层匹配	平移显示
另存为	折线	删　除	文字替换	标注直线	改为现层	放大一倍
自动存盘	双折线	复　制	设置字体	标注半径	特征修改	缩小一半
转存图素	射　线	镜　像	查询字体	标注直径	层工具条	比例缩放
存为 WMF	矩　形	偏　移	修改字体	标注角度	线型查询	局部放大
处理图片	多边形	阵　列	标注字符	围区面积	线型编辑	充满显示
打印绘图	正多边形	移　动	标注数字	标注精度	点点距离	恢复显示
DOS 命令	圆　环	旋　转	标注中文		点线距离	实时平移
圆弧精度	圆　弧	比　例	引出注释		线线距离	实时缩放
计算器	三点圆弧	拉　伸			弧弧距离	填充开关
界面开关	图案填充	拉　长			查询半径	背景颜色
坐标系	添加图案	修　剪			查询直径	
	插入图块	延　伸			查询角度	
		打　断				
		倒　角				
		圆　角				
		分　解				
		其他编辑				

注：黑体字表示有下级菜单。

146

6.1 绘制新图、图形编辑

点取绘制新图，输入图形文件名称。如果文件已存在，屏幕预显图形文件，询问文件已存在，是否保留（Y/N）。回答 Y，重新输入文件名，回答 N，文件被删除，重新绘制。

点取编辑旧图，屏幕列出当前工作目录 ＊.T 文件。选取某个文件，屏幕可预显该图形文件。双击此文件或点取打开按钮，即可对该文件进行编辑。

6.1.1 坐标系（UCS）

用户绘制二维图形有自己的坐标系（UCS），一张图可能有几个不同的坐标系，每个坐标系有自己的坐标原点、比例尺、转角。许多绘图、编辑命令一般针对当前坐标系进行，因此程序提供了以下坐标系的操作菜单［命令］。

6.1.1.1　设坐标系［SETUCS/US］

功能是设置一个新的坐标系，比例尺和坐标原点用户自定。设置一个新的坐标系后程序自动将新设置的坐标系作为当前坐标系，一般绘制新图根据需要首先设置一个坐标系，绘制的图素以实际长度绘制。

设坐标系 → 输入新坐标系的比例尺 → 点出新坐标系的原点。

注：当前坐标系的比例尺控制图素绘制在图面的大小，绘制时应该按实际尺寸进行绘制，例如设坐标系 1（1∶100）、坐标系 2（1∶200），直线实际尺寸为 1000，在坐标系 1、坐标系 2 绘制该直线都应该绘制 1000 的长度，但图面上在坐标系 1 绘制的长度比在坐标系 2 绘制的要长一倍，但两者表示实际长度 1000。在一张图设置不同坐标系有不同的比例尺的好处是可以在一张图纸绘制不同比例尺的图，在绘制的过程中不必考虑比例尺的问题，按实际尺寸绘制即可。

当前坐标系的比例尺控制图素编辑。例如移动坐标系 1（1∶100）中的一根直线，实际移动的距离是 1000，则在坐标系（1∶100）中移动命令输入移动距离时应该是 1000，在当前坐标系（1∶1）中图面要移动同样的位置，移动命令输入移动距离时应该是 1000/100 = 10。

6.1.1.2　选坐标系［SNAPUCS/UCS］

功能是选取一个坐标系为当前坐标系，许多绘图、编辑命令一般针对当前坐标系进行。例如修改某一文字的内容，应该将文字所在的坐标系设为当前坐标系，否则是无法修改文字的。

选坐标系 → 用光标点取图素（被点取图素所在坐标系设为当前坐标系）。

6.1.1.3　统一坐标［UNITEUCS/UU］

功能是将图形中所有的坐标系炸开，统一到图纸坐标系下，设置一个新的比例尺。统一坐标的优点是编辑图形时不必进行坐标系的转换，缺点是由于比例尺是一个新的值，原有图素大小不会改变，在新比例尺下对原有图素进行标注尺寸可能不是实际的工程尺寸；绘制新图素必须要考虑当前的比例尺情况。

统一坐标 → 输入坐标统一后的比例尺。

注：统一坐标是不能用 UNDO 返回的。

6.1.1.4　改比例尺［CHGUCSSC/CS］

功能是修改图形的比例尺，但保持文字、数字的大小不变。

改比例尺→输入图形在原比例尺基础上放大或缩小的倍数（例如比例尺 1∶100 改为 1∶50，输入 2），点取确定→用光标点取图素（程序只修改被点取图素所在坐标系的比例尺）。

注：带有图素的文字可能会不协调，例如有圆圈的文字，图素圆圈按比例缩放，文字大小未变。

6.1.1.5　拖动 UCS［MOVEUCS/MU］

功能是将某一坐标系的所有图素移动位置，实际是拖动坐标的插入点，该功能在调整图面非常实用。

拖动 UCS→用光标点取图素→移动光标拖动图素（随光标的移动可动态显示图素新的位置，按［Tab］可输入确定的偏移距离值）→继续用光标点取图素（按［Esc］退出）。

6.1.2　图层

6.1.2.1　图层编辑［LAYER/LA］（图 6-1）

点取图层编辑菜单，弹出图层管理窗口。窗口左上区域为当前图形中的图层列表，图层列表中有图层号、图层名、开关状态、颜色、选择状态、线型、线宽。以深蓝色为背景的图层为当前正在选取的图层，其各项参数在窗口下方的图层特性区域显示，并可进行修改。在窗口右上区域有设当前层、设置新层、删除图层按钮和快速选择图层的几个选项。

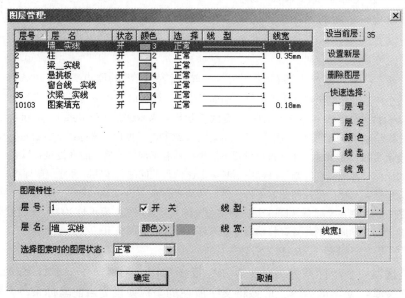

图 6-1　图层编辑

（1）选取图层

被选择图层用深蓝色背景显示，可在图层列表直接点取选择一层；按住［Shift］或［Ctrl］键同时选择多个图层；按住［Ctrl］键再点取已选择的图层可取消被选的图层。

图层列表的排序功能可将图层按不同的属性归类。点取图层列表最上面的表头（如层名、颜色…），程序可自动根据图层的这一属性进行排序。

快速选择功能可选取相同属性的图层。先点取满足属性要求的一个图层，再在快速选择区域将属性要求的项选中，程序可自动将所有满足属性要求的图层都选中。

（2）编辑特性

选好的图层可在图层特性区域修改层号、层名、开关状态、颜色、选择状态、线型、线宽。

层名、层号直接输入修改。

开关状态控制图层的可见性。

修改颜色，点取颜色按钮。可直接在 256 色色板中选择，或点取调色在 Windows 调色板中按 16 色或全彩色模式选色。

选择状态控制图层的图素的选择状态，正常可对该图层的图素进行选择编辑；锁定对图面上进行的选择编辑不会涉及该锁定的图层上的图素；只选对图面上进行的选择编辑只涉及该只选的图层上的图素。

线型，点取后面的按钮弹出线型编辑窗口，可修改已定义的线型或定义新的线型。

线宽，可以选择线宽列表 99 种相对线宽（相对线宽是相对单位线宽宽度的一个比值，打印图形时可调整单位线宽宽度从而改变实际输出图素的线宽），或点取线宽后面的按钮输入绝对线宽（单位"mm"，绝对线宽在打印时按所设的宽度打印）。

（3）设当前层

在图层列表中选择一个图层，点取设当前层按钮。

注：设当前层后点取确定退出图层管理窗口，以后绘制的图素均绘制在当前层上。

（4）设置新层

在图层列表中选择一个图层，点取设制新层按钮。程序将选择的图层复制形成一个新层放在图层列表最后，并将新层设置为当前层。可以在图层特性区域内修改新层的各项参数。

（5）删除图层

在图层列表中选择一个或多个图层，点取删除图层按钮。

注：删除图层后点取确定退出图层管理窗口，所有删除图层上绘制的图素均被删除。

6.1.2.2　点取查询［Snpinqly］

点取查询 → 用光标点取图素（［Tab］可改变选择图素的方式：光标、窗口、直线，［Esc］退出）→ 屏幕下方命令提示区给出该图素所属图层信息：层号、层名、线型号、线宽、颜色，继续用光标点取图素（按［Esc］退出）。

6.1.2.3　点取修改［Snpmodly］

点取修改 → 用光标点取图素（［Tab］可改变选择图素的方式：光标、窗口、直线，［Esc］退出）→ 弹出图层管理窗口，可进行图层编辑菜单的所有工作，完毕点取确定 → 继续用光标点取图素（按［Esc］退出）。

6.1.2.4　改为现层［Nowlayer］

将图面上被选择图素的图层改为当前层。

改为现层 → 用光标点取图素（［Tab］可改变选择图素的方式：光标、窗口、直线，［Esc］退出）→ 继续用光标点取图素（按［Esc］退出）。

6.1.2.5　特征修改［Modilays］

按图层参数（线型、线宽、颜色）的特征修改所有的图素，例如全图所有红色的图素改为黄色。

特征修改 → 弹出特征修改窗口，选择修改的类别，输入修改类别的原值、新值，点取确定。

6.1.2.6　线型查询［Inqltype］

线型查询 → 用光标点取图素（［Tab］可改变选择图素的方式：光标、窗口、直线，［Esc］退出）→ 屏幕下方命令提示区给出该图素所属线型的参数：线型号、线型值1、线型值 2⋯继续用光标点取图素（按 [Esc] 退出）。

6.1.2.7　线型编辑 [Editltyp]（图 6-2）

线型编辑 → 弹出线型编辑窗口（窗口上部是当前图中已定义的各种线型的参数和预览列表，窗口的下部是线型描述，可进行线型的修改和增加）→ 点取线型列表中的一种线型（1 号线型除外），在线型的描述区域修改线型参数，输入完毕点取线型列表中要修改的线型完成线型的修改或点取增加定义一种新的线型 → 点取确定。

注：1 号线型是不可修改的。

修改完毕点取确定后，被修改线型的图素自动更正为修改后的线型。

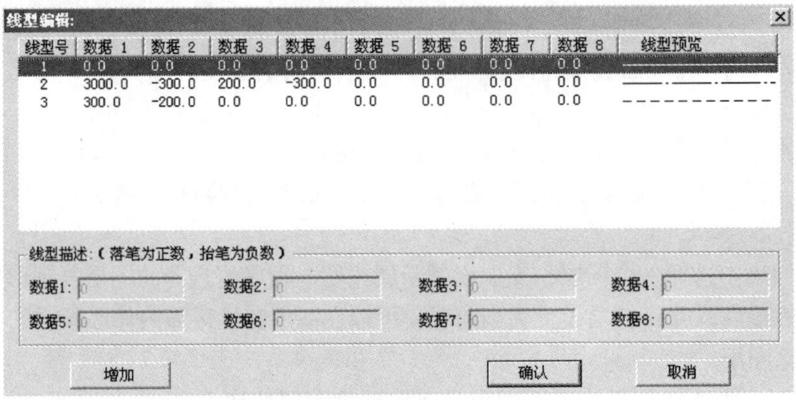

线型号	数据 1	数据 2	数据 3	数据 4	数据 5	数据 6	数据 7	数据 8	线型预览
1	0.0	0.0	0.0	0.0	0.0	0.0	0.0	0.0	
2	3000.0	-300.0	200.0	-300.0	0.0	0.0	0.0	0.0	
3	300.0	-200.0	0.0	0.0	0.0	0.0	0.0	0.0	

线型描述：（落笔为正数，抬笔为负数）

数据1: [0]　数据2: [0]　数据3: [0]　数据4: [0]

数据5: [0]　数据6: [0]　数据7: [0]　数据8: [0]

增加　　　　确认　　　　取消

图 6-2　线型编辑

6.1.2.8　图层匹配（下拉菜单）[Lyrmatch]

将图面上某一图层信息复制到其他图素上去，即改变被复制图素所在的图层。

图层匹配 → 用光标点取原始图素（[Tab] 可改变选择图素的方式：光标、窗口、直线，[Esc] 退出）→ 用光标点取目标图素（[Tab] 可改变选择图素的方式：光标、窗口、直线，[Esc] 退出）→ 继续用光标点取目标图素（按 [Esc] 退出）。

6.1.2.9　层工具条（下拉菜单）

下级菜单有开关现层、删除现层、点选现层、设置颜色、设置线型、设置线宽度，其功能和操作同前面各菜单。

6.1.3　绘图

绘制图形时的坐标输入（绝对坐标、相对坐标、直角坐标、极坐标）、捕捉工具（点网捕捉、角度距离捕捉、节点捕捉）等详见第 2 章的轴线输入。

6.1.3.1　选择图层 [Layer/LA]

设置、选择当前图层，操作同图层编辑菜单。

6.1.3.2　两点直线 [Line/L]

两点直线 → 输入第一点（[Esc] 放弃）→ 输入下一点（[Esc] 放弃）→ 继续输入第一点（[Esc] 放弃）。

6.1.3.3　连续直线 [Contline]

连续直线 → 输入第一点（[Esc] 放弃）→ 输入下一点（[Esc] 放弃）→ 继续输入下一点（[Esc] 放弃）→ 继续输入第一点（[Esc] 放弃）。

6.1.3.4　平行直线 [Parallel/Linep]

平行直线 → 输入第一点（［Esc］放弃）→ 输入下一点（［Esc］放弃）→ 输入复制间距、次数（次数可不输，默认为1），点取确定 → 继续输入复制间距、次数，点取取消退出窗口 → 继续输入第一点（［Esc］放弃）。

6.1.3.5　折线［Polyline/POL］

折线 → 输入第一点（［Esc］放弃）→ 输入下一点（［Esc］快捷菜单，通过选取快捷菜单决定绘折线）→ 折线绘制完毕，通过快捷菜单的输入完毕并闭和或输入完毕结束命令 → 继续输入第一点（［Esc］放弃）。

快捷菜单选项：

绘折线方式：直线、相切圆弧、三点圆弧、绕圆心顺时针圆弧、绕圆心逆时针圆弧。

放弃方式：退回到上一点（取消上段画的折线）、放弃重画（重新回到输入第一点）、放弃返回（放弃所画折线，结束命令）。

折线输入完毕方式：输入完毕并闭合、输入完毕。

6.1.3.6　双折线［Dualline/ML/Mline/DL］

双折线 → 输入双折线的距离 → 输入第一点（［Esc］放弃）→ 输入下一点（［Esc］结束）。

注：转角处会自动进行连接。

6.1.3.7　矩形［Rectangl/REC］

矩形 → 选择填充方式（按当前图层填充/不填充/按背景色填充）→ 输入矩形第一点（［Esc］放弃）→ 输入矩形下一点（对角点，［Esc］放弃）→ 继续输入矩形第一点（［Esc］放弃）。

6.1.3.8　多边形［Polygon］

多边形→选择填充方式（按当前图层填充/不填充/按背景色填充）→输入第一点（［Esc］放弃）→输入下一点（输入多边形的各点），输入完毕按［Esc］结束→选择多边形闭合/开洞/放弃（闭合则首尾相接画出多边形；开洞则下一个多边形以反向填充方式开在当前多边形中；放弃则放弃所画多边形，结束命令）→继续输入第一点（［Esc］放弃）。

6.1.3.9　圆环［Circle/C］

（1）圆心-半径

圆环→选择填充方式（按当前图层填充/不填充/按背景色填充）→ 输入圆心或圆上一点（圆心或圆上的点由后面的画圆方式进行判断）→ 输入半径 → 继续输入圆心或圆上一点（［Esc］结束）。

（2）两点画圆

圆环 → 选择填充方式（按当前图层填充/不填充/按背景色填充）→ 输入圆心或圆上一点（圆心或圆上的点由后面的画圆方式进行判断），按［T］键 → 输入圆上的另一点 → 继续输入圆心或圆上一点（［Esc］结束）。

（3）三点画圆

圆环 → 选择填充方式（按当前图层填充/不填充/按背景色填充）→ 输入圆心或圆上一点（圆心或圆上的点由后面的画圆方式进行判断），按［A］键 → 输入圆上的第二点 → 输入圆上的第三点 → 继续输入圆心或圆上一点（［Esc］结束）。

6.1.3.10　圆弧［Arc/A］

圆弧绘制采用圆弧半径、起始角、结束角方式，角度以逆时针为正。

圆弧 → 输入圆弧圆心 → 输入圆弧半径、起始角（［A］锁定角度/［R］锁定半径/［I］直接输入）→ 输入圆弧的终止角 → 继续输入圆弧圆心（［Esc］结束）。

6.1.3.11　三点圆弧［Arc3P］

三点圆弧 → 输入圆弧的起始点 → 输入圆弧的中间点或终止点（默认是终止点）→ 输入圆弧的中间点（［M］改为输入圆弧终止点，直接输入：［A］夹角/［R］半径/［H］矢高）→ 继续输入圆弧的起始点（［Esc］结束）。

6.1.3.12　射线

射线 → 输入第一点（［Esc］放弃）→ 输入下一点（［Esc］放弃）→ 输入射线根数，点取修改。

6.1.3.13　正多边形［Elpolygon］（下拉菜单）（图6-3）

（1）边节点-边节点：

正多边形 → 输入正多边形的边数、填充方式（不填充/填充/按背景填充）、绘制方式（边节点-边节点/形心-外接圆半径/形心-内切圆半径），点取确定 → 点取多边形边上一点（［Esc］退出）→ 点取多边形边上另一点（［Esc］退出）→ 继续点取多边形边上一点（［Esc］退出），返回正多边形参数输入窗口，点取取消结束命令。

（2）形心-外接圆半径/形心-内切圆半径：

正多边形 → 输入正多边形的边数、填充方式（不填充/填充/按背景填充）、绘制方式（边节点-边节点/形心-外接圆半径/形心-内切圆半径），点取确定 → 点取正多边形形心（［Esc］退出）→ 点取多边形定位点（［Esc］退出）→ 继续点取多边形形心（［Esc］退出），返回正多边形参数输入窗口，点取取消结束命令。

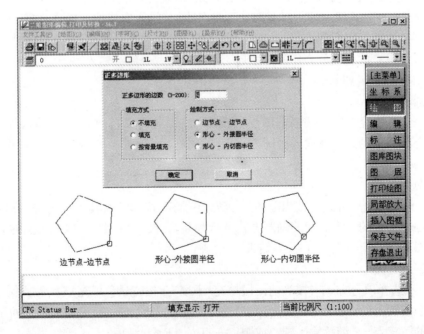

图6-3　正多边形

6.1.3.14　填充［Hatch/Fill］

将选择的图案填充到封闭的区域，还可调整图案的大小、颜色。可以使用系统提供的图案库，也可使用 AutoCAD 提供的图案库，方法是将 AutoCAD 中的 ＊.PAT 文件拷入 PKPM 系统的 CFG 目录中即可。填充的图案是以图块的形式存在，可用分解命令将其分解为单个图素（不建议分解）。

填充→弹出填充对话框，点取选择填充图案→弹出选择填充图案窗口（图 6-4），选择要填充的图案，点取确定返回填充对话框→选取填充区域及操作方式（点取封闭区域中一点/顺序点取封闭区域折线顶点/点取矩形），点取执行填充操作（图 6-5）→用确定填充区域的方法选择填充区域，并同时进行填充操作（可进行多个区域的填充）→点取右侧菜单的变大/变小菜单调整填充图案的大小（缩放大小是 1.4 倍），点取调整颜色菜单可改变填充图案颜色→［Esc］返回填充对话框，点取退出填充结束命令。

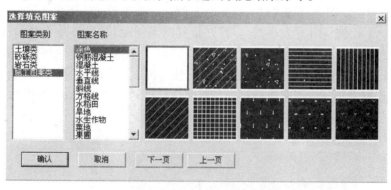

图 6-4　填充的图案

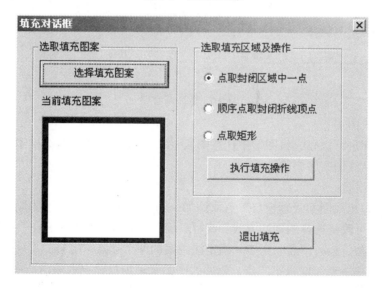

图 6-5　填充

（1）点取封闭区域中一点：由所点取的点程序自动计算该点所在的最小封闭区域。

注：封闭区域的计算是针对当前坐标系进行的，不是由当前坐标系的图素围成的封闭区域程序无法找到，在填充图案的过程中是无法转换坐标系的。

封闭区域的计算与图层的开关有关，以当前坐标系开关状态为开的图层上的图素为计算标准。

（2）顺序点取封闭区域折线点：输入围栏第一点，不断输入围栏下一点，输入完毕［Esc］（屏幕显示形成的封闭区域），询问确定/取消（Y［Enter］/N［Esc］）。

（3）点取矩形：输入矩形的两个对角点，形成矩形封闭区域。

6.1.3.15　线图案（图6-6）

（1）线图案沿直线排列

线图案 → 弹出线图案管理窗口，在窗口右侧选择要布置的线图案名称，输入线图案排列时 X 比例、Y 比例（图案大小）、步长（重复图案间距），选择是否端头裁剪、步长是否随 X 比例而变化，点取确定→［P］（两点方式），输入第一点，输入下一点→继续输入第一点，［Esc］返回选择排列方式，［Esc］结束命令。

（2）线图案沿轨迹路径排列

线图案→弹出线图案管理窗口，在窗口右侧选择要布置的线图案名称，输入线图案排列时 X 比例、Y 比例（图案大小）、步长（重复图案间距），选择是否端头裁剪、步长是否随 X 比例而变化，点取确定→［G］（轨迹方式），用光标点取作轨迹的图素（［Tab］可改变选择图素的方式：光标、窗口、直线，按住［Shift］反选，［Esc］退出），选择完毕按，［Esc］，点取完毕→线图案进行排列，返回选择排列方式，［Esc］结束命令。

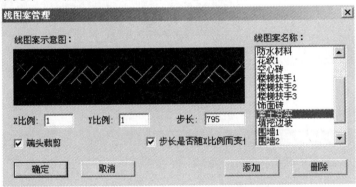

图6-6　线图案管理

（3）添删线图案

对线图案库进行添删，将图形中任意图素（文字除外）作为图案样本加入线图案库，也可将线图案从线图案库删除。

① 添加线图案：

线图案→弹出线图案管理窗口，点取添加→输入线图案名称，点取确定→用光标点取图素（［Tab］可改变选择图素的方式：光标、窗口、直线，按住［Shift］反选，［Esc］退出），选择完毕按［Esc］，点取完毕→确定线图案的两个端点（［Esc］以图案本身界限作为端点），输入第一点，输入第二点，返回线图案管理窗口，点取取消结束命令。

② 删除线图案：

线图案→弹出线图案管理窗口，在窗口右侧选择要删除的线图案名称，点取删除，点取取消结束命令。

6.1.4　编辑

图素编辑时，选取图素的方法有三种：

光标：光标直接点取。

窗口：用光标点取第一点，向右拉出窗口，则选取窗口内部的所有图素；向左拉出窗口，不仅选取窗口内部的图素，还选取与窗口边界接触的图素。

直线：用光标点取两点确定一直线，被直线穿过的所有图素被选取。

注：很多编辑命令只能针对当前坐标系中的图素进行编辑。

6.1.4.1　删除［Erase/E/Del］

删除→用光标点取删除图素（［Tab］可改变选择图素的方式：光标、窗口、直线，按住［Shift］反选，［Esc］退出），选择完毕按［Esc］。

6.1.4.2　复制［Copy］

复制→用光标点取复制图素（［Tab］可改变选择图素的方式：光标、窗口、直线，按住［Shift］反选，［Esc］退出），选择完毕按［Esc］→输入基准点→输入第二点（完成一次复制）→输入第二点（完成下次复制，［Esc］结束本次复制）→继续用光标点取复制图素（［Esc］退出）。

注：复制移动的距离是第二点坐标与第一点坐标之差。

6.1.4.3　镜像［Mtrror/MI］（图 6-7）

镜像→用光标点取镜像图素（［Tab］可改变选择图素的方式：光标、窗口、直线，按住［Shift］反选，［Esc］退出），选择完毕按［Esc］→输入镜像轴第一点→确定镜像轴第二点或直接输入镜像轴角度→是否删除源对象（［Y］是/［N］否）→继续用光标点取镜像图素（［Esc］退出）。

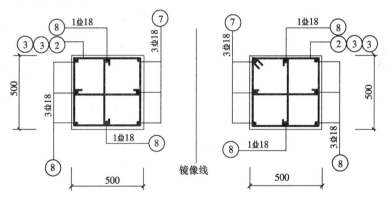

图 6-7　镜像

6.1.4.4　偏移［Offset/O］

偏移→指定偏移距离或通过方式（输入一个数表示偏移距离；输入两个数表示一个坐标值，继续提示输入下一点坐标，偏移距离为这两个坐标之差）→选择要偏移的对象→指定点以确定偏移所在一侧→继续选择要偏移的对象（一个偏移距离可对多个对象偏移，按［Esc］结束）。

6.1.4.5　阵列［Array］

（1）矩形阵列：

阵列 → 用光标点取阵列图素（［Tab］可改变选择图素的方式：光标、窗口、直线，按住［Shift］反选，［Esc］退出），选择完毕按［Esc］→ 输入阵列类型［矩形（R）/环形（P）］，R → 输入行数 → 输入列数 → 输入行间距或指定单位单元（单位单元：输入两个数表示一点坐标值，继续提示输入对角点坐标）→ 输入列间距。

（2）环形阵列：

阵列 → 用光标点取阵列图素（［Tab］可改变选择图素的方式：光标、窗口、直线，按住［Shift］反选，［Esc］退出），选择完毕按［Esc］→ 输入阵列类型［矩形（R）/环形（P）］，P → 指定阵列中心 → 输入阵列中项目的数目 → 指定填充角度（逆时针为正，顺时针为负）→ 是否旋转阵列中的对象（［Y］是/［N］否）。

6.1.4.6 移动［Move］

移动 → 用光标点取移动图素（［Tab］可改变选择图素的方式：光标、窗口、直线，按住［Shift］反选，［Esc］退出），选择完毕按［Esc］→ 输入基准点 → 输入第二点 → 继续用光标点取移动图素（［Esc］退出）。

注：移动的距离是第二点坐标与第一点坐标之差。

6.1.4.7 旋转［Rotate/RO］

旋转 → 用光标点取旋转图素（［Tab］可改变选择图素的方式：光标、窗口、直线，按住［Shift］反选，［Esc］退出），选择完毕按［Esc］→ 输入旋转基点 → 输入旋转角度（逆时针为正，顺时针为负）→ 继续用光标点取旋转图素（［Esc］退出）。

6.1.4.8 比例［Scale］

比例 → 用光标点取图素（［Tab］可改变选择图素的方式：光标、窗口、直线，按住［Shift］反选，［Esc］退出），选择完毕按［Esc］→ 输入旋转基点 → 输入比例大小 → 继续用光标点取图素（［Esc］退出）。

6.1.4.9 拉伸［Stretch］

拉伸 → 用窗口部分围取拉伸图素（［Esc］退出）→ 输入基点 → 移动光标拖动图素（随光标移动对象被拉伸、变形）→ 继续用窗口部分围取拉伸图素（［Esc］退出）。

注：只能用窗口部分选择图素进行拉伸，用窗口全选图素会形成图素移动结果。

6.1.4.10 拉长

（1）增量拉长：

拉长 → D，输入长度增量 → 选择拉长对象 → 继续选择拉长对象（［Esc］退出）。

注：光标点取对象时应该点在拉长的那一侧，直线被拉长所设的增量。

　　对于弧线可选 A，输入角度增量拉长弧线。

（2）百分数拉长：

拉长 → P，输入长度百分数 → 选择拉长对象 → 继续选择拉长对象（［Esc］退出）。

注：光标点取对象时应该点在拉长的那一侧，直线被拉长原长的百分数倍。

　　百分数为 100 时保持原长，小于 100 时缩短，大于 100 时拉长。

（3）全部拉长：

拉长 → T，输入总长度 → 选择拉长对象 → 继续选择拉长对象（［Esc］退出）。

注：光标点取对象时应该点在拉长的那一侧，直线的长度变为所设的总长度。

　　对于弧线可选 A，输入总角度改变弧线长度。

（4）动态拉长：

拉长 → V → 选择拉长对象，指定拉长对象新端点 → 继续选择拉长对象（［Esc］退出）。

注：被动态改变的端点是距离光标点取对象时所点的近的端点。

6.1.4.11　修剪［Trim/TR］

修剪 → 用光标点取图素确定修剪图素的边界（［Tab］可改变选择图素的方式：光标、窗口、直线，按住［Shift］反选，［Esc］退出），选择完毕按［Esc］→ 选择需要修剪的图素（［F］栏选）→ 继续选择需要修剪的图素（［Esc］退出）。

注：选择修剪的图素时，光标所点图素的那部分被修建掉。

　　栏选即用光标点取两点确定一直线，与直线相交的图素的那部分被修剪。

6.1.4.12　延伸［Extend/EX］

延伸→用光标点取图素确定延伸图素的边界（［Tab］可改变选择图素的方式：光标、窗口、直线，按住［Shift］反选，［Esc］退出），选择完毕按［Esc］→ 选择需要延伸的图素（［F］栏选）→ 继续选择需要延伸的图素（［Esc］退出）。

6.1.4.13　打断［Break/BR］

打断 → 选择需要切断的图素 → 选择打断的第一点 → 选择打断第二点（图素被选的两点间的部分被删除）。

6.1.4.14　倒角

（1）两直线倒角：

倒角 → D，输入倒角第一段距离 → 输入倒角第二段距离 → 选择第一条直线 → 选择第二条直线。

注：光标点取图素时应该点在倒角后保留的那部分。

　　第一倒角距离指选择的第一条直线上倒角的距离。

　　除输入第一倒角距离、第二倒角距离确定倒角距离外，还可［A］指定第一倒角距离和第一直线的倒角角度。

（2）折线倒角：

倒角 → D，输入倒角第一段距离 → 输入倒角第二段距离 → P，选择二维折线图素。

注：将折线的折角处进行倒角。

6.1.4.15　圆角［Fillet/F］

（1）两直线修圆角：

圆角 → R，输入圆角半径 → 选择圆角第一图素 → 选择圆角第二图素。

注：光标点取图素时应该点在圆角后保留的那部分。

（2）折线修圆角：

圆角 → R，输入圆角半径 → P，选择二维折线图素。

注：将折线的折角处进行修圆角。

6.1.4.16　分解［Explode/X］

分解 → 用光标点取要分解的图素（［Tab］可改变选择图素的方式：光标、窗口、直线，［Esc］退出）→ 继续选择需要分解的图素（［Esc］退出）。

6.1.5　尺寸标注

6.1.5.1　点点距离

点点距离 → 用光标指定第一点位置（按［Tab］可捕捉点，按［S］可选节点捕捉方式，按［Esc］退出）→用光标指定下一点位置（按［Tab］可捕捉点，按［S］可选节点捕捉方式，按［Esc］结束）→弹出标注方式窗口，点取所选的标注方式，点取确定→点取尺寸标注位置（按［Tab］可修改光标所在跨的标注数值）→继续用光标指定第一点位置（按［Esc］退出）。

标注方式如图6-8所示。

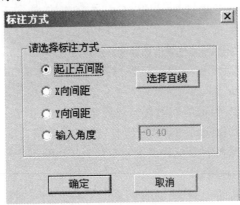

图6-8　点点距离的标注方式

（1）起止点间距：标注的方向平行于起止点方向，标注的数值是两点的间距。

（2）X向间距：标注的方向平行于X方向，标注的数值是两点的X向间距。

（3）Y向间距：标注的方向平行于Y方向，标注的数值是两点的Y向间距。

（4）输入角度：标注的方向平行于输入角度的方向，标注的数值是两点在角度方向投影的间距。

（5）选择直线：标注的方向平行于所选直线的方向，标注的数值是两点在直线方向投影的间距。

选择直线方式→用光标点取直线（［Tab］可改变选择直线的方式：光标、窗口、直线）→直线选中确认，是Y［Enter］/终止确认A［Tab］/否N［Esc］。

注：直线方式选图素是指定直线的第一、二点，由此直线穿过的图素被选中。

6.1.5.2　点线距离

点线距离→用光标指定点位置（按［Tab］可捕捉点，按［S］可选节点捕捉方式）→用光标点取直线（［Tab］可改变选择直线的方式：光标、窗口、直线）→直线选中确认，是Y［Enter］/终止确认A［Tab］/否N［Esc］→点取尺寸标注位置（按［Tab］可修改光标所在跨的标注数值）→点取引线位置（随光标移动动态的显示引线的位置，也可以一些特征点捕捉）→继续用光标指定点位置（按［Esc］退出）。

6.1.5.3　线线距离

线线距离→用光标逐一指定要标注的直线（［Tab］可改变选择直线的方式：光标、窗口、直线，［Esc］退出）→直线选择完毕按［Esc］（被选直线黄色显示），点取尺寸标注位置（按［Tab］可修改光标所在跨的标注数值）→点取引线位置（随光标移动动态的显示引线的位置，也可以一些特征点捕捉）→继续用光标逐一指定要标注的直线（按［Esc］退出）。

6.1.5.4　弧弧距离

弧弧距离 → 用光标点取弧线（［Tab］可改变选择直线的方式：光标、窗口、直线，［Esc］退出）→ 圆弧选中确认，是 Y［Enter］/终止确认 A［Tab］/否 N［Esc］→ 重复以上步骤，提示用光标点取弧线，而圆弧选择完毕时按［Esc］结束选择 → 点取尺寸标注位置（按［Tab］可修改光标所在跨的标注数值）→ 继续用光标点取弧线（按［Esc］退出）。

6.1.5.5　标注直线

标注直线 → 用光标点取直线（［Tab］可改变选择直线的方式：光标、窗口、直线，［Esc］返回）→ 直线选中确认，是 Y［Enter］/终止确认 A［Tab］/否 N［Esc］→ 点取尺寸标注位置（按［Tab］可修改光标所在跨的标注数值）→ 点取引线位置（随光标移动动态的显示引线的位置，也可以一些特征点捕捉）→ 继续用光标点取直线（按［Esc］退出）。

6.1.5.6　标注半径

标注半径 → 用光标点取弧线（［Tab］可改变选择直线的方式：光标、窗口、直线，［Esc］退出）→ 圆弧选中确认，是 Y［Enter］/终止确认 A［Tab］/否 N［Esc］→ 点取尺寸标注位置（按［Tab］可修改光标所在跨的标注数值）→ 继续用光标点取弧线（按［Esc］退出）。

6.1.5.7　标注直径

标注直径 → 用光标点取弧线（［Tab］可改变选择直线的方式：光标、窗口、直线，［Esc］退出）→ 圆弧选中确认，是 Y［Enter］/终止确认 A［Tab］/否 N［Esc］→ 点取尺寸标注位置（按［Tab］可修改光标所在跨的标注数值）→ 继续用光标点取弧线（按［Esc］退出）。

6.1.5.8　标注角度

标注角度 → 用光标点取直线（［Tab］可改变选择直线的方式：光标、窗口、直线，［Esc］退出）→ 直线选中确认，是 Y［Enter］/终止确认 A［Tab］/否 N［Esc］→ 继续用光标点取直线（［Tab］可改变选择直线的方式：光标、窗口、直线，［Esc］退出）→ 直线选中确认，是 Y［Enter］/终止确认 A［Tab］/否 N［Esc］点取尺寸标注位置（按［Tab］可修改光标所在跨的标注数值）→ 点取尺寸标注位置 → 继续用光标点取直线（按［Esc］退出）。

6.1.5.9　标注精度

例如实际尺寸为 1204，标注精度为 1，标注尺寸为 1204；标注精度为 5，标注尺寸为 1205；标注精度为 10，标注尺寸为 1200。

标注精度 → 输入标注精度（mm），点取确定。

6.1.6　标注文字

6.1.6.1　设置字体

设置字体 → 弹出设置字体窗口，选择设置中文或英文 → 从字体列表中选择字体号 → 在选择字体文件类别项中确定为何种字体，可选择 .SHX 或 Windows 字体（所选字体会预显）→ 点取设当前中文字体或设当前英文字体，点取确定（以后的中文或英文按设好的当前字体书写）。

6.1.6.2　查询字体

查询字体 → 用光标点取文字（［Tab］可改变选择直线的方式：光标、窗口、直线，［Esc］退出），屏幕下方命令提示区给出该文字的字体号和字体名称。

6.1.6.3 修改字体

修改字体 → 弹出设置字体窗口，在字体列表中选择一种中文字体或英文字体 → 用光标点取要修改的文字（［Tab］可改变选择直线的方式：光标、窗口、直线，［Esc］退出）。

6.1.6.4 标注中文

(1) 定义字号

定义字号 → 定义字号（宽、高），转角，点取确定。

(2) 直接输入

直接输入一行中文，并可定义单字的宽高和整行文字的转角。

直接输入 → 输入字符内容（特殊符号可用特殊字符输入，包括 HPB235 级钢、HRB335 级钢、HRB400 级钢、正负号、平方号、立方号、度、冷扎带肋、钢绞线），输入字符宽度、高度、转角，点取确定 → 用光标指定字符在图面上的标注位置（［Tab］、［Esc］可返回输入窗口）→ 继续用光标指定字符在图面上的标注位置（［Tab］、［Esc］可返回输入窗口）→ 按［Esc］返回输入窗口输入新的内容或点取取消结束命令。

(3) 文件行（图 6-9）

图 6-9　文件行

可将事先写好的说明文件（TXT 文件）通过文件行命令整个调出来，选择其中的内容布放在图面上。用户可在窗口中可对文件的内容进行临时修改，可以将多个文本文件的内容有选择的组合在一起，形成新的文本文件布放在图面上。

文件行 → 弹出打开文本文件窗口，选择要调入的文本文件，下面的选择文件行窗口显示被选择的文本文件的内容，点取要布放的行，被选择的行显示在右边窗口，可进行修改，同样选择另一个文本文件的内容，设定行距，点取打开 → 用光标指定说明标注位置（按 [Esc] 退出）。

注：文字的宽度、高度采用定义字号中所设定的。

（4）文件块（图6-10）

可将事先写好的说明文件（TXT文件）通过文件块命令整个调出来，布放在图面上。用户可在窗口中对文件的内容进行临时修改，形成新的文本文件布放在图面上。

文件块 → 弹出打开文本文件窗口，选择要调入的文本文件，可在下面文件预览窗口对被选择的文本文件的内容进行修改，设定行距，点取打开 → 用光标指定说明标注位置（按 [Esc] 退出）。

注：文字的宽度、高度采用定义字号中所设定的。

6.1.6.5　标注英文（标注字符、标注数字）

标注英文 → 输入字符内容（特殊符号可用特殊字符输入，包括HPB235级钢、HRB335级钢、HRB400级钢、正负号、平方号、立方号、度、冷扎带肋、钢绞线），输入字符宽度、高度、转角，点取确定 → 用光标指定字符在图面上的标注位置（[Tab]、[Esc]可返回输入窗口）→ 继续用光标指定字符在图面上的标注位置（[Tab]、[Esc]可返回输入窗口）→ 按 [Esc] 返回输入窗口输入新的内容或点取取消结束命令。

图6-10　文件块

6.1.6.6　引出注释（下拉菜单）

引出注释 → 用光标指定标注点的位置（[M]可选多个标注点/[Esc]结束）→ 指定转折点位置 → 指定引出线的终点位置（[D]改变纵横方式/[Esc]退出）→ 弹出标注中文的窗口，输入要标注的中文，设定中文宽度、高度、转角，点取确定 → 指定文字位置 → 继续用光标指定标注点的位置（[Esc]结束）。

[M] 多个标注点指多个点标注相同的注释。多个标注点时，确定转折点位置时有 [A] 集中于一点方式；[P] 平行线方式（图6-11）。

多点标注，转折点平行   多点标注，转折点集中于一点

图 6-11 多点标注转折点形式

［D］纵横方式指标注文字的方向。

6.1.6.7 常用词库

常用词库放在 CFG 目录中的 TEXT.LIB 中，可以对此词库进行编辑、修改，把经常用的文字词句放入此词库中，随时调出标在图面上。

常用词库 → 弹出一窗口，左侧栏目名称，右侧为词句，选择一行词句，点取确定 → 点取文字标注的位置 → 继续点取文字标注的位置（［Esc］返回）→ 返回到窗口，点取取消结束命令。

图 6-12 常用词库

6.1.6.8 编辑词库

点取编辑词库，弹出记事本窗口，对词库文件 TEXT.LIB，进行修改补充。文件中第一行的数字 7 表示有 7 个栏目，第二行数字 9 表示本栏目有 9 项，下面就是项目内容，每栏目最多可设 20 项，每项最多 20 个字。

例：把医院建筑四个字加入到词库中，用常用词库菜单将其写在图面上（图 6-12、图 6-13）。

编辑词库，把栏目一上的数字改为 2，在栏目一下写入医院建筑，本栏目其他内容删除（栏目一有 2 项内容），保存。

常用词库，选择栏目一，医院建筑，确定，用光标将文字放在适当的位置。

6.1.6.9 文字分解

将文字分解为单个汉字或字符。

文字分解 → 选择分解文字类型（中文/英文）→ 用光标点取文字（［Tab］可改变选

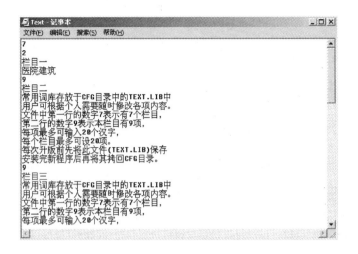

图 6-13 编辑词库

择直线的方式：光标、窗口、直线，[Esc] 退出）→ 继续用光标点取文字（[Esc] 退出）。

6.1.6.10 点取修改

点取修改 → 用光标点取需修改的字符（[Tab] 可改变选择字符的方式：光标、窗口、直线，[Esc] 退出）→ 弹出修改字符窗口，可修改字符内容、字符宽度、高度、转角，点取确定 → 继续用光标点取需修改的字符（[Esc] 退出）。

6.1.6.11 文字替换（图 6-14）

文字替换 → 弹出文字替换窗口，输入原字符、替换为字符，选择是否全字匹配、是否区分大小写，替换范围（选择/全布图形），点取确定进行替换，点取取消结束命令。

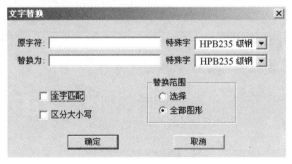

图 6-14 文字替换

全字匹配：关闭时只要字符串包含原字符就进行替换，打开时字符串必须与原字符一样才进行替换。

区分大小写：替换时是否考虑英文的大小写。

替换范围：选择全部图形时，程序将图形中所有满足条件的字符串进行替换；选择选择时，用户必须指定要替换的字符串。

注：无论用标注中文/标注字符标注的文字都进行替换。

当替换范围是选择方式时，用户选取替换的字符串应该在当前坐标系中，否则无法进行替换。

6.1.6.12 字符拖动/中文拖动（下拉菜单）

字符拖动 → 用光标点取需拖动的字符（[Tab] 可改变选择字符的方式：光标、窗口、直线，［Esc］退出）→ 移动光标拖动所选字符（［Tab］连续选取，［Esc］取消）→ 继续用光标点取需拖动的字符（按［Esc］退出）。

字符拖动 → 用光标点取需拖动的字符（［Tab］可改变选择字符的方式：光标、窗口、直线，［Esc］退出）→ 移动光标拖动所选字符（［Tab］连续选取，［Esc］取消），按［Tab］连续选取 → 继续选择要需拖动的字符（按住［S］可反选/［Tab］可改变选择字符的方式/［Esc］返回）→ 选择完毕按［Esc］，输入基准点 → 移动光标拖动所选字符 → 继续用光标点取需拖动的字符（按［Esc］退出）。

6.1.6.13 文字其他

(1) 下拉菜单字符/中文的修改大小、修改内容、修改角度与点取修改菜单类似。

(2) 特殊符号

Φ Φ Φ Φ Φ¹ Φ¹ Φ¹ Φ¹ ΦZ ΦC Φb ΦS ΦK ΦJ ΦR 2 3

输入除在输入文字窗口选取外，还可以采用区位输入法，区位码分别为：AAA1 ~ AAAF、AAAB1、AAAB2。

6.1.7 标注钢筋

6.1.7.1 钢筋圆点

钢筋圆点 → 输入钢筋圆点的直径（单位"mm"，指在图面实际画的尺寸），点取确定 → 用光标指定绘制位置 → 继续用光标指定绘制位置（按［Esc］退出）。

6.1.7.2 画槽钢（图6-15）

画槽钢→弹出钢筋参数窗口，输入编号（0无编号）、直径（mm）、间距（mm）、左（下）长度、右（上）长度、绘制角度（度），点取确定→用光标指定支座钢筋位置→继续用光标指定支座钢筋位置（按［Esc］返回→返回输入钢筋参数窗口，点取取消结束命令。

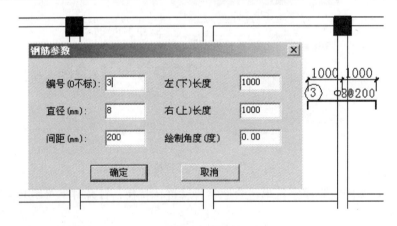

图6-15 画槽钢

6.1.7.3 画板底钢筋

画板底钢筋 → 弹出钢筋参数窗口，输入编号（0无编号）、直径（mm）、间距（mm），点取确定 → 用光标点出钢筋两端的位置 → 继续用光标点出钢筋两端的位置（按［Esc］返回）→ 返回输入钢筋参数窗口，点取取消结束命令。

6.1.7.4 画折线筋

画折线筋 → 选择绘制方式（不画弯钩/画板底筋弯钩/画槽筋弯钩）→ 用光标点出折

线钢筋各折点的位置（［Esc］结束）。

6.1.7.5　画箍筋

画箍筋 → 用光标点出箍筋的一个角点 → 用光标点出箍筋的另一个角点 → 继续用光标点出箍筋的一个角点（［Esc］结束）。

6.1.7.6　根数直径（图6-16）

根数直径 → 弹出输入钢筋标注参数窗口，输入钢筋级别、根数、直径（mm）、标注角度（度），点取确定 → 用光标指定标注位置 → 继续用光标指定标注位置（按［Esc］返回）→ 返回输入钢筋标注参数窗口，点取取消结束命令。

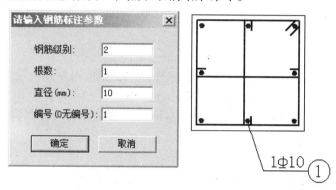

图6-16　标注钢筋根数、直径

6.1.7.7　直径间距（图6-17）

直径间距 → 弹出输入钢筋标注参数窗口，输入钢筋级别、直径（mm）、间距（mm）、标注角度（度），点取确定 → 用光标指定标注位置 → 继续用光标指定标注位置（［Esc］返回）→ 返回输入钢筋标注参数窗口，点取取消结束命令。

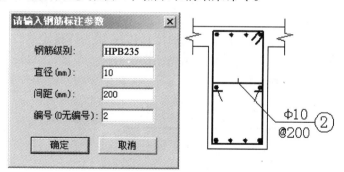

图6-17　标注钢筋直径、间距

6.1.7.8　引出标注

（1）根数直径（图6-16）

根数直径 → 弹出输入钢筋标注参数窗口，输入钢筋级别、根数、直径（mm）、标注编号（0无编号），点取确定 → 用光标指定要标注的钢筋 → 用光标指定标注位置（［Tab］改变标注方向，［Esc］放弃）→ 用光标指定要标注的钢筋（［Esc］结束）。

（2）直径间距（图6-17）

直径间距 → 弹出输入钢筋标注参数窗口，输入钢筋级别、直径（mm）、间距（mm）、标注编号（0无编号），点取确定 → 用光标指定要标注的钢筋 → 用光标指定标注位置（［Tab］改变标注方向，［Esc］放弃）→ 用光标指定要标注的钢筋（［Esc］结束）。

6.1.7.9　标 HPB235 级钢

标 HPB235 级钢 → 用光标指定标注位置 → 继续用光标指定标注位置（按［Esc］结束）。

6.1.7.10　标 HRB335 级钢

标 HRB335 级钢 → 用光标指定标注位置 → 继续用光标指定标注位置（按［Esc］结束）。

6.1.8　标注建筑符号

6.1.8.1　标注标高

标注标高 → 连续输入要标注的标高值（中间用空格或逗号分开），点取确定 → 指定标高的标注位置（［A］改变标注方向，有右上、右下、左下、左上四个方向，［Esc］退出）→ 继续指定标高的标注位置（［Esc］退出）→ 返回到输入标高值窗口，点取取消结束命令。

6.1.8.2　绘制轴线

绘制轴线 → 选择是否标轴圈（不标/标在一端/标在两端）→ 用光标指定第一点位置 → 用光标指定第二点位置 → 输入起始轴线号，点取确定 → 输入复制间距、次数，点取确定（轴线编号会自动进行），点取取消结束命令。

　　注：在指定点时可输入坐标值（注意坐标系原点），也可采用角度控制、节点捕捉来指定需要的点。
　　　　以下的命令都类似。

6.1.8.3　指北针

指北针 → 输入南北方向与水平线的夹角，点取确定 → 用光标指定方向的标注位置。

6.1.8.4　箭头

箭头 → 用光标指定目标点位置（箭头的位置）→ 用光标指定第二点位置 → 用光标指定下一点位置（［Esc］结束）→ 继续用光标指定目标点位置（［Esc］结束）。

6.1.8.5　图名比例（图6-18）

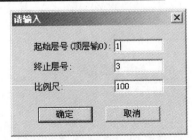

图 6-18　图名比例

图名比例 → 输入起始层号（顶层输 0）、终止层号、比例尺，点取确定 → 指定文字在图面的书写位置。

6.1.8.6 详图索引（图6-19）

详图索引 → 用光标指定起始点位置 → 用光标指定转折点位置 → 用光标指定索引符号位置 → 弹出索引参数窗口，输入索引编号、详图所属（本图/其他图/标准图集），点取确定 → 继续用光标指定起始点位置（［Esc］结束）。

6.1.8.7 剖切索引（图6-19）

剖切索引 → 用光标指定剖切线起始点位置 → 用光标指定剖切线终止点位置 → 用光标指定索引线第一转折点位置 → 用光标指定索引符号位置（［Esc］没有转折点）→ 弹出索引参数窗口，输入索引编号、详图所属（本图/其他图/标准图集），点取确定 → 继续用光标指定剖切线起始点位置（［Esc］结束）。

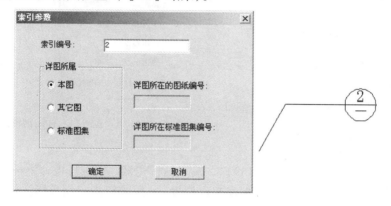

图6-19 详图索引（剖切索引）

6.1.8.8 详图符号

详图符号 → 弹出详图符号窗口，输入详图编号、被索引的图纸编号（本图时填 – ），点取确定 → 用光标指定详图符号位置 → 继续弹出详图符号窗口，点取取消结束命令。

6.1.8.9 写详图名

写详图名 → 输入要标注的详图字符 → 用光标指定标注位置 → 继续用光标指定标注位置（［Esc］结束）→ 返回输入窗口，点取取消结束命令。

6.1.8.10 对称符号

对称符号 → 用光标指定第一点位置 → 用光标指定第二点位置 → 继续用光标指定第一点位置（［Esc］结束）。

6.1.8.11 剖面符号

剖面符号 → 用光标指定起始点位置 → 用光标指定下点位置（［Esc］结束）→ 继续用光标指定起始点位置（［Esc］结束）。

6.1.8.12 断面符号

断面符号 → 用光标指定起始点位置 → 用光标指定终止点位置（［Esc］结束）→ 在断面线一侧点出视向位置 → 输入剖断线号 → 继续用光标指定起始点位置（［Esc］结束）。

6.1.8.13 折断线

折断线 → 用光标指定第一点位置 → 用光标指定第二点位置（［A］放大比例/［D］缩小比例/［F4］控制角度）→ 继续用光标指定第一点位置（［Esc］结束）。

6.1.9　标注钢结构

6.1.9.1　标注编号

标注编号 → 弹出标注零件编号窗口，输入零件编号 → 用光标指定零件标注起点位置 → 用光标指定零件标注位置 → 继续用光标指定零件标注起点位置（［Esc］结束）。

6.1.9.2　注螺栓孔（图6-20）

注螺栓孔 → 弹出标注螺栓孔径窗口，输入螺栓孔径、螺栓直径，确定基准线向左（右）→ 用光标指定螺栓孔标注起点位置 → 用光标指定螺栓孔标注位置 → 继续用光标指定螺栓孔标注起点位置（［Esc］结束）。

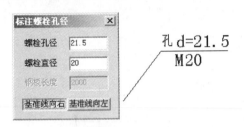

图6-20　注螺栓孔　　　　　　　　　　图6-21　标注钢板

6.1.9.3　标注钢板（图6-21）

标注钢板 → 弹出标注钢板尺寸窗口，输入钢板宽度、钢板厚度、钢板长度，确定基准线向左（右）→ 用光标指定钢板标注起点位置 → 用光标指定钢板标注位置 → 继续用光标指定钢板标注起点位置（［Esc］结束）。

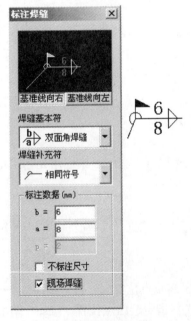

图6-22　标注焊缝

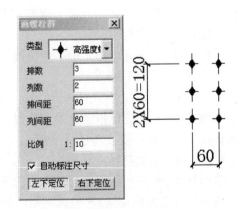

图6-23　画螺栓群

6.1.9.4　标注焊缝（图6-22）

标注焊缝 → 弹出标注焊缝窗口，确定基准线向左（右），选择焊缝基本符、焊缝补充符，输入标注数据，确定是否不标注尺寸、是否现场焊缝 → 用光标指定焊缝标注起点

位置 → 用光标指定焊缝标注位置 → 继续用光标指定焊缝标注起点位置（[Esc] 结束）。

6.1.9.5　画螺栓群（图 6-23）

画螺栓群 → 弹出画螺栓群窗口，选择螺栓类型，输入排数、列数、排间距、列间距、比例，确定是否自动标注尺寸、左（右）下定位 → 用光标点取插入位置 → 继续用光标点取插入位置（[Esc] 结束）。

6.1.10　图库图块

建筑设计过程中用到许多固定的图形符号，在建筑图集中都被归纳出来成为固定的图形块可以在不同的施工图中直接使用。在 PKPM 中这些图形块被做成图块文件（∗.T），以图形库的形式进行管理，用户很方便地实现图块的插入、变换、移动、扩充的能够各种操作。

图库的管理：

PKPM 的图库由其中的建筑软件 APM 提供的 3 个图库，被安装在 PKPM_PC/APM 中的 BLIB、DLIB、ULIB 子目录中。BLIB 子目录存放的是常用图块，包括平、立、剖面图中使用的图块和一些三维模型中使用的图块。DLIB 子目录存放的是详图图块。ULIB 子目录存放的是由用户管理、扩充的用户图块。

每个图库子目录中有很多存放库块的文件（BLK∗.T 文件）。一个文件存放一页库块，每页可存放 1~81 个库块。所有的 BLK∗.T 文件由本目录中的一个管理文件（LIBNAM）统一进行管理。文件 LIBNAM 可由记事本打开（图 6-24），文件第一行前 3 个数表示：子目录号（1~10），栏目数（1~8），栏目颜色；随后从第二行开始为各栏目菜单描述，首先是 5 个数表示：子栏目数（1~20），每个子项中纵横库块排布个数（1~9），每个库块显示占屏幕的大小比例（0~1），每个库块显示上边留空占屏幕的大小比例（0~1），每个库块显示左边留空占屏幕的大小比例（0~1），随后是每个子项名称，并用单引号括住。

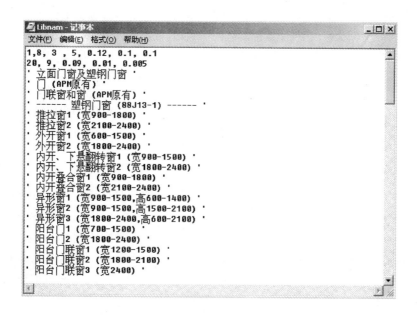

图 6-24　LIBNAM 文件内容

图库的使用：

确定图库所在的子目录，用菜单插入库块将图库中的库块插入到当前图形中。库块插入完毕，在当前图形成为一个图块，图块是一个整体。可用编辑图块的各种命令进行整体操作，如果要编辑图块中一部分，则必须将图块炸开成独立的图素进行修改。

库块的编辑：

对图库中的库块可进行单个编辑修改（修改的结果不会影响已插入图形中的库块）、复制库块（将图库中已有的库块复制到图库中其他的位置）、删除库块（将库块从图库中删除，不可用 Undo 恢复）。

图库的扩充：

（1）直接绘制

在编辑库块时，选择库块的一个空项目，程序进入绘制状态如同绘制新图，绘制完毕点取结束编辑将结果存入图库。

（2）将 ＊.T 文件存入图库

用文件入库菜单将一个 ＊.T 文件作为一个库块存入图库。

（3）将图素存入图库

用转存图素菜单将图形中的部分图素存成一个 ＊.T 文件，再将 ＊.T 文件用文件入库菜单存入图库。

（4）将 ＊.DWG 文件存入图库

在 AutoCAD 中将 ＊.DWG 文件存为 ＊.DXF 文件，在 PKPM 中将 ＊.DXF 文件转换为 ＊.T文件，再将 ＊.T 文件用文件入库菜单存入图库。

> 注：当要增加栏目数、子栏目数、子栏目中的项数时必须修改相应的 LIBNAM 文件，子栏目数不应大于 20，子栏目中的项数不应大于 9＊9＝81（即子项中纵横库块排布个数不应大于9）。
>
> 图块、＊.T 文件、库块的区别：图块是通过定义、插入得到的，有块名，只用于本图形文件中，其他图形文件是无法使用的，可用转存图素的方法将图块存成 ＊.T 文件供其他文件使用；＊.T 文件是图形文件，存于磁盘中，一个 ＊.T 文件可作为一个图块插入到其他文件中；库块实际就是将常用的 ＊.T 文件用一个管理器将其组织起来，用户使用方便，实质与 ＊.T 文件的操作一样。

6.1.10.1 图库路径

PKPM 提供 3 个图库，分别在 PKPM-PC/APM/BLIB、PKPM-PC/APM/DLIB、PKPM-PC/APM/ULIB 中，图库路径的设置决定采用哪个图库。

图库路径 → 输入图库所在的子目录。

6.1.10.2 插入库块

插入库块 → 弹出选择图库页窗口（图 6-25，左侧窗口是图库栏目，右侧窗口是各子栏目），选择好栏目、子栏目，点取确定 → 弹出子栏目（页）中的所有库块（图 6-26），选择一个库块 → 弹出图块插入窗口，选择调整方式（按缩放比例/按实际尺寸），输入（按缩放比例）X 方向缩放比例、Y 方向缩放比例、插入角度或（图 6-27），或输入（按实际尺寸）X 方向实际尺寸、Y 方向实际尺寸、插入角度，点取确定 → 点取图块的插入位置（［C］改变比例/［A］转 90°/［H］左右翻转/［V］上下翻转/［Esc］结束）→ 继续点取图块的插入位置（［Esc］结束），返回选择图库页窗口，点取取消结束命令。

> 注：图块插入窗口上部有图块的原始尺寸。

库块在插入图形后的显示的大小与插入过程中的参数设置有关系（决定图块的实际尺寸），还与所插的坐标系的比例有关系，同一个图块以相同的尺寸插入不同的坐标系有可能显示的大小不一样。

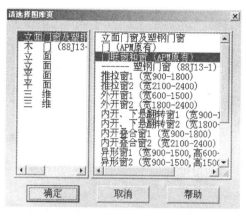

图 6-25　图库页

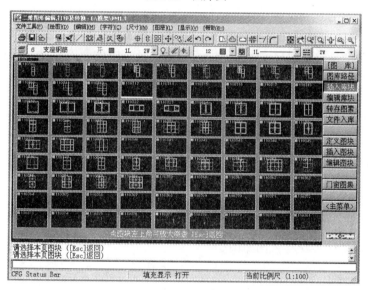

图 6-26　图库块

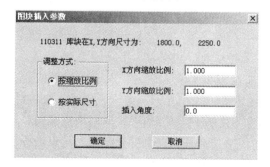

图 6-27　图块插入参数

6.1.10.3 编辑库块

（1）编辑库块

编辑库块 → 弹出选择图库页窗口（左侧窗口是图库栏目，右侧窗口是各子栏目），选择好栏目、子栏目，点取确定 → 弹出子栏目（页）中的所有库块，选择一个库块 → 输入块名，点取确定 → 库块进入绘图、编辑方式，可用所有的绘图、编辑命令对其进行修改、补充，修改完毕点取右侧菜单结束 → 是否修改块基点（Y［Enter］/N［Esc］）→ 保存编辑/放弃编辑（Y［Enter］/N［Esc］）。

注：当选择的库块是一个空块时，同样进入绘图、编辑方式，此时可对图库中的库块进行扩充。

（2）复制库块

复制库块 → 弹出选择图库页窗口（左侧窗口是图库栏目，右侧窗口是各子栏目），选择好栏目、子栏目，点取确定 → 弹出子栏目（页）中的所有库块，选择一个被复制库块 → 返回选择图库页窗口（左侧窗口是图库栏目，右侧窗口是各子栏目），选择好要放复制库块的栏目、子栏目，点取确定 → 弹出子栏目（页）中的所有库块，选择一个库块 → 输入块基点 → 保存编辑/放弃编辑（Y［Enter］/N［Esc］）。

（3）删除库块

删除库块 → 弹出选择图库页窗口（左侧窗口是图库栏目，右侧窗口是各子栏目），选择好栏目、子栏目，点取确定 → 弹出子栏目（页）中的所有库块，选择要删除库块（［Esc］返回）→ 返回择图库页窗口，点取取消结束命令。

6.1.10.4 转存图素

可将图形的部分图素存成＊.T文件。

转存图素 → 输入转存图文件名，点取确定 → 用光标点取转存的图素（［Tab］可改变选择图素的方式：光标、窗口、直线，［Esc］返回）→ 选择完毕，［Esc］，出现活动菜单，点取完毕 → 提示拾取图素已转存，点取确定 → 继续输入转存图文件名，点取取消结束命令。

6.1.10.5 文件入库

将＊.T文件作为库块存入图库中。

文件入库 → 选择要入库的＊.T文件 → 输入块名（［Esc］忽略）→ 弹出选择图库页窗口（左侧窗口是图库栏目，右侧窗口是各子栏目），选择要放置的栏目、子栏目，点取确定 → 弹出子栏目（页）中的所有库块，选择要放置的库块位置 → 输入块基点 → 保存编辑/放弃编辑（Y［Enter］/N［Esc］）→ 返回选择要入库的＊.T文件，点取取消结束命令。

6.1.10.6 定义图块（图6-28）

定义图块 → 弹出块定义窗口，输入块名，点取选择图按钮 → 用光标点取转存的图素（［Tab］可改变选择图素的方式：光标、窗口、直线，［Shift］反选，［Esc］返回）→ 选择完毕，［Esc］，出现活动菜单，点取完毕 → 返回块定义窗口，确定图块基点（缺省取块中，点取拾取按钮可在图中选择基点，也可直接输入基点坐标值），点取确定。

注：只有当前坐标系中的图素才可以被选中作为图块的一部分。

图块的基点在图块插入时与插入点重合的。

被定义的图块只能在本图形文件中使用。

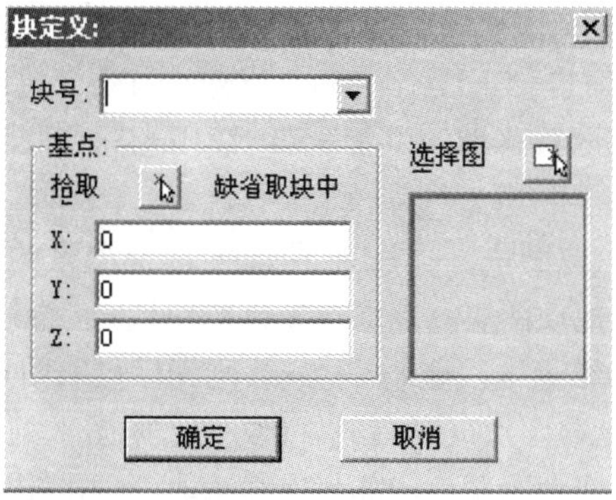

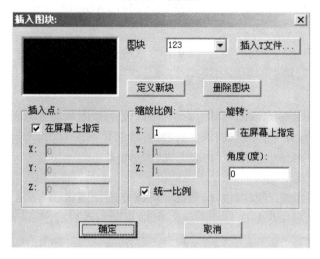

图 6-28　块定义

图 6-29　插入图块

6.1.10.7　插入图块（图 6-29）

插入图块 → 弹出插入图块窗口，选择已定义的图块（插入 T 文件：＊.T 文件可作为一个大的图块进行插入），确定插入点（可在屏幕上指定，也可直接输入插入点的坐标值），输入缩放比例（X、Y、Z 向比例可分别不同）、旋转角度（可 在屏幕上指定，也可直接是如旋转角度），点取确定 → 点取图块的插入位置（［C］改变比例/［A］转 90°/［H］左右翻转/［V］上下翻转/［Esc］结束）→ 继续点取图块的插入位置（［Esc］结束），返回插入图块窗口，点取取消结束命令。

6.1.10.8　编辑图块

图块除有专门的图块编辑命令外，还也可用图素的编辑命令进行编辑（将图块作为一个整体、一个大图素进行编辑），编辑图块内部图素，必须先将图块炸开。

（1）移动图块

移动图块 → 用光标点取图块（［Tab］可改变选择图素的方式：光标、窗口、直线，［Esc］返回）→ 移动光标拖动图块，点取被移动的位置 → 继续用光标点取图块（［Esc］结束）。

移动图块 → 用光标点取图块（［Tab］可改变选择图素的方式：光标、窗口、直线，

［Esc］返回）→ 移动光标拖动图块，［Tab］连续选取 → 用光标点取图块（［Tab］可改变选择图素的方式：光标、窗口、直线，［Shift］反选，［Esc］返回）→［Esc］，输入基准点 → 移动光标拖动图块，点取被移动的位置 → 继续用光标点取图块（［Esc］结束）。

(2) 复制图块

复制图块 → 用光标点取图块（［Tab］可改变选择图素的方式：光标、窗口、直线，［Esc］返回）→ 移动光标拖动图块，点取被复制的位置 → 继续移动光标拖动图块，点取被复制的位置或按［Esc］结束本次复制 → 继续用光标点取图块（［Esc］结束）。

复制图块 → 用光标点取图块（［Tab］可改变选择图素的方式：光标、窗口、直线，［Esc］返回）→ 移动光标拖动图块，［Tab］连续选取 → 用光标点取图块（［Tab］可改变选择字符的方式：光标、窗口、直线，［Shift］反选，［Esc］返回）→［Esc］，输入基准点 → 移动光标拖动图块，点取被复制的位置 → 继续用光标点取图块（［Esc］结束）。

(3) 删除图块

删除图块 → 用光标点取图块（［Tab］可改变选择图素的方式：光标、窗口、直线，［Esc］返回）→ 继续用光标点取图块（［Esc］结束）。

(4) 图块炸开

图块炸开 → 用光标点取图块（［Tab］可改变选择图素的方式：光标、窗口、直线，［Esc］返回）→ 继续用光标点取图块（［Esc］结束）。

注：当要修改图块内部时，必须将图块炸开成单独的图素。

(5) 改块尺寸

改块尺寸 → 用光标点取图块（［Tab］可改变选择图素的方式：光标、窗口、直线，［Esc］返回）→ 输入图块 X 向尺寸、图块 Y 向尺寸，点取确定 → 继续用光标点取图块（［Esc］结束）。

(6) 改块角度

改块角度 → 用光标点取图块（［Tab］可改变选择图素的方式：光标、窗口、直线，［Esc］返回）→ 输入图块修改后的插入角度，点取确定 → 继续用光标点取图块（［Esc］结束）。

(7) 左右翻转

左右翻转 → 用光标点取图块（［Tab］可改变选择字符的方式：光标、窗口、直线，［Esc］返回）→ 继续用光标点取图块（［Esc］结束）。

(8) 上下翻转

上下翻转 → 用光标点取图块（［Tab］可改变选择字符的方式：光标、窗口、直线，［Esc］返回）→ 继续用光标点取图块（［Esc］结束）。

6.1.10.9 门窗图集

门窗图集 → 提示当前正在使用的图集，选择 88J 图集/98J 图集。

6.1.11 其他

6.1.11.1 查询

(1) 点点距离

点点距离 → 用光标指定第一点位置 → 用光标指定第二点位置（屏幕显示两点间距、X 方向间距、Y 方向的间距、两点的方向角度）→ 继续用光标指定第一点位置（［Esc］

结束）。

（2）点线距离

点线距离 → 用光标指定点位置 → 用光标指定直线 → 直线选中确认：是 Y［Enter］/终止确认 A［Tab］/否 N［Esc］→［Y］→ 屏幕显示点的坐标、直线的两点坐标、点线间距，提示继续用光标指定点位置（［Esc］结束）。

（3）线线距离

线线距离 → 用光标指定第一条直线 → 直线选中确认：是 Y［Enter］/终止确认 A［Tab］/否 N［Esc］→［Y］→ 用光标指定第二条直线 → 直线选中确认：是 Y［Enter］/终止确认 A［Tab］/否 N［Esc］→［Y］→ 屏幕显示两条直线的两点坐标、线线间距 → 任意键，继续用光标指定第一条直线（［Esc］结束）。

（4）弧弧距离

弧弧距离 → 用光标指定第一条弧线 → 圆弧选中确认：是 Y［Enter］/终止确认 A［Tab］/否 N［Esc］→［Y］→ 用光标指定第二条弧线 → 圆弧选中确认：是 Y［Enter］/终止确认 A［Tab］/否 N［Esc］→［Y］→ 屏幕显示两条弧线间距，提示用光标指定第一条弧线（［Esc］结束）。

（5）查询半径

查询半径 → 用光标指定弧或圆 → 圆弧选中确认：是 Y［Enter］/终止确认 A［Tab］/否 N［Esc］→［Y］→ 屏幕显示弧或圆半径，提示用光标指定弧或圆（［Esc］结束）。

（6）查询直径

查询直径 → 用光标指定弧或圆 → 圆弧选中确认：是 Y［Enter］/终止确认 A［Tab］/否 N［Esc］→［Y］→ 屏幕显示弧或圆半径，提示用光标指定弧或圆（［Esc］结束）。

（7）查询角度

查询角度 → 用光标指定第一个图素 → 图素选中确认：是 Y［Enter］/终止确认 A［Tab］/否 N［Esc］→［Y］→ 用光标指定第二个图素 → 图素选中确认：是 Y［Enter］/终止确认 A［Tab］/否 N［Esc］→［Y］→ 屏幕显示两图素夹角，提示用光标指定第一个图素（［Esc］结束）。

6.1.11.2　显示

缩放屏幕的图形，有显示全图、窗口放大、平移显示、放大一倍、缩小一倍、比例缩放、局部放大、充满显示、恢复显示、观察角度等菜单。一般用相应的工具栏更为方便。

6.1.11.3　插入图框

插入图框 → 用光标指定图框的位置（［A］转 90°/［C］改图纸号/［Esc］取消）。

6.1.11.4　标题栏与会签栏

对于一个工程项目，所有图纸标题栏与会签栏的内容基本一样，可以用绘制新图绘制 BTL.T（标题栏文件）、HQL.T（会签栏文件），使用比例 1:1，将这两个文件存在 CFG 子目录或当前的工程子目录，在插入图框时程序自动将图形文件 BTL.T（标题栏文件）、HQL.T（会签栏文件）放在相应的位置。程序首先使用当前工作目录下的 BTL.T（标题栏文件）、HQL.T（会签栏文件），如果不存在就使用 CFG 目录下的 BTL.T（标题栏文件）、

HQL.T（会签栏文件）。

6.2 图 形 拼 接

图形拼接功能可以将不同的图形文件（＊.T）拼接成一张图，在拼接的过程还可以设定比例。

点取图形拼接菜单后进入图形拼接界面，操作过程如下：

（1）定义新图（图6-30）

定义新图 → 输入拼接后的文件名，点取确定 → 输入图纸参数（图纸号、加宽比例、加高比例），点取确定。

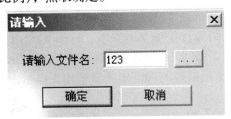

图 6-30　定义新图

（2）拼接图块

拼接图块→选择要拼接的文件，点取打开（图6-31）→输入图形插入控制参数（X 方向插入比例，Y 方向插入比例，图形旋转角、是否炸开图块），点取确定 → 同样拼接下一个文件，完毕点取取消结束文件选择。

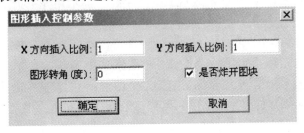

图 6-31　拼接图块参数

（3）调整图面

调整图面，用光标选择要移动的图块，移动到新的位置（此时无论在拼接的过程中图形是否炸开，都作为一个块整体移动）。

（4）结束拼图

注：在拼接图块的过程中要选择是否炸开图块，建议选择不炸开。无论选择炸还是不炸，实际拼接的图块在后面都可以编辑内部的图素，并没有作为一个图块来进行处理。但选择炸开拼接，后面的拖动 UCS 命令不起作用，对于在后面调整图幅很不方便。

插入图块与拼接图块的区别，插入图块是一个整体，如果要修改内部图素必须炸开；拼接图块无论在拼接的过程中是否选择炸开，实际在新图都作为一个图块。

插入图块和拼接图块在操作的过程中所有的图素（包括文字）进行了所设定比例的缩放，如果在一张图中实现有不同比例图，但文字的大小应该一致，则必须在单个图时设定正确的比例，以 1:1 进行图形插入或拼接。

6.3　图　形　转　换

在图形编辑、打印及转换程序中，菜单 T 转 DWG，可将 PKPM 生成的 *.T 文件转换成 AutoCAD 可处理的 *.DWG 文件，为用户进入 AutoCAD 提供了方便的接口。

点取菜单 T 转 DWG，选择要转换的 *.T 文件（按住［Ctrl］可同时选取多个文件进行转换），文件选取完毕，点取打开即完成转换操作（转换后在同一个目录生成与原文件名相同的 *.DWG 文件）。

注：原文件在 PKPM 成图时有比例，则在 *.DWG 文件中保留此比例。例如 PKPM 成平面图时输入比例为 1:100，如果在 AutoCAD 中以 1:100 的比例出图，则应该以 1:1 的比例输出。

经过转换形成的 *.DWG 文件如果在 AutoCAD 中钢筋符号和汉字无法显示，将 PKPM 中 CFG 目录下的 TXT.SHX、HZTXT.SHX 拷入 AutoCAD 的 FONTS 目录中。

在 CFG 目录下的配置文件 PKPM.INI，可设置 *.T 转换 *.DWG 中汉字的缺省字型是否是 Windows 字型：设置 AutoCAD_字型 = Windows，则转换成 *.DWG 文件后，其中汉字字型是 Windows 中的宋体；设置 AutoCAD_字型 = DOS，则转换成 *.DWG 文件后，其中汉字字型用 HZTXT.SHX 文件。

第二篇 PK 使用说明

第7章 PK 计算数据输入

PK 采用平面杆系模型，进行结构计算，接力计算结果可完成钢筋混凝土框架、排架、连续梁的施工图设计。

PK 计算数据文件由描述平面杆系结构的数据组成。它可由 PMCAD 主菜单 4 "形成 PK 文件"产生，生成的框架数据文件的默认名称是 "PK－轴线名"，生成的连续梁数据文件的默认名称是 "LL－*"；也可由 PK 主菜单 1 "PK 数据交互输入和数检"产生，生成数据文件名称是 "工程名称. SJ"；还可由人工逐行输入生成，数据文件名称自行定义。

7.1 由 PMCAD 主菜单 4 "形成 PK 文件"

执行 **PMCAD 主菜单 4 形成 PK 文件**（图 7-1）。启动程序，显示界面（图 7-2）。界面底部显示工程名称和已生成 PK 数据文件个数。形成的 PK 数据文件中，不包括梁、柱的自重，杆件自重由 PK 程序计算。

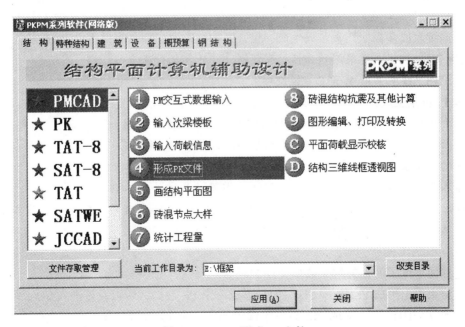

图 7-1 PMCAD 形成 PK 文件

图 7-2　形成 PK 文件

7.1.1　框架生成

点取 **1. 框架生成**后，显示出底层的结构平面图。用光标点取右侧**风荷载**选项 **X**，可以输入风荷载信息；点取**文件名称**选项，可以输入指定的文件名称，缺省的文件名称为"PK－轴线号"；若轴线号中含"/"将予以忽略，即"PK－1/C"，将成为"PK－1C"；若点取的框架没有轴线名称，将按生成框架的次序设置缺省文件名称，例如"PK－01"等。

框架的选取方式可输入**轴线号**，也可用［TAB］键切换成用光标点取起止节点方式点取。

可连续生成多榀框架，若只生成一榀，则选**结束**退出后，直接进入 PK 数检。

【例 7-1】　生成框架例题 8 轴框架数据，并计算风荷载。

点 PMCAD 主菜单 4. 形成 PK 文件

选 **1. 框架生成**，显示出底层的结构平面图（图 7-3）

点右侧风荷载 **X** 选项，输入风荷载信息（图 7-4），点**确定**

显示风荷载体形系数，若正确则［Enter］；若不正确则［Esc］，输入风荷载体形系数及相应的起止层号，直至正确［**Enter**］（图 7-5）

输入要计算框架的轴线号：**8**［**Enter**］，取默认的文件名称 PK－8

显示本榀框架各层迎风面水平宽度（图 7-6），若正确则［**Enter**］；若不正确则［Esc］，输入要修改的层号及水平宽度，再［Esc］退出

这样便生成了⑧轴的框架数据文件 PK－8

点**结束**退出形成 PK 数据文件（因只形成一个 PK 数据，所以直接进入 PK 数检）

框架立面图检查：发现错误时点**错误**退出，用 PMCAD 修改模型后，重新形成 PK 数据文件，或用 PK 人机交互修改后，再检查正确后点**正确**退出。按同样的方法对恒载图、

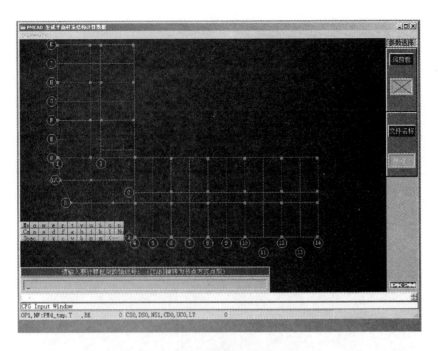

PMCAD 生成平面杆系结构计算数据
参数选择
风荷载
文件名称
请输入要计算框架的轴线号：([TAB]键转为节点方式点取)
CFG Input Window

图 7-3　底层结构平面图

用光标点明要修改的项目[确定]返回
风 荷 信 息
风荷载计算标志（0-不算；1-算） : 1
风力作用与所选框架方向的夹角(°) : 0.000
修正后的基本风压 (kN/m*m) : 0.400
地面粗糙度类别（1-A/2-B/3-C/4-D）: 3.000
结构类别（1-框架/2-框剪/3-剪力墙）: 1.000
框架迎风面水平宽度[0-自动计算](m): 0.000
体型分段数 : 1.000
第一段最高层号 : 5.000
第一段体型系数 : 1.300
第二段最高层号 : 0.000
第二段体型系数 : 0.000
第三段最高层号 : 0.000
第三段体型系数 : 0.000
确定
取消
帮助

图 7-4　风荷载信息

活载图、左风载、右风载进行检查

本例生成的⑧轴框架立面图、恒载图、活载图、风载图分别如图 7-7、图 7-8、图 7-9、图 7-10、图 7-11。

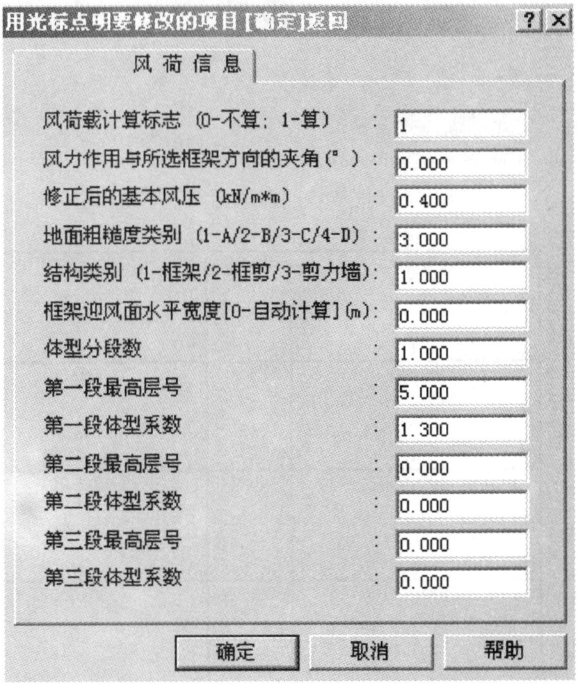

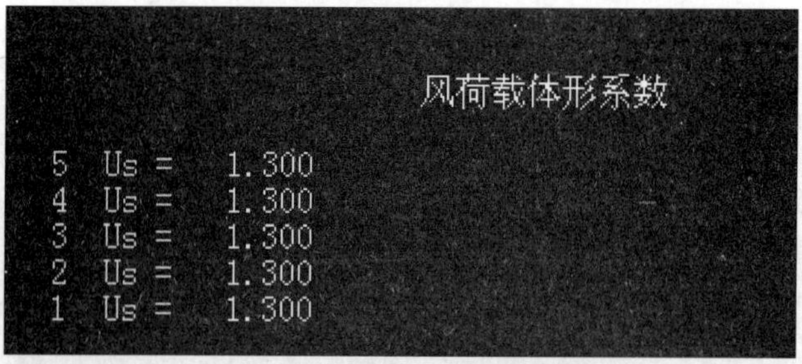

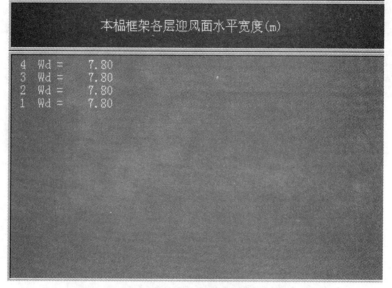

图 7-5　风荷载体形系数

图 7-6　框架各层迎风面水平宽度

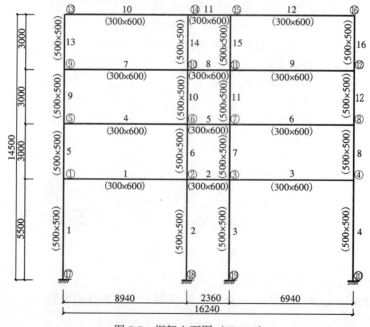

图 7-7　框架立面图（KLM.T）

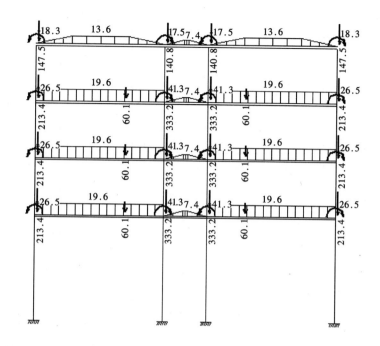

图 7-8　恒载图（D-L.T）

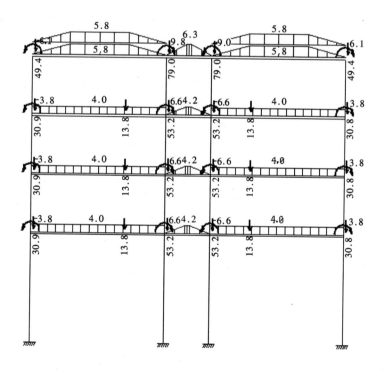

图 7-9　活载图（L-L.T）

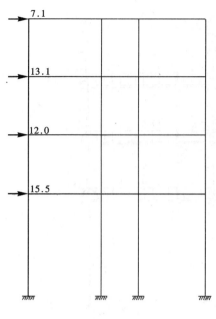

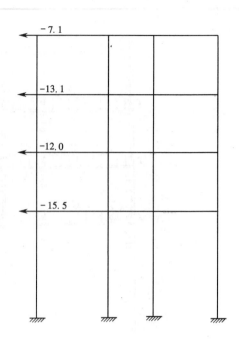

图 7-10 左风载（L-W.T）　　　　　图 7-11 右风载（R-W.T）

7.1.2 砖混底框

要生成上部砖房的底层框架数据，必须先执行 PMCAD 主菜单 **8**，进行砖混结构抗震计算。在底层若有剪力墙，可以选择将荷载不传给墙而传给框架梁，参加框架计算。点 **2. 砖混底框**生成的底层框架荷载，考虑了砖混抗震计算墙梁作用的梁荷折减系数，当由多段 PM 梁形成一根 PK 梁时，折减系数取其中较大者。上部砖房传下的梁间荷载与节点荷载单独加载，可根据需要调整。若 PMCAD 建模时的抗震等级为五级，则形成的 PK 数据文件中没有地震作用，仅有上部砖房对框架的竖向荷载。

7.1.3 连梁生成

点取 **3. 连梁生成，**屏幕提示键入要生成数据的连续梁所在的**层号**（当工程仅为一层时不提示），此后还可在屏幕右侧选择**当前层号**指定。在屏幕右侧点取**抗震等级**可以设定连续梁箍筋加密区和梁上角筋连通是否需要，不设加密区及角筋连通时抗震等级取为五级。在屏幕右侧点取**已选组数，**可以输入连续梁数据文件的名称，默认的文件名为：LL-生成连梁数据的顺序号，显示在其下方。一个连续梁数据文件中可以包含多根连续梁：用光标点取一根连续梁，输入该**连梁的名称**（不超过 7 个字符），再点下一根，点前还可切换层号点取，这些包含在一个数据文件中的连续梁一起计算，一起绘图。

点取一根连梁后，程序自动判断生成支座（红色为支座，蓝色为连通点），判断的原则是：次梁与主梁的连节点必为支座点；次梁与次梁交点及主梁与主梁交点，当支撑梁高大于连梁高 50mm 以上时为支座点；墙柱支撑一定为支座点。用户可根据需要重新定义支座情况，然后按［Esc］退出。

生成连梁数据文件的梁应是次梁或非框架平面内的主梁，它们绘图时的纵筋锚固长度将按非抗震梁取。

对于砖混底框所在层的连梁，在点取时会提示是否考虑上部砖房传下的荷载（应先执

184

行 PMCAD 主菜单 8，完成砖混抗震计算），若考虑，则程序自动把砖混荷载加到连梁上，但不考虑墙梁的折减作用。

【例 7-2】 生成框架例题⑤、⑬轴连梁数据。

点 PMCAD 主菜单 4. 形成 PK 文件

点 3. 连梁生成

选择 **1 层**，点继续。屏幕显示（图 7-12）

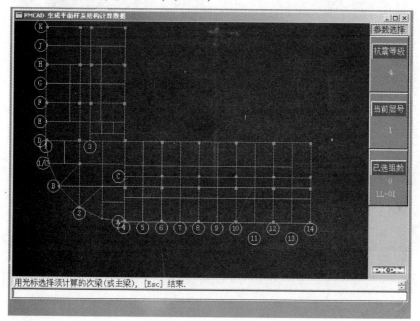

图 7-12 显示一层结构平面

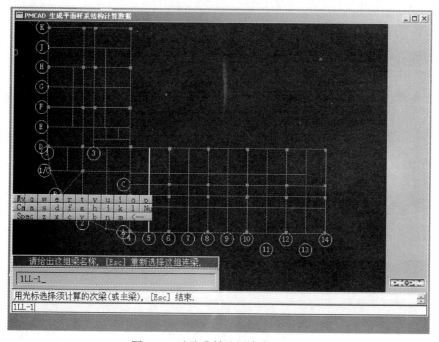

图 7-13 选取⑤轴连梁命名 1LL-1

点右侧**抗震等级**，选择**5**，点**继续**，取默认的连梁数据文件名为：**LL-01**

用光标**点5轴**连梁（3段），[**Esc**] 退出

给出这条连梁的名称：**1LL-1**[**Enter**]（图 7-13）

选择需修改的支座（图 7-14）：无。[**Esc**] 退出

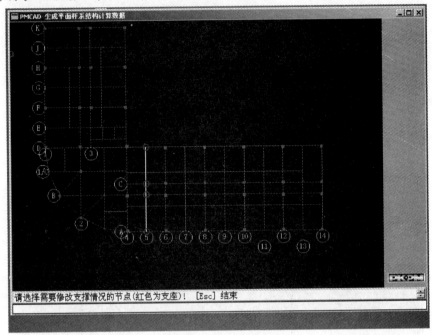

图 7-14　连梁支座修改

是否继续选择下一组连续梁：**点继续**（图 7-15）

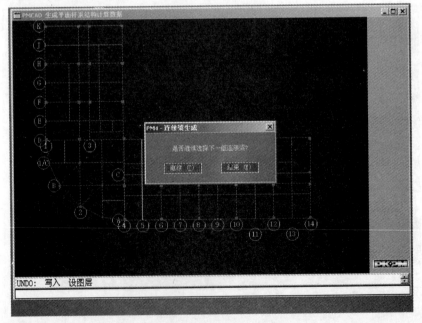

图 7-15　继续选连梁

用光标点⑬轴连梁（3段），［**Esc**］退出

给出这条连梁的名称：**1LL-2**［**Enter**］

选择需修改的支座：。［**Esc**］退出

是否继续选择下一条连续梁：点**结束**

点**结束**退出形成 **PK** 数据文件。

这样就生成了包含⑤、⑬轴连梁的数据文件 LL-01

7.2 由 PK 主菜单 1"PK 数据交互输入和数检" 生成 PK 数据文件

执行 PK 主菜单 1 PK **数据交互输入和数检**可以用人机交互方式新建一个 PK 数据文件，其文件名为在本菜单下输入的交互文件名加后缀 . SJ；还可以打开用 PMCAD 生成或用文本格式录入的 PK 数据文件，再用人机交互进行修改，存盘后会在原数据名后加上后缀 .SJ；也可直接进入数检。

7.2.1 人机交互新建 PK 数据文件

启动 **PK 主菜单 1 PK 数据交互输入和数检**，屏幕显示如图 7-16。

选择**新建文件**，提示键入文件名称，输入**交互文件名称**，不应输后缀，程序自动取交互文件后缀为 . Jh。确定交互文件名后，屏幕显示 PK 人机交互的菜单如图 7-17。

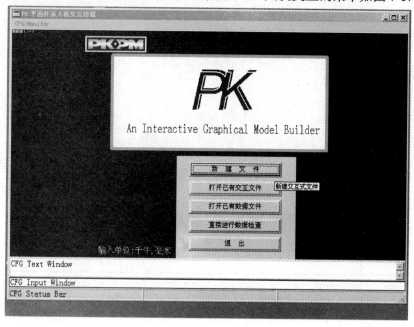

图 7-16 PK 数据交互输入和数检

7.2.1.1 退出程序：退出 PK 人机交互输入，并存盘。

7.2.1.2 网格生成：用作 PMCAD 交互输入类似的方法画出框架立面网格线，这些网格线应是柱轴线和梁顶。**网格生成**的界面如图 7-18。右侧菜单的功能与 PMCAD 中相似。增加和删除节点或网格后，增删部位已布置的梁柱及荷载也会改变或删除。

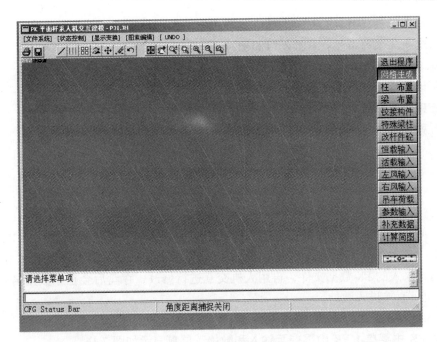

图 7-17　PK人机交互输入菜单

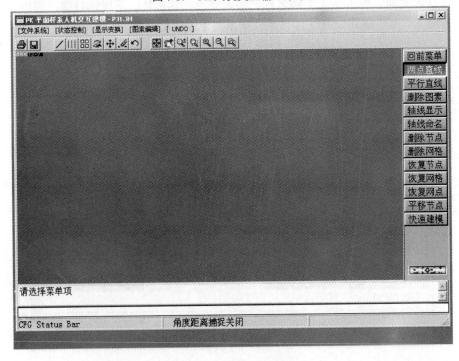

图 7-18　网格生成菜单

7.2.1.3　柱布置：定义柱截面并布置柱。**柱布置**的界面如图 7-19。右侧菜单功能如下：

（1）回前菜单：退出柱布置；

（2）截面定义：定义柱截面形式及尺寸；**点截面定义**，用**增加**来定义截面，先选择截面类型（图 7-19），然后**输入截面参数**。

（3）柱布置：选取定义好的**柱截面数据**，输入该柱形心对网格线的**偏心值**，或用**偏心对齐**设定，**布置**到相应的网格上。同样有直接布置、轴线布置和窗口布置 3 种方式。在同一网格上，后布置的柱将取代前布置的柱；

（4）删除柱：删除已布置的柱；

（5）偏心对齐：用于简化柱偏心的输入，上层柱与下层柱的偏心可通过左对齐、中对齐和右对齐 3 种方式由程序自动计算。左对齐就是上层柱的左边线与下层柱的左边线对齐，中对齐就是上下层柱中线对齐，右对齐就是上层柱的右边线与下层柱的右边线对齐；

（6）计算长度：程序显示按现浇楼盖自动生成各柱的平面内及平面外计算长度，可根据实际情况修改；

（7）支座形式：用来修该连续梁的支座类型，其支座可以是柱子、砖墙、梁。

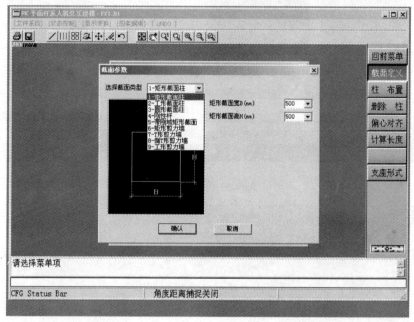

图 7-19　柱布置菜单

7.2.1.4　梁布置：定义梁截面并布置梁。**梁布置**的界面如图 7-20。右侧菜单功能如下：

（1）回前菜单：退出梁布置；

（2）截面定义：定义梁截面形式及尺寸；点**截面定义**，用**增加**来定义截面，先选择截面类型（图 7-20），然后**输入截面参数**。

（3）梁布置：选取定义好的**梁截面数据**，无偏心输入，**布置**到相应的网格上。同样有直接布置、轴线布置和窗口布置 3 种方式。在同一网格上，后布置的梁将取代前布置的梁；

（4）删除梁：删除已布置的梁；

（5）翼缘布置：用来输入梁左右翼缘厚度，用于设计腰筋时确定梁截面的高度；

（6）次梁：直接布置梁上次梁。可以增加、修改、删除、查询次梁。增加次梁→ 点

要增加次梁的主梁 → 输入次梁数据（图7-21）→ OK。程序用次梁集中力设计值计算次梁处的附加钢筋，附加钢筋由箍筋和吊筋组成，当计算箍筋加密已满足要求时，不再设吊筋；若只选用吊筋，可在次梁集中力设计值前加一负号。

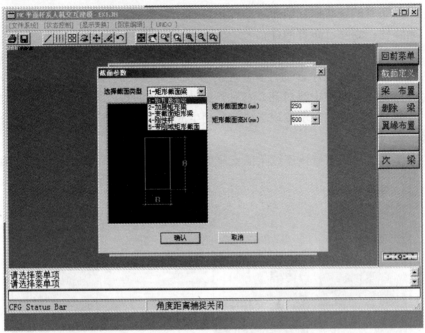

图7-20　梁布置菜单

图7-21　布置梁上次梁

7.2.1.5　铰接构件：可以定义铰接的梁或柱。

7.2.1.6　特殊梁柱：可定义底框梁、框支梁、受拉压梁、中柱、角柱、框支柱，计算这些特殊梁柱配筋时要用到这些信息。

7.2.1.7　改杆件混凝土强度：个别修改与参数输入中不同的梁柱混凝土强度等级（参见 **7.2.1.13. 参数输入**第一页总信息参数）。

7.2.1.8　恒载输入：**恒载输入**的界面如图 7-22。右侧菜单的功能如下：

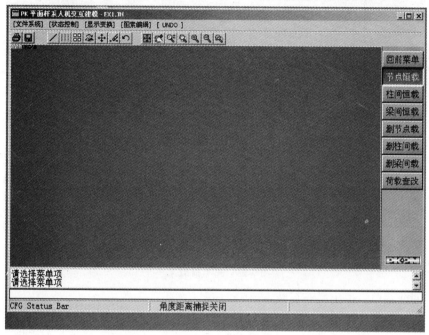

图 7-22　恒载输入菜单

（1）回前菜单：退出恒载输入。

（2）节点恒载：先输入作用在节点上的弯矩（顺时针为正）、竖向力（向下为正）、水平力（向右为正），再选择加载所输节点荷载的节点。每个节点上只能加一组节点荷载，后加的一组会取代前一组。

（3）柱间恒载：输入作用在柱间的恒载。先选柱间**荷载类型**并输入**荷载数据**，再选择**加载目标柱。**

（4）梁间恒载：输入作用在梁间的恒载。先选梁间**荷载类型**并输入**荷载数据，**再选择**加载目标梁。**

（5）删节点载：删除所选节点上的恒载。

（6）删柱间载：删除所选柱间的全部恒载。

（7）删梁间载：删除所选梁上的全部恒载。

7.2.1.9　活载输入：输入方法同恒载输入。

7.2.1.10　左风输入：输入节点左风和柱间左风。还可输入左风信息由程序自动布置。

7.2.1.11　右风输入：输入节点右风和柱间右风。同样可输入右风信息由程序自动布置。

7.2.1.12 吊车荷载：定义和布置吊车荷载。**吊车荷载**的界面如图 7-23。

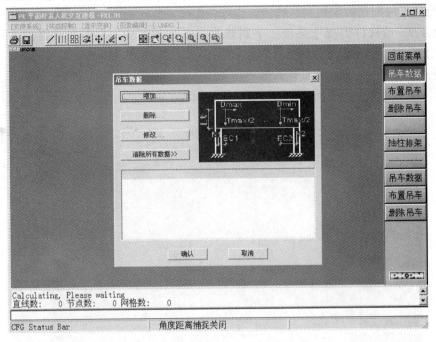

图 7-23 吊车荷载菜单

（1）回前菜单：退出吊车荷载。

（2）**吊车数据：**用**增加**来定义吊车荷载的数据（图 7-24）。当某组吊车荷载属于同一跨的上下双层吊车时，点"属于双层吊车"选项，再输入该组吊车的空车荷载。

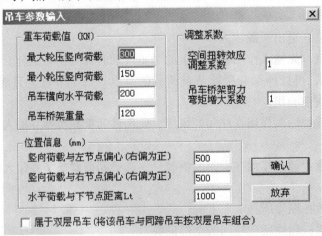

图 7-24 吊车荷载数据

（3）布置吊车：先选择吊车数据，再选择要布置该吊车荷载的左右节点。

（4）删除吊车：选择要删除吊车荷载的左右节点。

（5）抽柱排架吊车数据：用来设定抽柱排架的吊车数据。

（6）抽柱排架布置吊车：用来布置抽柱排架的吊车位置。

（7）抽柱排架删除吊车：用来删除已布置的抽柱排架的吊车。

7.2.1.13 参数输入：用来输入有关设计参数（共五页）。程序将根据这些参数进行计算。因此，每个工程均应按实际情况修改参数。

7.2.1.14 补充数据：用来输入节点上的附加重量（恒载输入、活载输入时未输入，但对地震力计算有影响的附加重量）、柱下独基设计参数及布置、底框数据。

（1）附加重量：输入附加重量值，再选择节点。

（2）基础参数：输入基础计算参数（图7-25），再选择需布置所输基础参数的柱。

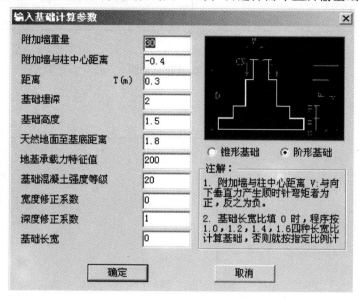

图7-25　基础输入

（3）底框数据：输入底框每一节点处地震力和梁轴向力（也可以查看由PMCAD生成的底框地震力），此时"参数输入"中"地震计算参数"页中的"地震力计算方式IS"选"接PMCAD的砖混底层框架地震力"。

7.2.1.15 计算简图：对建立的结构模型进行数检。依次为框架立面（KLM．T）、恒载图（D-L．T）、活载图（L-L．T）、左风载图（L-W．T）、右风载图（R-W．T）、吊车荷载图（C-H．T）。

【例7-3】 某两跨等高排架如图7-26，共9个节点，6个柱段，图中圆圈中数字为节点编号，柱右数字为柱段编号，3根排架柱上柱截面均为矩形，尺寸分别为0.4＊0.4，0.5＊0.6，0.5＊0.5；下柱截面均为工字形，尺寸分别为0.4＊0.9，0.5＊1.2，0.5＊1.2，工字形截面腹板厚为0.15，翼缘根部厚0.225，翼缘端部厚0.2；屋面梁为铰支；恒、活、风、吊车荷载分别如图7-27、图7-28、图7-29、图7-30、图7-31；8度抗震设防，抗震等级为2级；混凝土等级为C20，主筋为HRB335，箍筋为HPB235。

• 点PK主菜单1 PK数据交互输入和数检

• 点新建文件，输入交互式文件名称：PJ1（不输后缀，程序统一取．Jh），并确定

• 点网格生成

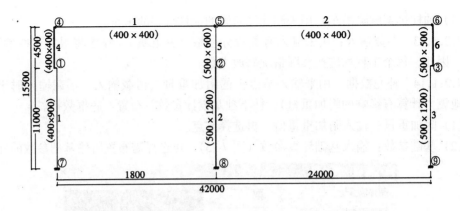

图 7-26 PJ1 立面图

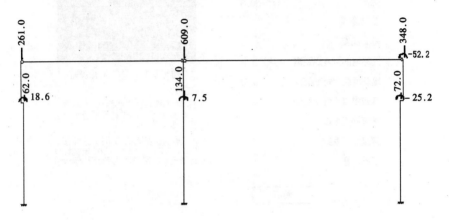

图 7-27 PJ1 恒载图

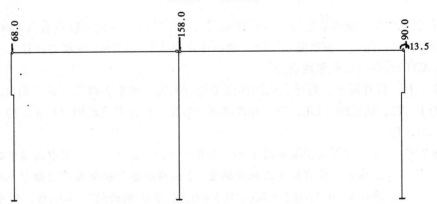

图 7-28 PJ1 活载图

平行直线：第一点：[Ins] 0，0 → 下一点：[Ins] 0，11000 → 复制间距：18000→复制间距：24000→ [Esc] →第一点：捕捉节点 1→下一点：[Home] 0，4500→复制间距：18000→复制间距：24000→ [Esc] → [Esc]

两点直线：第一点：捕捉节点 4→下一点：捕捉节点 6→ [Esc] →回前菜单

• **点柱布置**

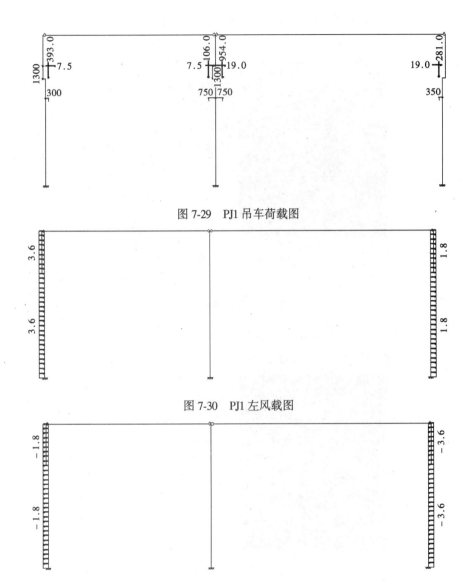

图 7-29　PJ1 吊车荷载图

图 7-30　PJ1 左风载图

图 7-31　PJ1 右风载图

截面定义

增加→选择截面类型：**2 – 工形截面柱**→输入**第一种柱截面参数（图7-32）→确定**

增加→选择截面类型：**2 – 工形截面柱**→输入**第二种柱截面参数（图 7-33）→确定**

增加→选择截面类型：**1 – 矩形截面柱**→输入**第三种柱截面参数（图 7-34）→确定**

增加→选择截面类型：**1 – 矩形截面柱**→输入**第四种柱截面参数 BXH：500 × 600→确**
定

增加→选择截面类型：**1 – 矩形截面柱**→输入**第五种柱截面参数 BXH：500 × 500→** 确
定

确定

柱布置

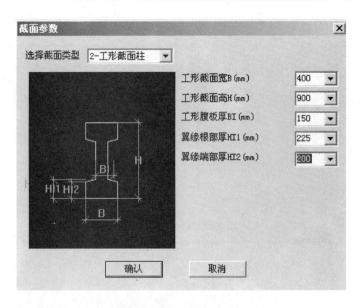

图 7-32　第一种柱截面

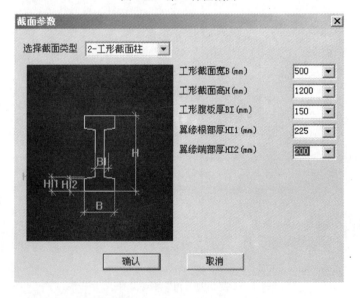

图 7-33　第二种柱截面

选第一种柱截面数据→确定→偏心：**0**→选目标：**柱 1**→ ［**Esc**］

选第二种柱截面数→确定→偏心：**0**→选目标：**柱 2、柱 3**→ ［**Esc**］

选第三种柱截面数据→确定→偏心：**0**→选目标：**柱 4**→ ［**Esc**］ →**取消** →**偏心对齐**→

柱左端对齐：**−1**（图 7-35）→ 选择轴线：**柱 4 所在轴**→ ［**Esc**］→**柱布置**

选第四种柱截面数据→确定→偏心：**0**→选目标：**柱 5** → ［**Esc**］

选第五种柱截面数据→确定→偏心：**0**→选目标：**柱 6**→ ［**Esc**］ →**取消** →**偏心对齐**

→ 柱右端对齐：**1**→选择轴线：**柱 6 所在轴** → ［**Esc**］

回前菜单

• **点梁布置**

196

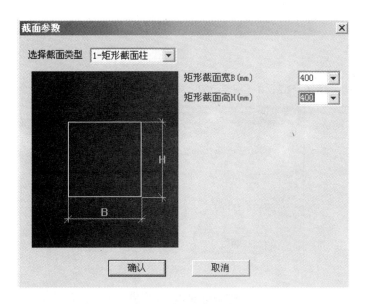

图 7-34　第三种柱截面

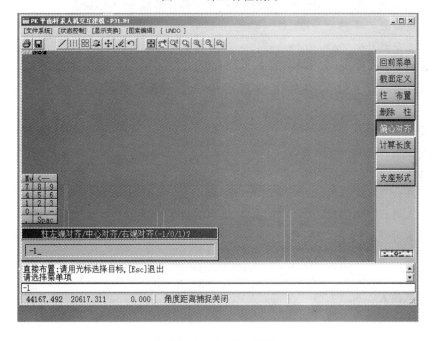

图 7-35　柱偏心对齐

截面定义

增加→ 选择截面类型：**1－矩形截面梁** →输入一种梁截面参数 BXH：**400×400** →**确定**

确定·

梁布置

选第一种梁截面 → **确定** → 选目标：[**Tab**] 轴线方式：**梁轴线** → [**Esc**] → **取消"**

回前菜单

·点铰接构件，布置梁铰 → 选两端铰接：**3**→选目标：**梁 1、梁 2**→ [**Esc**]

回前菜单

·点恒载输入

节点恒载

输入节点荷载：**18.6，62，0**（图 7-36）→ **确定**→ 选目标：**节点 1**→［**Esc**］

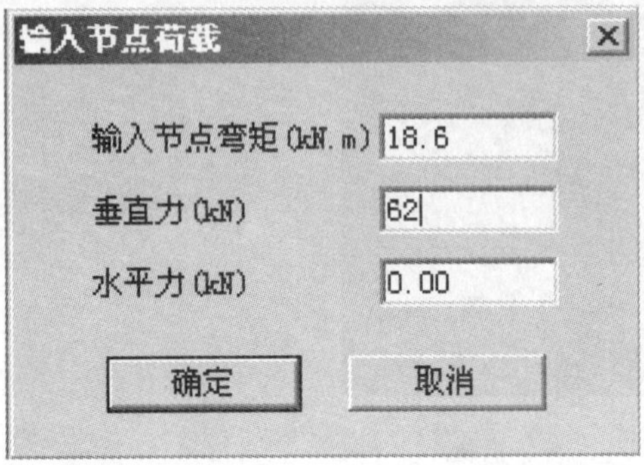

图 7-36　输入节点恒载

输入节点荷载：**7.5，134，0**→ **确定** → 选目标：**节点 2**→［**Esc**］

输入节点荷载：**－25.2，72，0**→**确定**→ 选目标：**节点 3**→［**Esc**］

输入节点荷载：**0，261，0**→ **确定** → 选目标：**节点 4**→［**Esc**］

输入节点荷载：**0，609，0**→ **确定** → 选目标：**节点 5**→［**Esc**］

输入节点荷载：**－52.2，348，0**→ **确定** → 选目标：**节点 6**→［**Esc**］

取消

回前菜单

·点活载输入

节点活载

输入节点荷载：**0，68，0**→ **确定** → 选目标：**节点 4**→［**Esc**］

输入节点荷载：**0，158，0**→ **确定** → 选目标：**节点 5**→［**Esc**］

输入节点荷载：**13.5，90，0**→ **确定** → 选目标：**节点 6**→［**Esc**］

取消

回前菜单

·点左风输入

柱间左风

选荷载类型：**1**，输荷载数据：**3.6**（图 7-37）→**确定** → 选目标：**柱 1、柱 4**→［**Esc**］

选荷载类型：**1**，输荷载数据：**1.8** → **确定** → 选目标：**柱 3、柱 6**→［**Esc**］

取消

回前菜单

·点右风输入

柱间右风

选荷载类型：**1**，输荷载数据：**－3.6** → **确定**→选目标：**柱 3、柱 6**→［**Esc**］

选荷载类型：**1**，输荷载数据：**－1.8** → **确定** → 选目标：**柱 1、柱 4** →［**Esc**］

取消

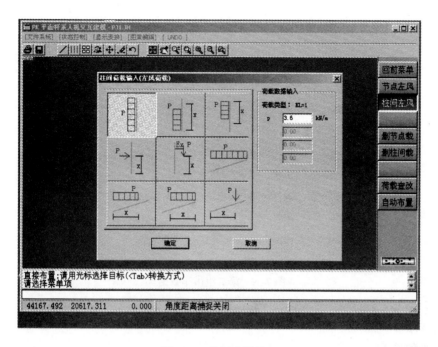

图 7-37 柱间左风输入

回前菜单

· **点吊车荷载**

吊车数据

增加→ 输入第一组吊车数据（图 7-38）**→ 确定**

增加 → 输入第二组吊车数据（图 7-39）**→ 确定**

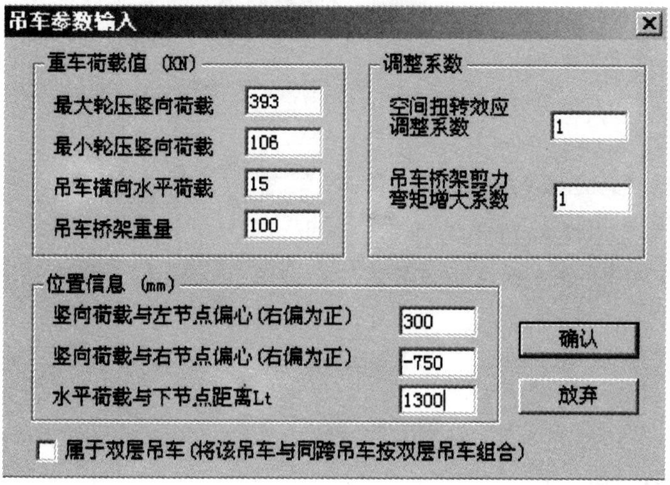

图 7-38 第一组吊车数据

确定

　　布置吊车 → 选第一组吊车数据 → 确定 → 选第一组吊车的左节点：节点 1，右节点：节点 2→ ［Esc］

　　布置吊车 → 选第二组吊车数据 → 确定 → 选第二组吊车的左节点：节点 2，右节点：

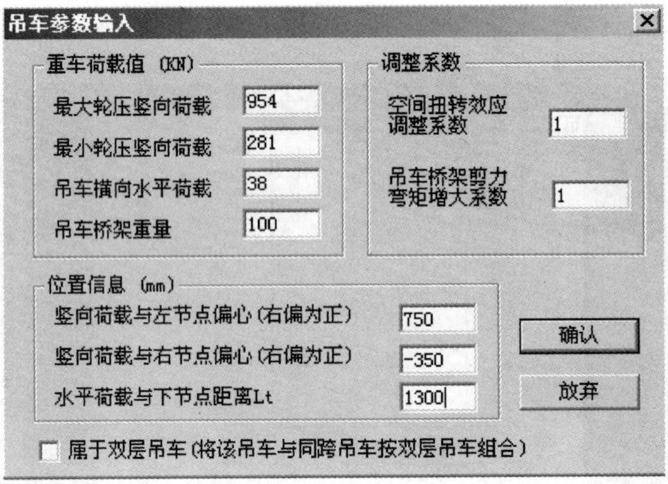

图 7-39　第二组吊车数据

节点 3→〔Esc〕

回前菜单

• 点参数输入

总信息参数（图 7-40）

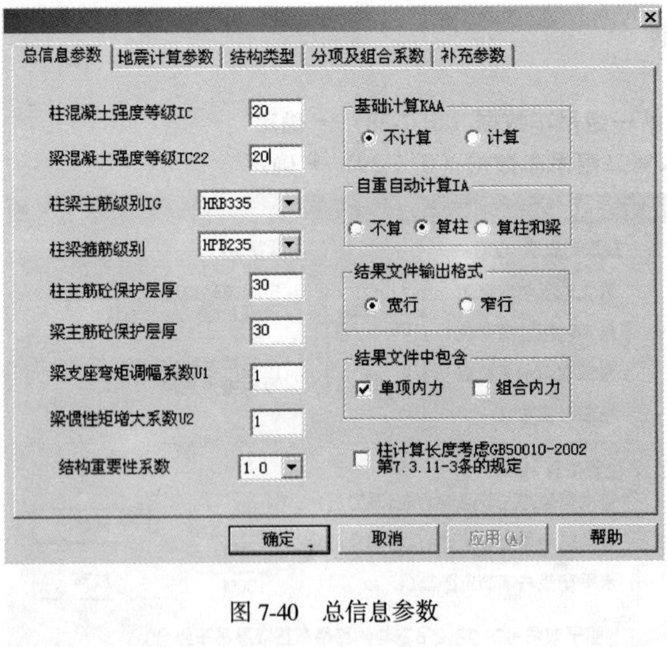

图 7-40　总信息参数

地震计算参数（图 7-41）

结构类型（图 7-42）

分项及组合系数（图 7-43）

补充参数（图 7-44）

确定

• 点计算简图：分别对立面图、恒载图、活载图、左风载、右风载、吊车荷载图进行检查，不正确时点错误退出，再进入相应的菜单修改。

- **点退出程序，确认"退出程序"。**

这样便用 PK 人机交互生成了 PK 数据文件"PJ1.SJ"

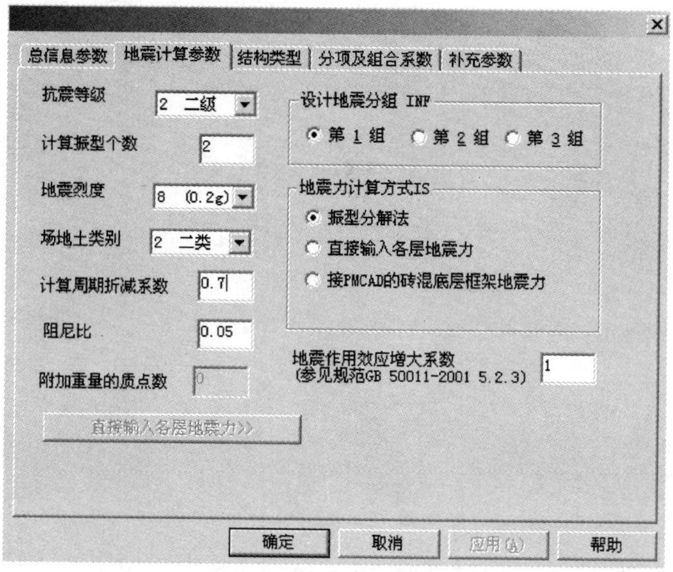

图 7-41 地震计算参数

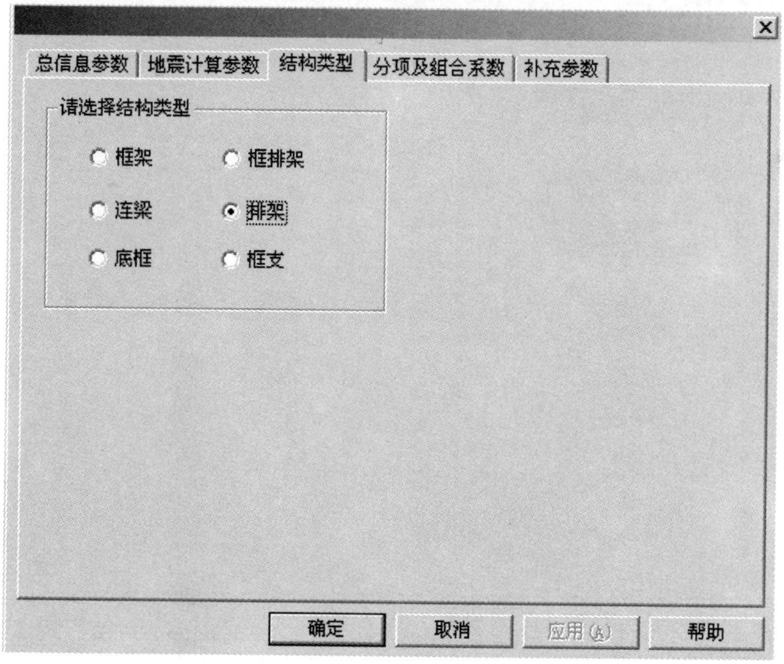

图 7-42 结构类型

7.2.2 打开已有数据文件

选择 **PK 数据交互输入和数检**下的**打开已有数据文件**，可打开 PMCAD 生成的数据文件或手工录入的数据文件进行修改和数检。退出时在原数据文件名后加后缀"．SJ"。

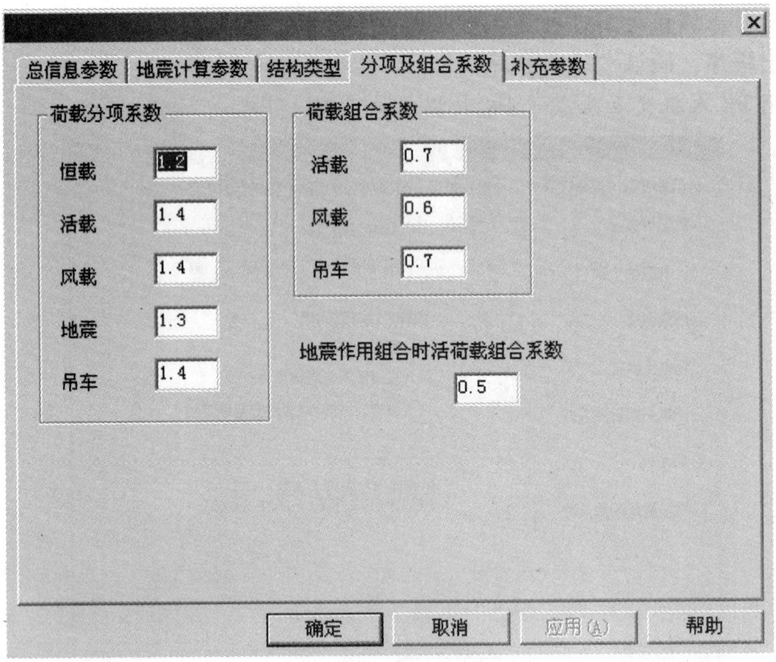

图 7-43 分项及组合系数

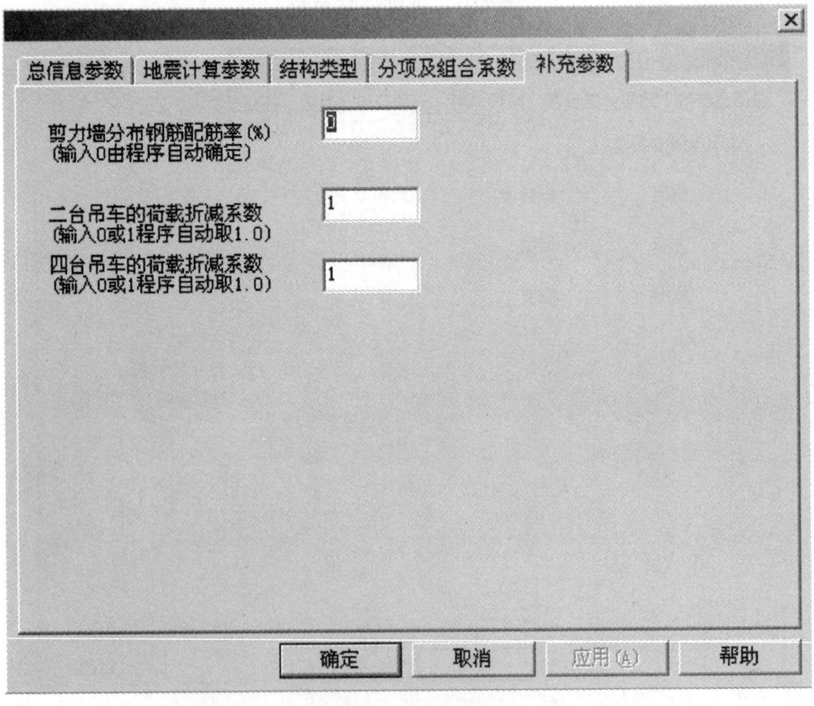

图 7-44 补充参数

【例 7-4】 打开例 7-1 生成的数据文件 PK-8。

点 PK 主菜单 **1 PK 数据交互输入和数检**；

点打开已有数据文件 → 文件名：**PK－8**→打开

用相应的菜单即可查看或修改。如查看次梁：**梁布置 →次梁**（图 7-45）**→回前菜单**
→回前菜单

点**退出程序**，确认"退出程序"。这样便形成了 PK 数据文件"PK-8．SJ"

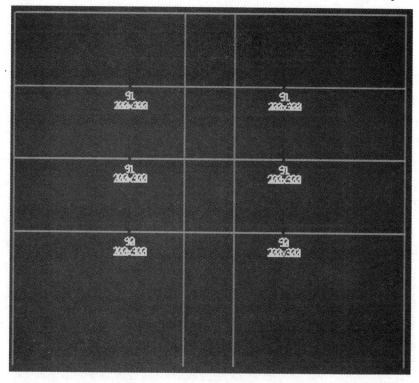

图 7-45　PK-8 梁上次梁

7.2.3　直接进行 PK 数据检查

对于已有的数据文件，如 PMCAD 生成的框架或连续梁数据文件，可以直接进行数据检查。

点 PK 主菜单 **1 PK 数据交互输入和数检**；

点**直接进行数据检查 → 输入 PK 数据文件名称**→ 依次显示立面图及各种荷载图，供用户进行数检。

在进行 PK 结构计算前，应对计算的数据文件数检，把它调入内存。

第8章 PK 结 构 计 算

程序采用矩阵位移法先计算出各组荷载标准值作用下，构件的分组内力标准值；再按《建筑结构荷载规范》（GB 50009—2001）第3章进行荷载效应组合，得到构件的各种组合内力设计值，从而画出设计内力包络图；然后进行构件截面的配筋计算，形成配筋包络图。这些计算结果均有图形文件和文本文件输出。

进行 PK 结构计算之前，应执行 PK 主菜单1 PK 数据交互输入和数检，把要计算的结构计算数据准备好；再执行 PK 主菜单2 框、排架结构计算，屏幕提示输入计算结果文件名：直接回车选隐含的计算结果文件名 PK11.OUT，每次计算采用隐含的计算结果文件名 PK11.OUT，可以省存储空间，待最终确定了计算结果需保留时可改名保存；程序自动进行结构计算后，显示计算结果输出选项框如图8-1，其上方显示计算数据文件名称。

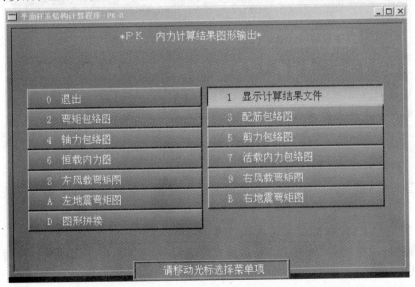

图 8-1 计算结果输出选项框

1 计算结果文件，用来显示计算结果文本文件，有时因计算机内存不够该文件显示不出来，可退出 PKPM，释放内存后再显示，也可用 Windows 的文件编辑软件或命令显示；

6 恒载内力图、7 活载内力包络图、8 左风载弯矩图、9 右风载弯矩图、A 左地震弯矩图、B 右地震弯矩图等项，用来显示分组内力标准值；

2 弯矩包络图、4 轴力包络图、5 剪力包络图等项，用来显示设计内力包络图；

3 配筋包络图，用来显示配筋包络图；

D 图形拼接，用来把各中计算图形拼接到一起，以便输出；

0 退出，用来退出计算结果输出。

【例8-1】 对例7-1生成的框架数据 PK-8 进行计算。

• 点 PK 主菜单 **1 PK 数据交互输入和数检**

• 点**直接进行数据检查**：数据文件名为：**PK-8**

依次对框架立面图、恒载图、活载图、左风载、右风载等进行数检。

• 点 PK 主菜单 **2 框、排架结构计算**

屏幕提示输入计算结果文件名（图 8-2），直接 [**Enter**]，则计算结果自动存在 **PK11. OUT** 中。

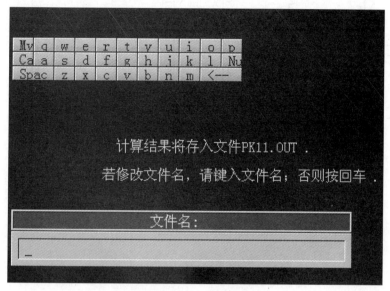

图 8-2　提示输入计算结果文件名

• **结构计算结果输出**（图 8-1）

1　显示计算结果文件：从写字板上输出结果文件

6　恒载内力图

选择恒载内力种类：**弯矩图**（图 8-3），**确定**，显示恒载弯矩图（D-M．T）如图 8-4

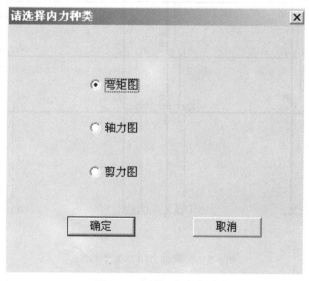

图 8-3　选择恒载内力种类

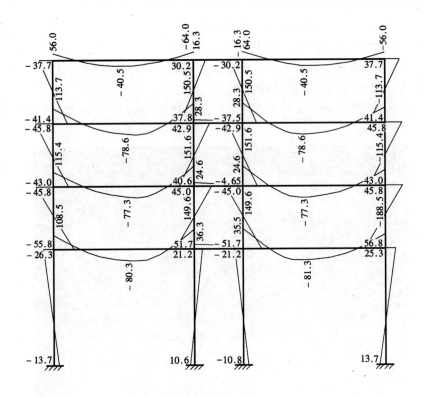

图 8-4　恒载弯矩图 D-M.T（kN·m）

选择恒载内力种类：**轴力图，确定**，显示恒载轴力图（D-N.↑）如图 8-5

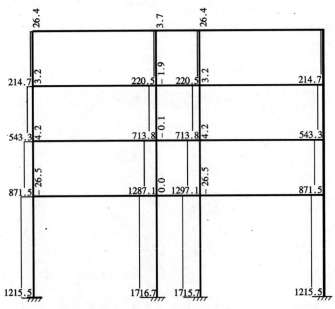

图 8-5　恒载轴力图 D-N.T（kN）

选择恒载内力种类：**剪力图，确定**，显示恒载剪力图（D-V.T）如图 8-6

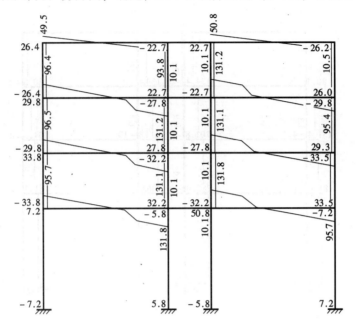

图 8-6　恒载剪力图 D-V.T（kN）

7　活载内力包络图

选择活载内力种类：**弯矩图，确定**，显示活载弯矩图（L-M.T）如图 8-7

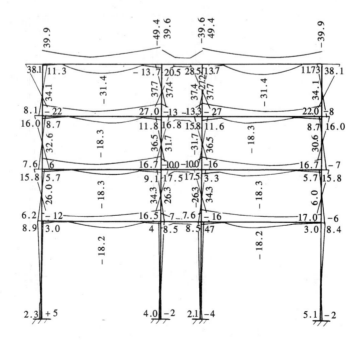

图 8-7　活载弯矩图 L-M.T（kN·m）

选择活载内力种类：**轴力图，确定**，显示活载轴力图（L-N.T）如图 8-8

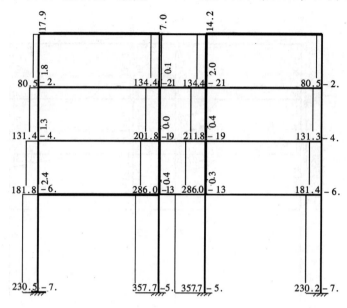

图 8-8　活载轴力图 L-N.T（kN）

选择活载内力种类：**剪力图，确定**，显示活载剪力图（L-V.T）如图 8-9

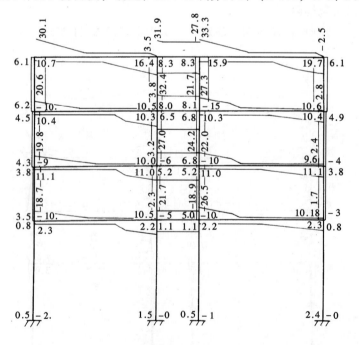

图 8-9　活载剪力图 L-V.T（kN）

8　左风载弯矩图　显示左风载弯矩图（WL.T）如图 8-10

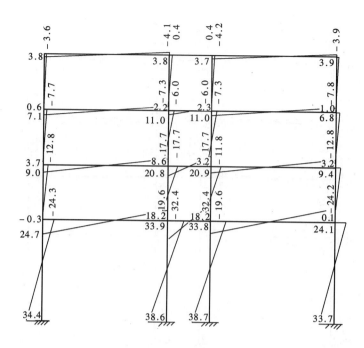

图 8-10　左风载弯矩图 WL.T（kN·m）

9　右风载弯矩图　显示右风载弯矩图（WR.T）如图 8-11

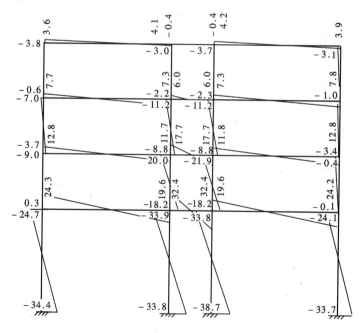

图 8-11　右风载弯矩图 WR.T（kN·m）

A　左地震弯矩图　显示左地震弯矩图（EL.T）如图 8-12
B　右地震弯矩图　显示右地震弯矩图（ER.T）如图 8-13

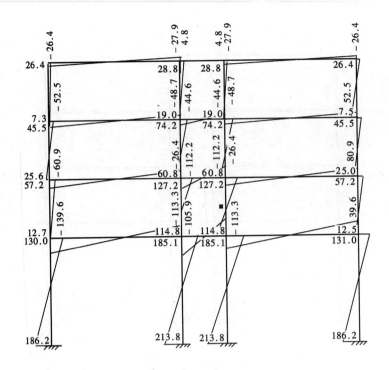

图 8-12　左地震弯矩图 EL.T（kN·m）

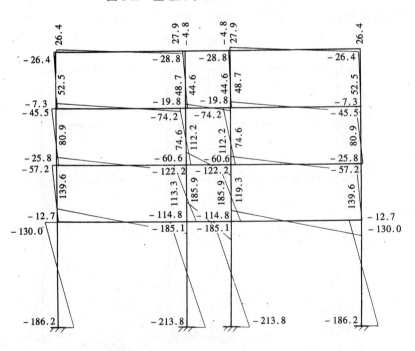

图 8-13　右地震弯矩图 ER.T（kN·m）

2　弯矩包络图　显示弯矩包络图（M.T）如图 8-14

4　轴力包络图　显示柱轴力包络图（N.T）如图 8-15。右侧括号内为柱有地震作用组合的柱轴压比，超过规范时，以红色显示。

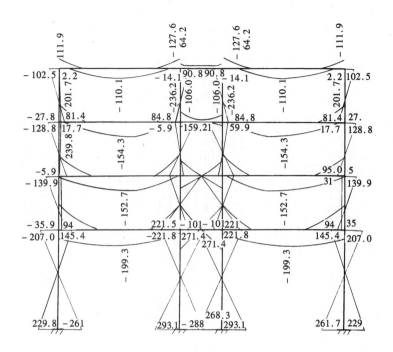

图 8-14 弯矩包络图 M.T (kN·m)

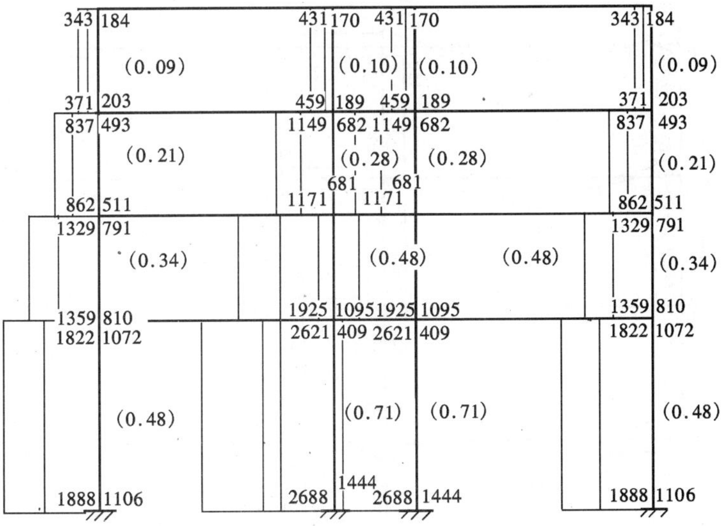

图 8-15 柱轴力包络图 N.T (kN)

5 剪力包络图 显示剪力包络图（Q.T）如图 8-16

3 配筋包络图 显示配筋包络图（AS.T）如图 8-17

0 退出：退出计算

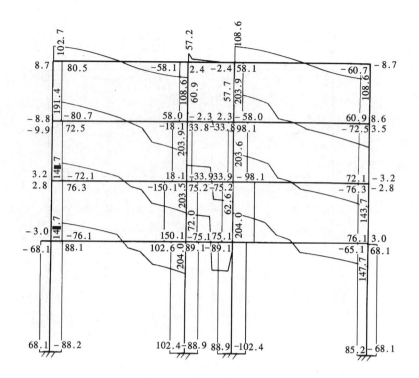

图 8-16　剪力包络图 Q.T（kN）

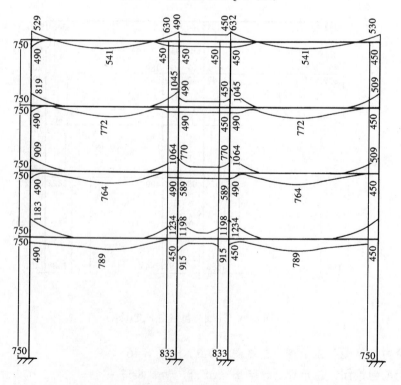

图 8-17　配筋包络图 AS.T（mm²）

第9章 PK施工图设计

PK施工图设计的目的是完成现浇钢筋混凝土混凝土梁柱构件的施工图，这些构件施工图需与结构平面布置图配合表示。在结构平面布置图上标注构件编号（名称）、截面尺寸及对轴线的偏心情况、结构层标高等，在构件施工图上表示配筋情况。

对于跨数和层数不多的结构，可以按整榀绘图将梁柱构件画在一起；将梁柱分开画施工图，则是按梁构件或柱构件分别画图；画梁柱表施工图是以图表的形式来表示构件施工图。

在绘PK施工图之前，必须先形成一个绘图数据文件。说明施工图的有关信息，如绘图比例、图纸号、控制钢筋构造的参数、补充构件等。绘图数据文件可在执行PK的各个绘图功能时人机交互形成，也可按绘图数据文件的格式填写。

9.1 整榀框架绘图

整榀框架绘图方式绘制梁柱施工图，系指在**结构平面布置图**上（图9-1），分别在编号相同的榀中，选一榀（也可选全部榀）标注构件尺寸及对轴线的偏心情况；每种编号绘一**榀框架施工图**（图9-2），标注编号、柱起止标高、梁跨度、轴线、配筋具体数值，并配以截面图，来表达梁柱施工图的方式（图9-2）。

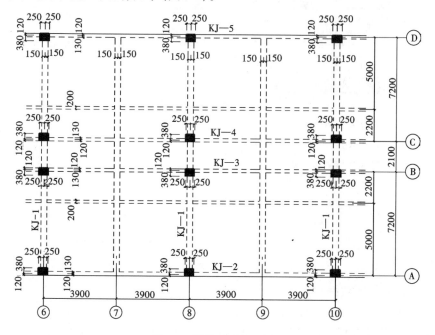

图9-1 结构平面布置图

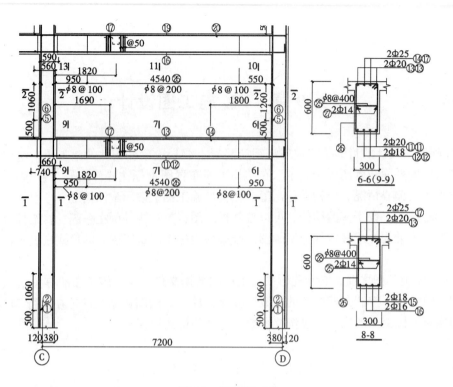

图 9-2　框架施工图

执行 PK 主菜单 **3　框架绘图**（图 9-3），程序将读取结构计算结果和绘图数据文件，按梁柱整榀绘图方式绘制梁柱施工图。程序运行过程如下：读入绘图数据文件；选筋计算、薄弱层计算、梁裂缝宽度及挠度计算；图面布置；生成框架施工图。

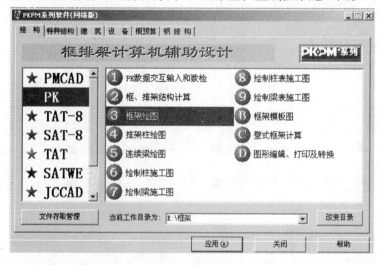

图 9-3　框架绘图

9.1.1　读入绘图数据文件

如果结构数据文件是由 PMCAD 生成的，或由 PK 主菜单 1 交互生成的，则在该结构数据后 88888 或 77777 为标记的若干绘图需要的信息，这时进入 PK 主菜单 3 后，屏幕显示

绘图数据文件的读入方式（图9-4）

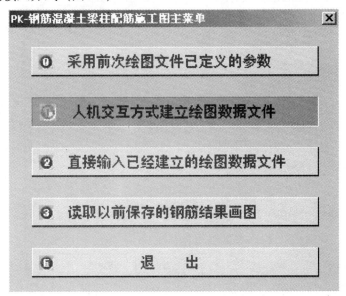

图 9-4　绘图数据文件的读入方式

0　采用前次绘图文件已定义的参数：程序取前一次绘图的数据文件；

1　人机交互方式建立绘图数据文件：程序提供"归并放大等"、"绘图参数"、"钢筋信息"、"补充输入" 4 页绘图参数，用户根据工程实际修改参数后建立绘图数据文件，退出参数修改时，提示输入建立的绘图数据文件名，文件名应为所画框架的编号（名称），将被直接标在施工图上。名称后不应带扩展名，这一名称同时也成为施工图的图形名（后缀为 .T）。

2　直接输入已经建立的绘图数据文件：输入已经建立的绘图数据文件名，程序自动调入。

3　读取以前保存的钢筋结果画图：直接读取前一次的绘图数据文件和修改后保存的钢筋结果绘图。

4　退出：退出绘图数据文件输入。

如果结构数据文件是人工填写的（即其后部无 88888 或 77777 打头的绘图必要信息），则进入 PK 主菜单 3 后，屏幕显示"请键入绘图数据文件名称："，并在下方提示"按 TAB 键可转成人机交互方式"，此时，可键入已准备好的绘图数据文件名或［TAB］后人机交互建立绘图数据文件。

【例 9-1】　接例 8-1 生成框架 PK-8 的绘图数据文件。

• 点 **PK** 主菜单 **3**　框架绘图。

• 选 **1**　人机交互式建立绘图数据文件

修改**归并放大等参数**如图 9-5

修改**绘图参数**如图 9-6

修改**钢筋信息**如图 9-7

修改**补充输入**如图 9-8

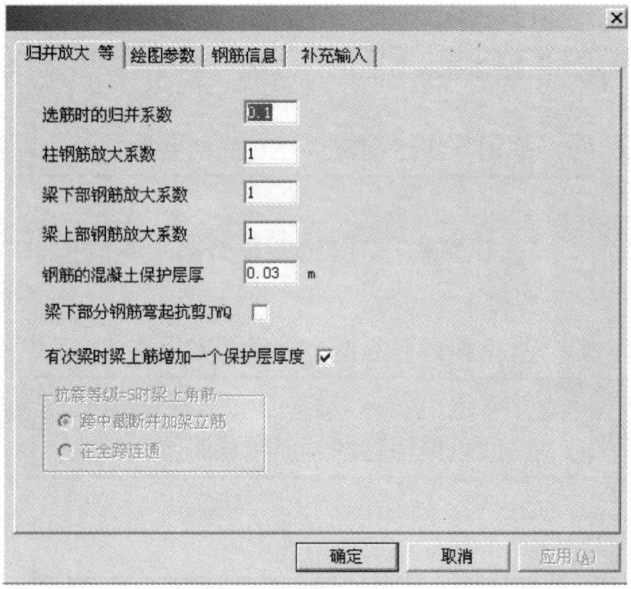

图 9-5　归并放大等参数

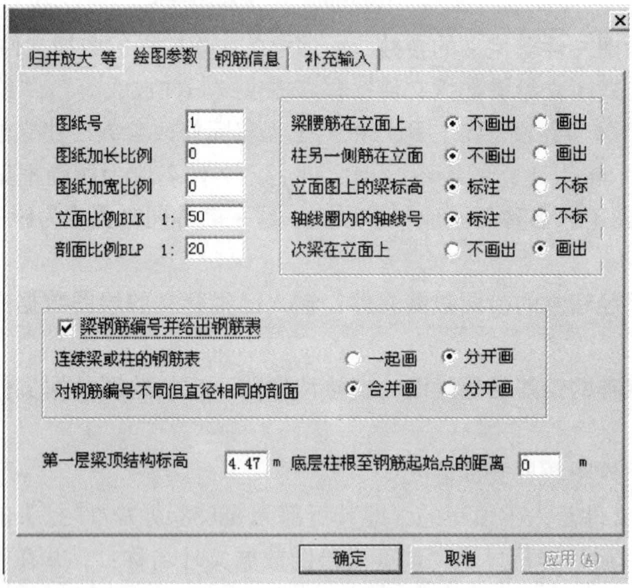

图 9-6　绘图参数

• **点确定**退出参数修改，输入绘图数据文件名 **KJ-1**〔**Enter**〕（图 9-9）

显示**补充绘图数据**界面，可个别调整梁顶标高、修改柱箍筋形式、修改梁柱钢筋放大系数（图 9-10）。

• **点退出**，退出绘图数据输入进入选筋计算、薄弱层计算、梁裂缝宽度及挠度计算。

9.1.2　选筋计算、薄弱层计算、梁裂缝宽度及挠度计算

选择一种方式读入绘图数据文件后，点**退出**。程序进入选筋计算、薄弱层计算、梁裂缝宽度及挠度计算，有关选项框如图 9-11。

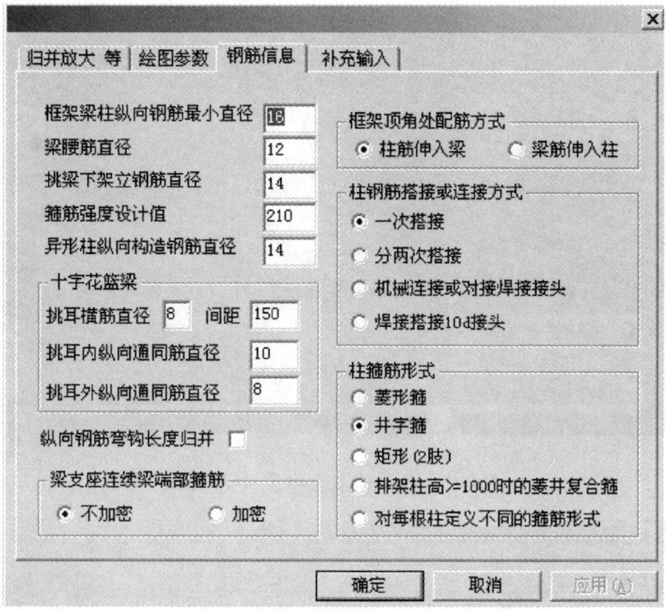

图 9-7　钢筋信息

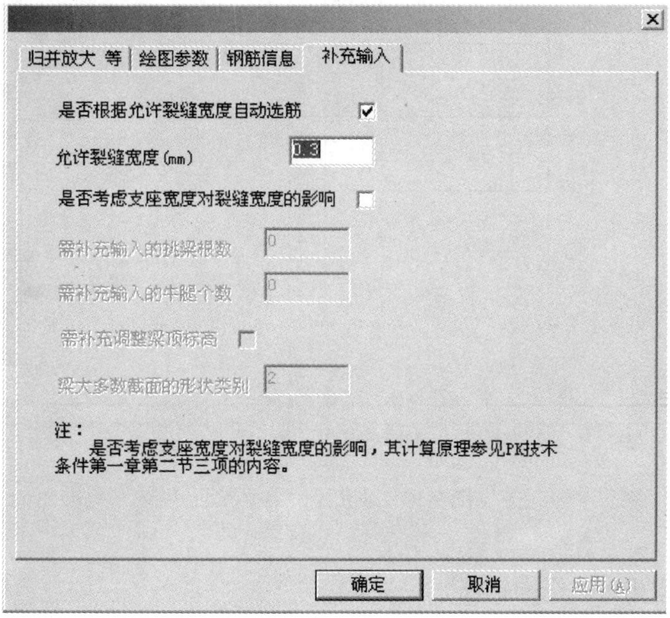

图 9-8　补充输入

0　继续

根据需要进行完下面的修改和计算后继续画图。

1　改柱纵向钢筋

改柱纵向钢筋的界面如图 9-12，柱配筋图（ZJ.T）上显示的是：柱对称配筋的单边钢筋根数和直径（柱左数字为根数，柱右数字为直径）。柱选筋的原则是：直径可有一种或两种，两种直径时每种直径的根数各占一半，修改钢筋时，也必须按此原则修改。右侧菜

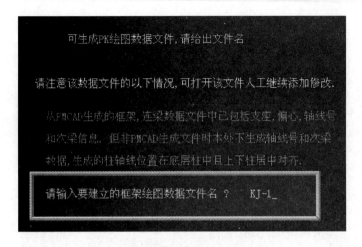

图 9-9　输入绘图数据文件名 **KJ-1**

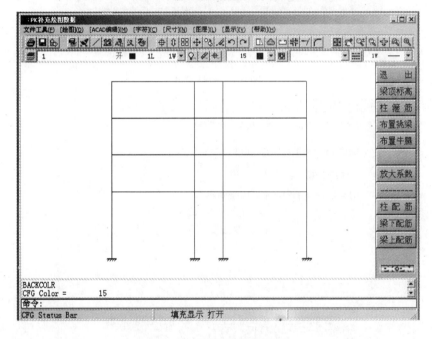

图 9-10　补充绘图数据界面

单功能如下：

（1）**继续**：退出改柱纵向钢筋。

（2）**修改钢筋**：选需修改的杆件，输入"第一种钢筋的根数，直径"，再输入"第二种钢筋的根数，直径"。当钢筋直径只选一种时，提示第二种钢筋时键入 0 或直接回车即可。

（3）**相同拷贝**：把某根柱上的配筋拷贝到其他柱，先点被拷贝的柱，再逐个点取需拷贝的柱。

（4）**柱筋连通**：通常柱筋在上层底部切断，并与上层柱筋绑扎搭接或焊接连接。本菜单令柱筋从下至上都连通。

（5）**平面外筋**：显示或修改框架平面外方向的柱筋（除角筋外）。

218

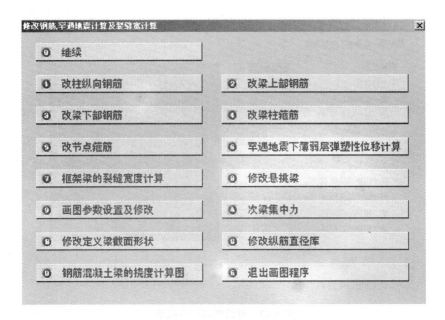

图 9-11 选筋等计算

（6）计算配筋：显示柱计算的配筋包络图，以方便选筋。

（7）对话框式：对话方式修改柱筋，先选择柱如柱 1，再点要修改的页和项（图 9-13）。

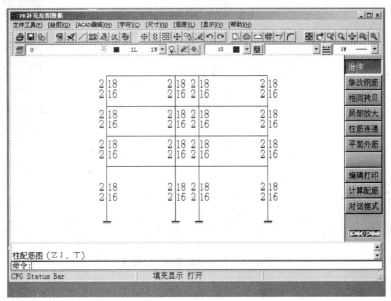

图 9-12 柱配筋图（ZJ.T）

2 改梁上部钢筋

改梁上部钢筋的界面如图 9-14。梁上部配筋图（LSJ.T）中支座左为梁上部 2 根角部钢筋，程序设定这 2 根角筋在同层各跨连通；支座右为梁上部其他钢筋。右侧菜单功能如下：

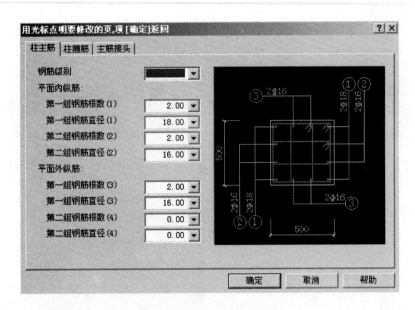

图 9-13 对话框式修改柱筋

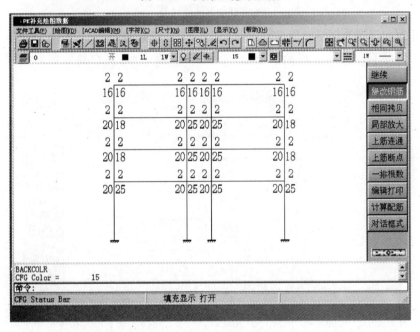

图 9-14 梁上部配筋图 (LSJ.T)

（1）继续：退出改梁上部钢筋。

（2）**修改钢筋**：选需修改的杆件支座，输入"第一种钢筋的根数、直径，连通根数"，再输入"第二种钢筋的根数，直径"。

（3）**相同拷贝**：把某根梁上的配筋拷贝到其他柱，先点被拷贝的梁，再逐个点取需拷贝的梁。

（4）**上筋连通**：指定梁上部第一排筋全部连通。

（5）**上筋断点**：第一断点、第二断点、第三断点分别为梁上第一排通筋以外的筋、梁上第二排边部两根筋、梁上第二排其他筋及第三排筋的断点长度。若计算的断点长度为**跨长一半以上**，则不切断而与相邻支座连通。**重算断点**用在**修改钢筋**后，修改断点。

（6）一排根数：显示或修改梁上第一排钢筋的根数。

（7）计算配筋：显示梁计算的配筋包络图，以方便选筋。

（8）对话框式：对话方式修改梁筋，先选择梁如梁1，再点要修改的页和项（图9-15）。

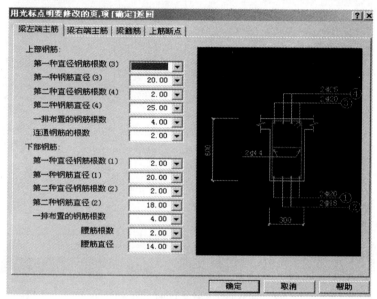

图9-15　对话框式修改梁筋

3　改梁下部钢筋

改梁下部钢筋的界面如图9-16。梁下部配筋图（LXJ.T）中，每跨梁下部钢筋的直径

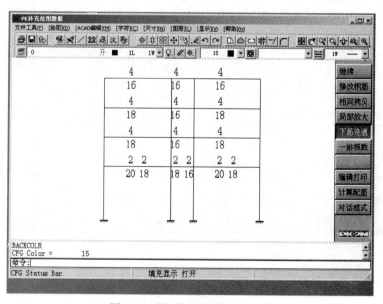

图9-16　梁下部配筋图（LXJ.T）

最多可有两种。右侧菜单功能与改梁上部钢筋类似,只是**下筋连通**不同,它是将梁下部全部钢筋(不仅是第一排)在同层各跨选大连通。

4 改梁柱箍筋

改梁柱箍筋的界面如图 9-17。梁柱箍筋图(GJ.T)中先显示箍筋的直径和级别。用右

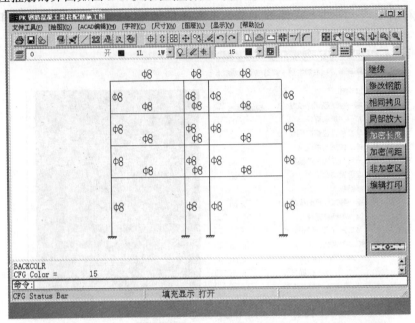

图 9-17 梁柱箍筋图(GJ.T)

侧的**加密长度**、**加密间距**、**非加密区**可分别显示杆件箍筋加密区长度、加密区间距、非加密区间距,它们是按《混凝土结构设计规范》(GB 50010—2002)第 11.3.6、11.4.12、

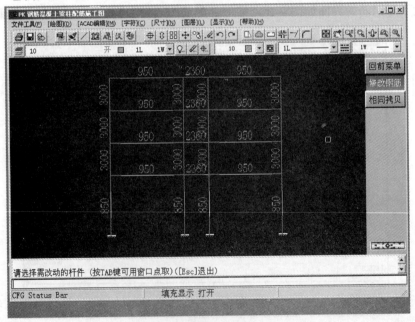

图 9-18 箍筋加密区长度

11.4.14 条设计的。右侧菜单功能如下：

（1）继续：退出改梁柱箍筋。

（2）修改钢筋：修改所选杆件箍筋的直径和级别。

（3）相同拷贝：把某根杆件上的箍筋直径和级别拷贝到其他杆件上。

（4）加密长度：先显示杆件箍筋加密区长度（图 9-18），用**修改钢筋**可修改箍筋加密区长度，不需箍筋加密时，可修改加密区长度为 0。

（5）加密间距：先显示加密区的箍筋间距，程序隐含值为 100（图 9-19）。用**修改钢筋**可修改加密区的箍筋间距。

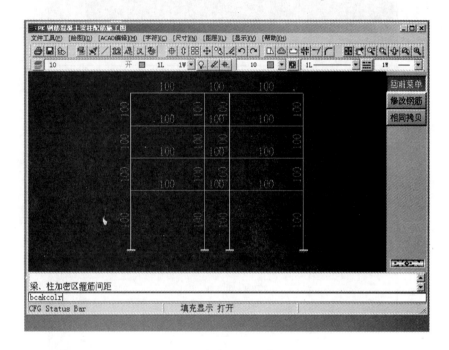

图 9-19　加密区的箍筋间距

（6）非加密区：先显示非加密区的箍筋间距（图 9-20）。用**修改钢筋**可修改非加密区的箍筋间距。

5　改节点箍筋

用来显示或修改节点区的箍筋直径和级别，箍筋间距程序内定为 100。本项只在抗震等级为一、二级时起作用。

6　罕遇地震下薄弱层弹塑性位移计算

程序按《建筑抗震设计规范》（GB 50011—2001）第 5.5.4 条的简化计算法作罕遇地震作用下，框架的薄弱层弹塑性变形验算。根据梁柱配筋、材料强度标准值和重力荷载代表值，计算出各层屈服强度系数并显示，该系数小于 0.5 时，用红色，表示不满足要求，可修改梁柱钢筋后再计算一遍。同时显示薄弱层的层间弹塑性位移及层间弹塑性位移角（图 9-21）。

7　框架梁的裂缝宽度计算

程序按荷载的短期效应组合，即恒载、活载、风载标准值的组合，以矩形截面形式，

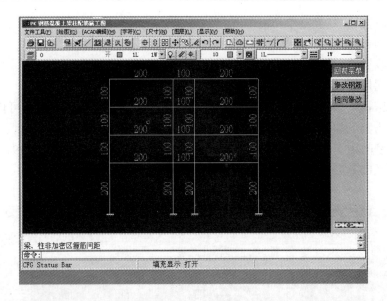

图 9-20 非加密区的箍筋间距

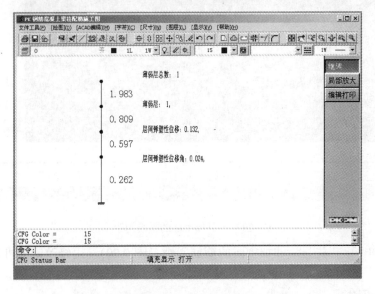

图 9-21 罕遇地震下薄弱层弹塑性位移计算

取程序选配的梁钢筋，按《混凝土结构设计规范》（GB 50010—2002）第8.1.2条计算并显示裂缝宽度，其值大于0.3mm时，用红色显示（图9-22）。

8 修改悬挑梁

修改悬挑梁的功能如下：

（1）修改挑梁：用来修改挑梁的参数。

（2）挑梁支座：把悬挑梁改成端头支承梁，即按支承梁配筋。

（3）改成挑梁：把支承梁改成挑梁。

9 画图参数设置及修改

显示绘图数据文件中设置绘图参数及钢筋信息两页参数，可再次修改。

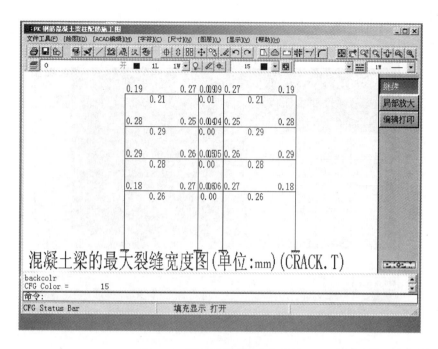

图 9-22 框架梁的裂缝宽度计算

A 次梁集中力

显示次梁传来的集中力设计值（图 9-23），用于次梁处箍筋加密或吊筋的计算。

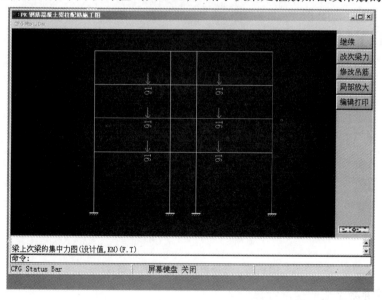

图 9-23 次梁传来的集中力设计值

B 修改定义梁截面形状

显示或修改梁截面形状定义及布置。截面形状定义有 15 种类型，形状定义时先选择类型，然后输入参数，程序隐含的类型是现浇板时的 T 形梁；形状布置时先选某种形状定义，然后选择梁，梁上显示的形状布置号为定义的顺序号，如图 9-24。

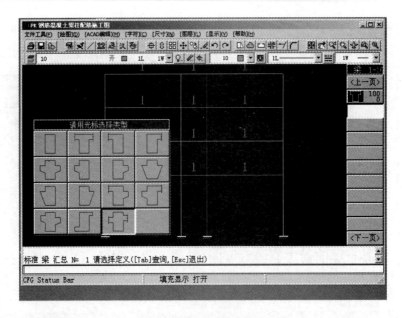

图 9-24　显示梁截面形状

C　修改纵筋直径库

选择设计中使用的纵筋直径（图 9-25），点 OK 确认，[Esc] 退出。

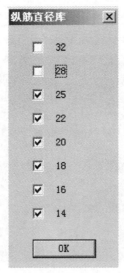

图 9-25　选择设计中使用的纵筋直径

D　钢筋混凝土梁的挠度计算

程序按《混凝土结构设计规范》（GB 50010—2002）第 8.2 节计算梁的挠度（图 9-26）。为计算荷载长期效应组合，需输入活荷载的准永久值系数，该系数可查《建筑结构荷载规范》（GB 50009—2001）第 4.1.1 条，程序隐含值为 0.4。

程序按《混凝土结构设计规范》（GB 50010—2002）公式 8.2.2 计算长期刚度 B，按公式 8.3.2-1 计算短期刚度 B_S，在每个同号弯矩区段内取弯矩最大值计算一个 B，计算按梁上下的选材配钢筋并考虑梁翼缘的影响，在现浇板处，翼缘计算宽度按《混凝土结构设

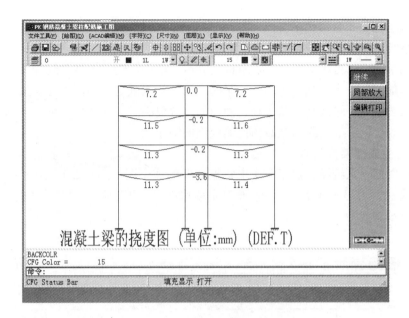

图 9-26 钢筋混凝土梁的挠度计算

规范》（GB 50010—2002）表 7.2.3 取值（即按翼缘高度考虑）。

挠度图中梁每个截面上的挠度是该处在恒载、活载、风载作用下可能出现的最大挠度，它们不一定由同一荷载工况产生。

E 退出画图程序

中途退出，不继续画图。

9.1.3 图面布置

选**继续**退出选筋等计算。程序先提示"是否将相同的层归并?"：通常选择"归并"。

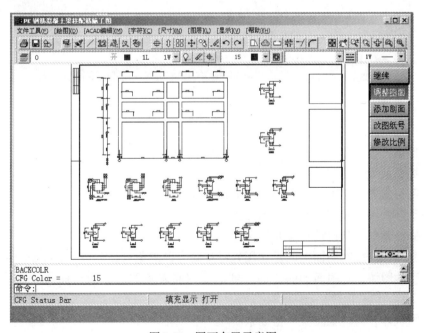

图 9-27 图面布置示意图

随后程序显示图面布置示意图（图 9-27）。右侧菜单功能为：

(1) 继续：继续后面的画图。

(2) 调整图面：可用光标分别点取框架立面、剖面、钢筋表移动到合适的位置。

(3) 添加剖面：当图纸数量多于一张时，把下张图纸上的剖面移到本张上来。

(4) 改图纸号：输入新的图纸号，使图面布置更满意。如 2 号加长 1/4 则输：2.25。

(5) 修改比例：输入新的立面图比例或剖面图比例。

9.1.4　生成框架施工图

布置好图面，点继续，程序便作出整榀框架的施工图（图 9-28）。图名为绘图数据文件名加后缀 .T，并显示在下方。一榀框架需多张图时，第二张起图名前依此加英文字母。右侧主要菜单功能为：

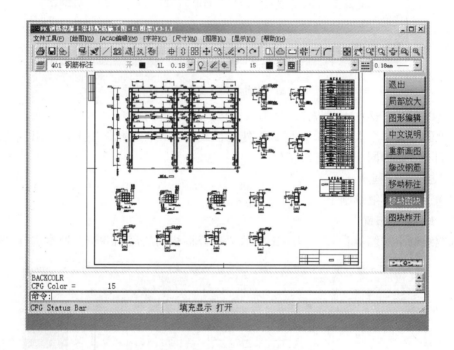

图 9-28　整榀框架的施工图（KJ-1.T）

(1) 退出：退出 PK 主菜单 3，将图形文件存盘。

(2) 局部放大：对图形进行显示操作。

(3) 图形编辑：用下拉菜单进行图形编辑。

(4) 重新画图：从布置图面开始重画。

(5) 修改钢筋：从选筋计算开始重图。

(6) 移动标注：对图面上的标注用光标移动，以避免重叠。

(7) 移动图块：对图面上的立面、剖面、钢筋表等图块，用光标移动，从而调整图面。

(8) 图块炸开：将全图统一坐标系。

228

9.2 分开画梁柱施工图

9.2.1 画柱施工图

画柱施工图，系指在柱平面布置图上（一般只需绘底层，也称**柱网图**），分别在相同编号的柱中选择一个截面（也可选全部）标注几何尺寸及对轴线的偏心情况（图 9-29）；每种编号的柱绘一根**柱施工图**（图 9-30），其中标注柱编号（名称）、柱段起止标高及配筋的具体数据，并配以柱截面配筋图的方式来表示柱施工图的方式。

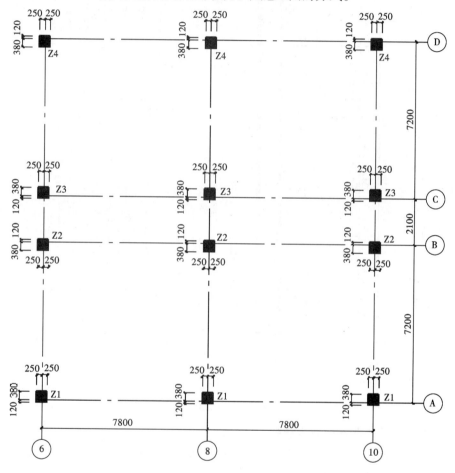

图 9-29　柱网图

【**例 9-2**】　对 PK-8 框架按梁柱分开画方式画柱施工图。

（1）执行 **PK 主菜单 1　PK 数据交互输入和数检**，打开已有数据文件 **PK-8.SJ**，退出程序；

（2）执行 **PK 主菜单 2　框排架结构计算器**，［**Enter**］将框架计算结果存入文件 PK11.OUT，查看各种计算结果后退出；

（3）执行 **PK 主菜单 6　绘制柱施工图**，选择 **1　人机交互方式建立绘图数据文件**，按例 9-1 修改四页参数后确定，输入绘图数据文件名 **KZ1**，退出个别修改；

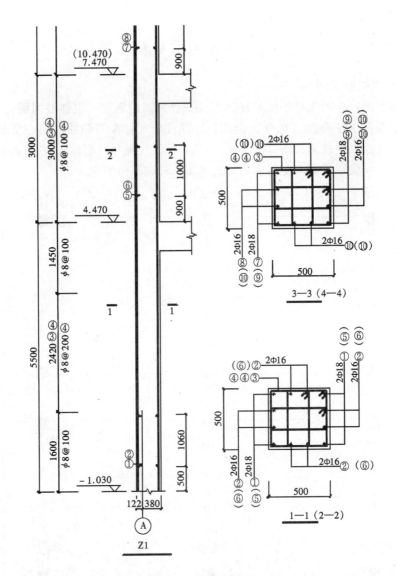

图 9-30　柱施工图

（4）查看选筋计算等计算后继续；

（5）输入本张图画的柱段（某一层或连续多层的柱）数 **4**，用窗口方式逐段**选择要画柱段的起终点**（图 9-31），分别输入柱段名称 **Z1、Z2、Z3、Z4**；

（6）布置图面：调整图面后继续；

（7）生成柱施工图：定义图名为 **KZ1.T**，进行图形编辑后（图 9-32）**退出**。选不保存选筋结果。

9.2.2　画梁施工图

画梁施工图，系指在分标准层绘制的**梁平面布置图**中（相关联的柱、墙一起绘出），在相同编号的梁中选一根（可选全部）标注尺寸，对轴线未居中的梁标注其偏心定位（图 9-33）；每种编号的梁绘一根**梁施工图**（图 9-34）。

【例 9-3】　接例 9-2 对 PK-8 框架按梁柱分开画方式画梁施工图。

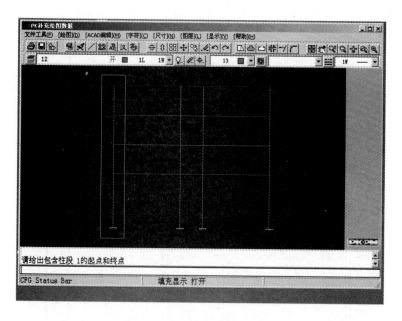

图 9-31 选择要画柱段的起终点

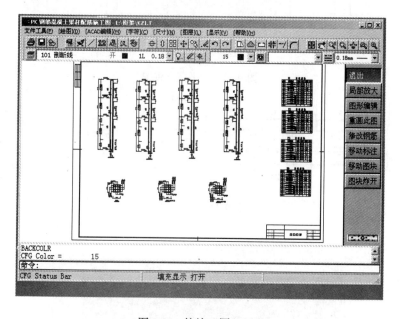

图 9-32 柱施工图 KZ1.T

（1）执行 **PK 主菜单 7 绘制梁施工图**，选择 **1 人机交互方式建立绘图数据文件**，按例 9-1 **修改 4 页参数**后确定，输入绘图数据文件名 **KL1**，退出个别修改；

（2）查看选筋计算、裂缝宽度计算后**继续**；

（3）输入本张图画的梁段（某一跨或连续多跨的梁）数 **4**，用窗口方式从下至上逐层**选择要画梁段的起终点**（图 9-35），输入梁段名称 **1KL1**、**2KL1**、**3KL1**、**4KL1**；

（4）布置图面：调整图面后**继续**；

（5）生成梁施工图：定义图名为 **KL1.T**，进行图形编辑后（图 9-36）**退出**。选不保存

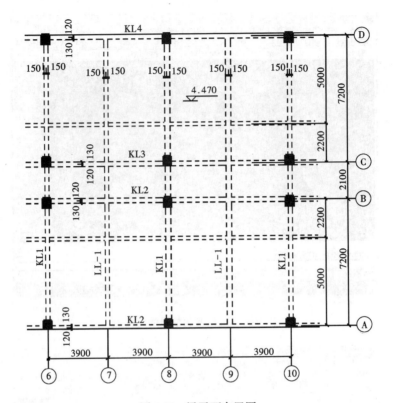

图 9-33　梁平面布置图

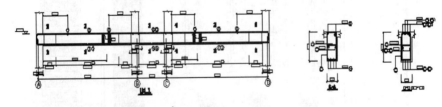

图 9-34　梁施工图

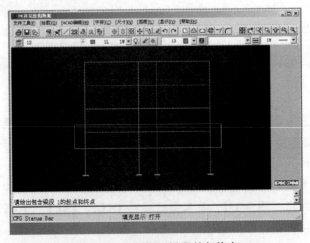

图 9-35　选择要画梁段的起终点

选筋结果。

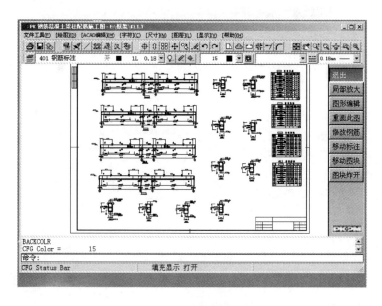

图 9-36　梁施工图 KL1.T

9.3　画梁柱表施工图

梁柱表施工图的绘图方式与梁柱分开画施工图方式相似，只是将梁、柱施工图用图表的形式（梁柱表）来表示。

梁柱表施工图一般分为图例部分和数据部分。图例部分是相同的，柱表的图例文件名为 ZBTLSM.BZT，梁表图例文件名为 LBTLSM.BZT；数据部分是梁柱施工图的具体数据，由选定梁或柱生成，柱表数据文件名的后缀为 .ZBD，梁表数据文件名的后缀为 .LBD。

开始画梁表或柱表时，先选要画的数据文件添加到一起，然后打开统一绘表。

【例 9-4】　接例 9-2 对 PK-8 框架按梁柱表方式画柱表施工图。

（1）执行 **PK 主菜单 8　绘制柱表施工图**，选择 **1　人机交互方式建立绘图数据文件**，按例 9-1　**修改四页参数**后确定，输入绘图数据文件名 **ZB01**，退出个别修改；

（2）查看选筋计算、裂缝宽度计算后**继续**；

（3）输入本张图画的柱段（某一层或连续多层的柱）数 **4**，用窗口方式逐段**选择要画的柱段**，分别输入柱段名称 **Z1、Z2、Z3、Z4**，输入这批**柱段数据文件名 Z**（不输后缀，程序自动取 .ZBD）；

选择 **0　开始画柱表图**，选择交互决定保留每张的图例 **0**，打开柱段数据 **Z.ZBD**（图 9-37），选择保留图例 **1**，程序生成柱表，进行图形编辑后（图 9-38），点右侧菜单**下一张图**，屏幕下方提示"1 张图存在 ZB01.T-ZB01.T 中，按 Enter 键继续"：[**Enter**]，选不保存选筋结果。

【例 9-5】　接例 9-4 对 PK-8 框架按梁柱表方式画梁表施工图。

（1）执行 **PK 主菜单 9**，选择 **1 人机交互方式建立绘图数据文件**，按例 3-1 **修改四页参数**后确定，输入绘图数据文件名 **LB01**，退出个别修改；

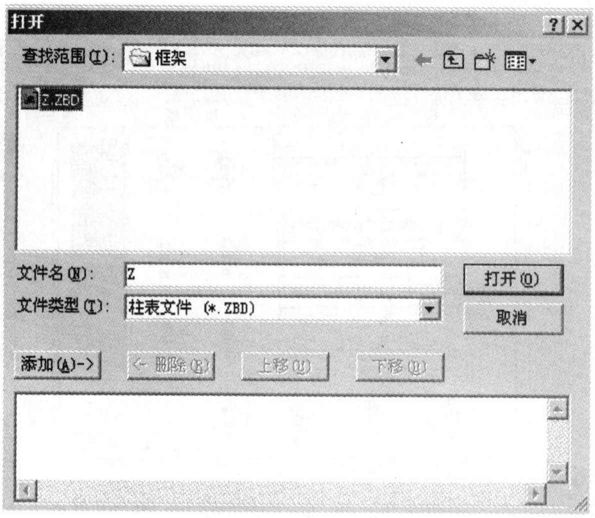

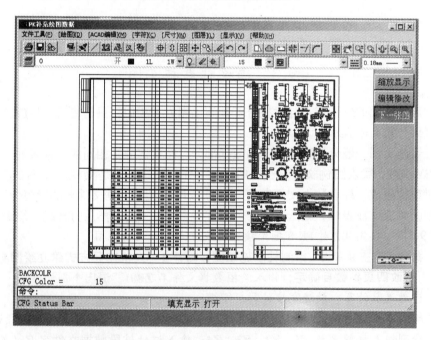

图 9-37　打开柱段数据 Z.ZBD

图 9-38　柱表图 ZB01.T

（2）查看选筋计算、裂缝宽度计算后**继续**；

（3）输入本张图画的梁段（某一跨或连续多跨的梁）数 **4**，用窗口方式从下至上逐层逐段**选择要画的梁段**，分别输入梁段名称 **1KL8**、**2KL8**、**3KL8**、**4KL8**，输入这些**梁段数据文件名 L**（不输后缀，程序自动取 .LBD）；

选择 **0　开始画梁表图**，选择交互决定保留每张的图例 **0**，打开梁段数据 **L.LBD**（图 9-39），选择保留图例 **1**，程序生成梁表，进行图形编辑后（图 9-40），点右侧菜单**下一张图**，屏幕下方提示"1 张图存在 LB01.T 中，按［Enter］键继续"：［**Enter**］，选不保存选筋结果。

234

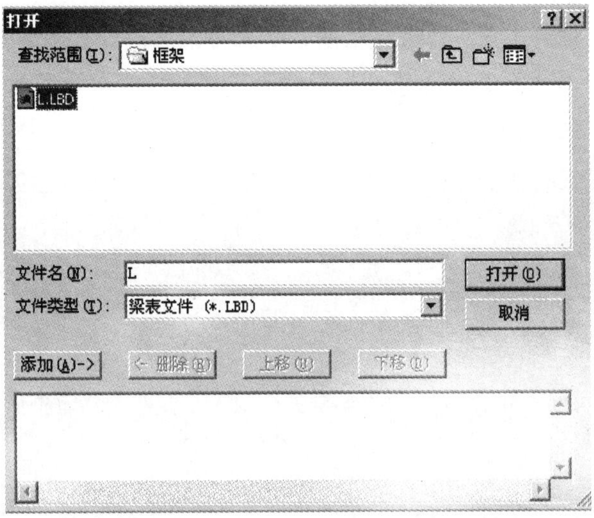

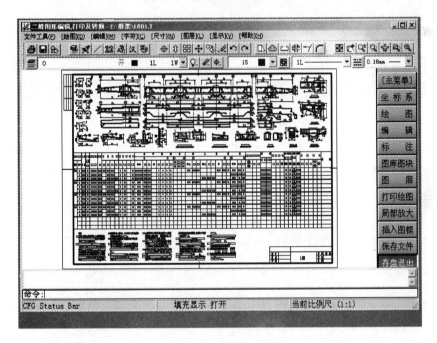

图 9-39 打开梁段数据 L.LBD

图 9-40 梁表图 LB01.T

9.4 排 架 绘 图

【例 9-6】 对例 7-3 生成的排架数据文件 PJ1.SJ 进行计算和绘图。

(1) 执行 **PK 主菜单 1 PK 数据交互输入和数检**，打开已有数据文件 **PJ1.SJ**，退出程序。

(2) 执行 **PK 主菜单 2 框、排架结构计算**， ［**Enter**］将排架计算结果存入文件

PK11.OUT，查看各种计算结果后退出。

（3）执行 **PK 主菜单 4 方法排架柱绘图**，输入排架绘图数据文件名 **PJ-1**，选择**不作**排架柱吊装计算。程序显示人机交互建立排架绘图数据文件的界面（图 9-41）。

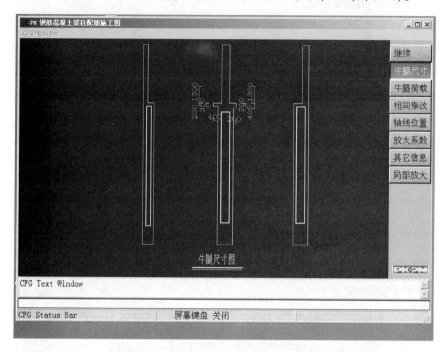

图 9-41　排架绘图数据文件

点牛腿尺寸，选要修改尺寸的牛腿：**中柱左侧牛腿**（图 9-42），修改根部截面高度为

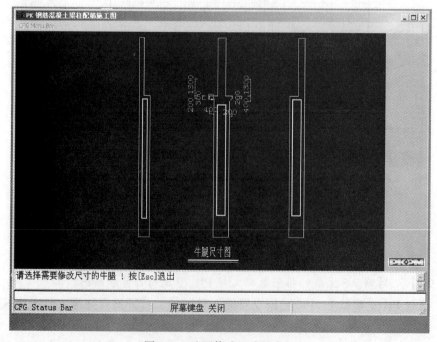

图 9-42　选要修改尺寸的牛腿

400，外端截面高度为200，其他信息不修改（图9-43），**确定**后［**Esc**］退出。

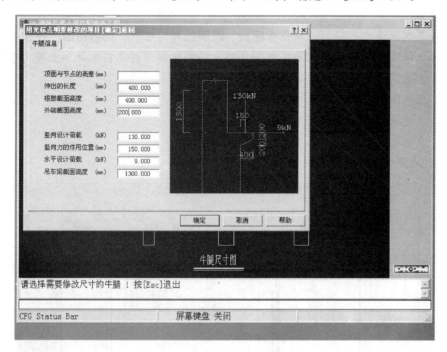

图 9-43　修改后的牛腿信息

　　牛腿荷载、轴线位置、放大系数、其他信息等绘图数据查看后不修改，均用［**Esc**］退出。

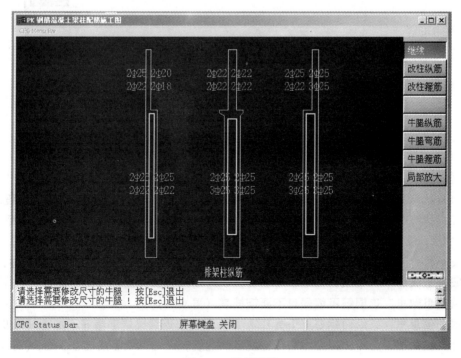

图 9-44　选筋计算

（4）点继续，退出绘图数据输入，进入**选筋计算**（图 9-44），查看后不修改，均用
[**Esc**] 退出。

（5）点继续退出选筋，进入**布置图面**。**改图纸号为 2 号**，调整图面。每张图纸只画一根排架柱，从左至右各排架柱施工图名分别为绘图数据文件名前依此加上英文字母。

（6）点继续生成排架柱施工图 **APJ-1.T**（图 9-45）。

（7）点退出，进入第二根排架柱布置图面。

（8）点继续生成排架柱施工图 **BPJ-1.T**。

（9）点退出，进入第三根排架柱布置图面。

（10）点继续生成排架柱施工图 **CPJ-1.T**。

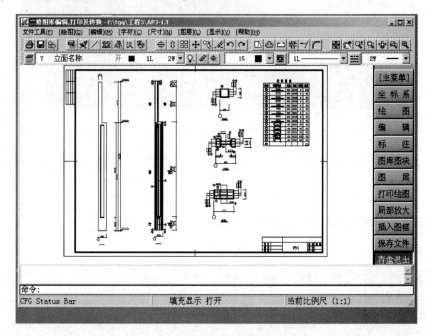

图 9-45　排架柱施工图 APJ-1.T

9.5　连续梁计算与绘图

【**例 9-7**】　对例 7-2 生成的连梁数据 LL-01 进行计算和绘图。

（1）执行 **PK 主菜单 1　PK 数据交互输入**，打开已有数据文件 LL-01，退出程序。

（2）执行 **PK 主菜单 2 框、排架结构计算**，[**Enter**] 将连梁计算结果存入文件 PK11.OUT，查看各种计算结果后退出。

（3）执行 **PK 主菜单 5 连续梁绘图**，选择 **1　人机交互方式建立绘图数据文件**：

归并放大等中，梁上角筋选在不需要点以外切断并加架立筋（图 9-46）；

绘图参数中，选钢筋不编号且不要钢筋表（图 9-47）；

钢筋信息中，梁纵向钢筋最小直径选 **16**，梁支座连续梁端部箍筋不加密（图 9-48）；

补充输入中，选择根据允许裂缝宽度自动选筋，允许裂缝宽度选 **0.3** mm（图 9-49）。

确定后输入绘图数据文件名 LL1，退出个别修改。

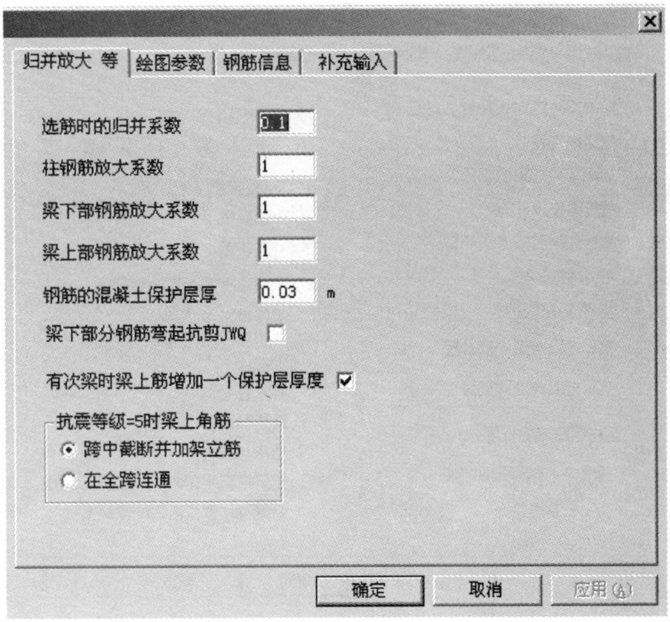

图 9-46 梁上角筋选在不需要点以外切断并加架立筋

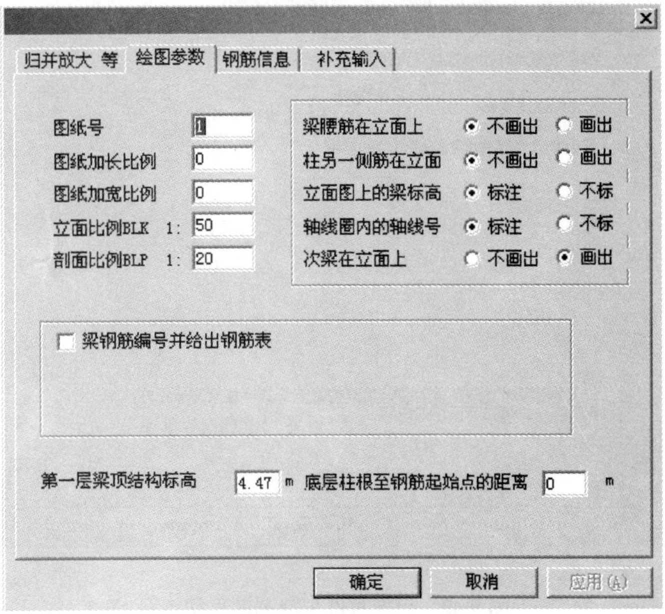

图 9-47 钢筋不编号且不要钢筋表

（4）查看选筋计算、裂缝宽度等计算后**继续**。

（5）布置图面：改图纸号为 **2** 号，**调整图面**（图 9-50），**继续**。

（6）生成连梁施工图：定义图名为 **LL1.T**，用下拉菜单进行**图形编辑**后（图 9-51）**退**出。

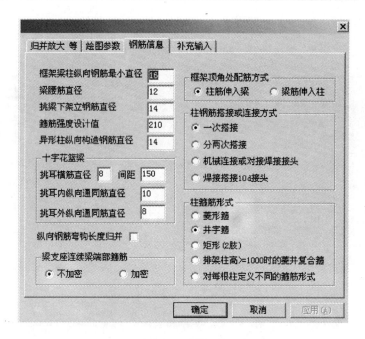

图 9-48　连续梁端部箍筋不加密

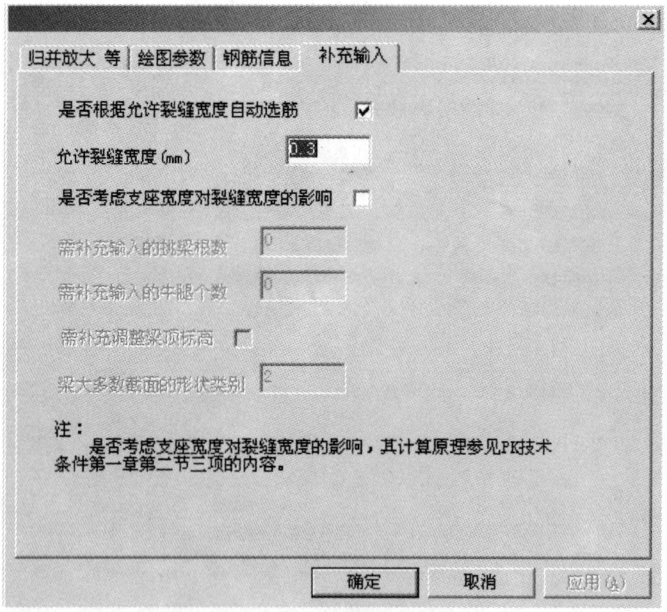

图 9-49　根据允许裂缝宽度自动选筋

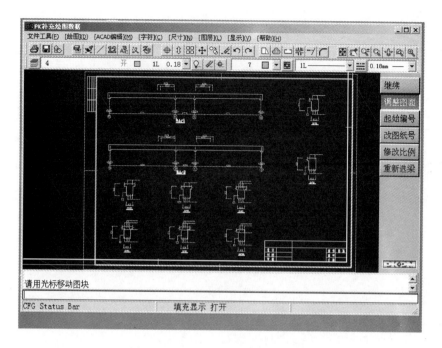

图 9-50 布置图面

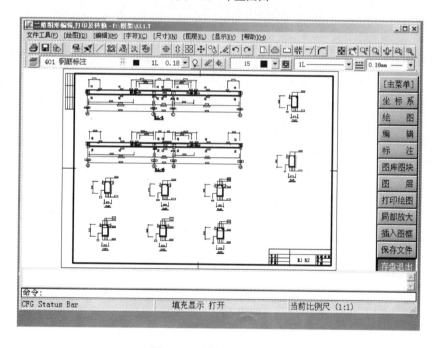

图 9-51 连梁施工图 LL1.T

第三篇　TAT 使用说明

TAT 的功能

　　TAT 采用三维空间模型，对剪力墙采用薄壁柱单元，对梁柱采用空间杆系单元，全楼整体进行结构计算。适合于复杂布置的框架、框架-剪力墙、剪力墙、筒体结构，以及带有斜柱、钢支撑的钢结构或混合结构。

　　能从 PMCAD 建立的结构数据和荷载数据中自动形成计算数据文件。

　　计算结果可接力 PK 画梁柱施工图，接力 JLQ 画剪力墙施工图，接力各基础 CAD 完成基础计算和绘图。

　　TAT-8 为普及版，TAT 为高级版。

TAT 的名词说明

　　楼层——按设计习惯，从下向上划分，最底层为第一层（从柱脚到楼板顶面），向上分别为第二层、第三层等，依此类推；

　　标准层——指具有相同几何、物理参数的连续层，不论连续层的层数是多少，均称为一个标准层。在 TAT 中标准层是从顶层开始算起为第一标准层，依次从上至下检查如几何、物理参数有变化则为第二标准层，如此直至第一层；

　　薄壁柱——由一肢或多肢剪力墙形成的受力构件，亦称剪力墙；

　　连梁——两端与剪力墙相连的梁，亦称连系梁；

　　无柱节点——两根或两根以上梁的支点，此支点下面没有柱。

TAT 的启动

　　(1) 双击桌面的 **PKPM** 图标，启动 PKPM 主菜单。

　　(2) 点取**结构**，启动结构菜单主界面；点取左侧菜单 **TAT-8**（或 **TAT**），右侧便出现其主菜单。

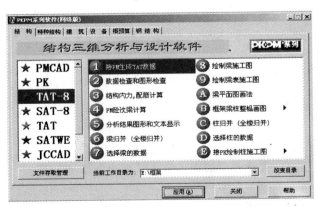

第 10 章 TAT 前处理-数据准备

TAT 计算需要 2 个主要数据文件，一个为**几何数据**文件，规定文件名为 DATA·TAT，另一个为**荷载数据**文件，规定文件名为 LOAD·TAT。接 PMCAD 数据，可自动生成输入信息的 DATA·TAT 和 LOAD·TAT 文件。

当为多塔结构或错层结构时，TAT 尚需**多塔数据文件** D-T·TAT 或**错层文件** S-C·TAT 来控制计算，对有些结构件需要有特殊构件定义的含义，则还需**特殊梁柱数据文件** B-C·TAT 来控制，对有特殊荷载计算要求的，还有**特殊荷载数据文件** S—L·TAT，我们称这 4 文件为附加文件。

10.1 接 PM 生成 TAT 数据

选择 TAT 主菜单 **1 接 PM 生成 TAT 数据**，屏幕显示选择对话框（图 10-1）：

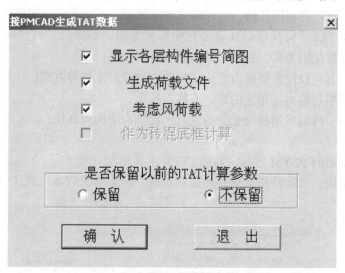

图 10-1 生成 TAT 数据选择

显示各层构件编号简图：一般可不选择，不论选与不选，在遇到结构上下洞口不对齐时，程序仍然会提示。选择此项，程序先显示第一标准层杆件编号，用"结束本层"或"→"进入下层，最后"结束退出"。

生成荷载文件：一般要选择，否则没有 TAT 荷载，不能计算。

考虑风荷载：需根据需要确定。

作为砖混底框计算：该项选择应视结构实际情况而定。

是否保留以前的 TAT 计算参数：一般选择不保留。当结构改变，如增加构件或减少构件等；或修改 TAT 参数、特殊梁柱信息、多塔错层信息时，该选项必须为**不保留**。

【例 10-1】　接 PMCAD 生成框架例题的 TAT 数据文件。

执行 **PMCAD 主菜单 1、2、3**，建立结构模型。

执行 **TAT-8 主菜单 1 接 PM 生成 TAT 数据**，选择如图 10-1，**确认**。

显示第一标准层杆件编号，用**结束本层**或→**进入下层**，最后**结束退出**。

程序自动生成 TAT 几何文件和荷载文件。

TAT 对 PMCAD 建模的要求

在"接 PM 生成 TAT 数据"前，必须执行过 PMCAD 主菜单 1、2、3 且在当前用户子目录中存在 PMCAD 主菜单 2 生成的 TATDA1·PM 和 LAYDATN·PM，以及 PMCAD 主菜单 3 生成的荷载文件 DAT * ·PM。

PMCAD 建立的是结构的实际模型，但 TAT 的计算力学模型有很多特殊要求，PM 模型往往要做些适应 TAT 计算的处理和简化。在把 PMCAD 数据向 TAT 转换时，对 PMCAD 的建模应注以下几点：

（1）四周由无洞口剪力墙组成的封闭房间是不允许的，可在某边墙上开小洞，如宽 200 高任意的计算油将墙分隔。（对 200 宽的计算洞，JLQ 软件画剪力墙施工图时不把它当实际洞口处理）

（2）每一薄壁柱不能由太多的小墙肢和节点组成，程序要求小节点数≤30，超出时可开 200 宽计算洞。

（3）TAT 计算模型要求墙的上下洞口对应布置，即在两节点之间的上下各层墙部位都有或都无洞口，洞口的大小可以不同。否则会在不对应的局部部位造成较大误差。可在不对应的部位加≤200mm 的计算洞，使其上下洞口对应。程序判断某一根薄壁柱下多于一根柱与它连接时即提示上下洞口应对齐，以提请用户注意。

（4）在 PMCAD 主菜单，A 中尽量避免近轴线、近节点（节点距离≤200）情况，为此，在上下层该对齐的部位一定要对齐，不能肉眼判断屏幕上差不多去输入，否则各层合并总网格后会出现大量拥护节点。对上下偏心轴线情况多用偏心，少增加新的轴线，还可在菜单"形成网点"中增大节点距离的设置来合并距离很近的节点，通过这些处理来避免短墙、短墙肢、短梁的出现，并使构件之间，上下之间传力明确。

墙上有洞口时，应采用方法一布置，在节点 1、2 之间布置墙，在墙上布置洞口；不应采用方法二。方法二是在洞口边设节点 3 和 4，在节点 1、3 和 2、4 间布置墙，在节点 3、4 间布置梁。方法二不仅操作复杂，当上下洞口不对齐时，会出现大量拥护的节点，使计算与异荷误差很大（图 10-2）。

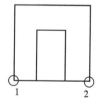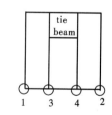

图 10-2　洞口布置

（5）在有剪力墙部位如上下节点不统一时程序要做很多分析来处理上下墙肢的对应关系，比如由于采用分层网格下层由两节点组成的一个墙在对应的上层中间加了一个节点变成 2 个墙的情况。由于程序处理的复杂性这时最易造成出错 TAT 算不下去。因此最好在有剪力墙的部分各层采用统一的网格轴线。

（6）基于同 5 相同的理由，在上下层有墙又有梁（其实这时的梁在计算中已不起作用）布置时更不要采用不同的网格节点。

（7）墙悬空时其下层的相应部位一定要布置梁。

（8）对于墙和柱相连的情况，程序如下简化：

1）计算中忽略处于墙肢中间部位的柱，端部的柱简化成 2 个厚短墙肢。

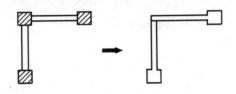

墙和柱相连简化之一

2）当 L 小于柱长边的 2 倍时且柱长边 > 300 时墙被忽略不计，否则柱被忽略不计。

墙和柱相连简化之二

（9）要求做地震计算时 PMCAD 输入时应确认地震数据。

10.2 数据检查和图形检查

当进入 **TAT** 主菜单 **2 数据检查和图形检查** 项时，屏幕显示 TAT 前处理菜单（图 10-3）：

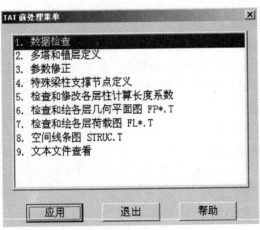

图 10-3 TAT 前处理菜单

10.2.1 数据检查

选择**数据检查**，屏幕显示数据检查选择框（图 10-4），用户可以根据需要选择数检或计算的内容。

1 进行数据检查和荷载检查

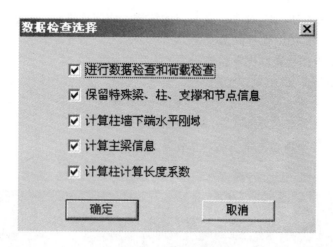

图 10-4　数据检查选择框

选择此项，程序检查几何文件 DTAT·TAT 和荷载文件 LOAD·TAT，如果发现错误或可能的错误（警告信息）时，屏幕提示："可能有错，请查看出错报告 TAT—C·ERR"，用户可以参照附录 1 的出错信息表来了解错误的性质，修改后再进行数据检查，如此反复直至没有原则错误为止。

程序还给出数检报告 TAT·C—OUT，该文件把原始数据加上注释说明，便于用户阅读。

2　计算柱墙下端水平刚域

选择此项，程序搜索各层柱、墙、支撑上下节点的偏心差，以求得下端水平刚域，当刚域超过 2m 时，程序在屏幕上给出警告提示。但刚域的存在并不是错误，对于长刚域应予以确认。程序把各层所有的刚域按格式写入 DXDY·OUT 中，便于用户查看、校对。

3　计算主梁信息

计算梁的支座弯矩调幅时，程序只对柱墙为支座的主梁调幅，对挑梁的支承支座不能调幅。当对两端为柱或薄壁柱的主梁调幅时，如在该梁中间有其他梁连接形成若干无柱节点，则对无柱节点的梁端的负弯矩不能调幅。对其正弯矩应根据主梁支座的调幅来正确地放大，计算主梁信息就是找出每根完整的主梁。

找出的主梁和不调幅梁可在后面定义特殊梁柱的平面图中显示，并可由用户重新调整和定义。

4　计算柱计算长度系数

在钢结构计算中，对钢柱需要验算平面内外的稳定，其计算长度与平面内外的梁柱上下刚度比有关，这里按照《钢结构设计规范》计算出各层钢柱的有侧移和无侧移的计算长度系数，以便在设计钢柱时选用。钢柱的计算长度系数上限控制在 6。

对于钢筋混凝土柱的计算长度系数，可以按《混凝土结构设计规范》第 7.3.11-3 条进行计算，对于特殊情况的混凝土结构，其计算长度系数可在后面自行修改，以达到所要的计算长度。混凝土的计算长度上限控制在 2.5，并且在 2 层以上与 1.25 比较取大，在 1 层与 1 比较取大。用户也可以不按照《混凝土结构设计规范》第 7.3.11-3 条的要求，取 1.25 和 1.0 或在计算时考虑 $P\text{-}\Delta$ 效应。

对于有越层柱的结构和定义了弹性节点的结构，均应再进行一遍**数据检查**

【例 10-2】 接例 10-1 进行数据检查

TAT **主菜单 2 数据检查和图形检查**；

数据检查，选择如图 10-4，**确定**；

程序检查几何文件并显示如图 10-5；［**Enter**］继续；

程序检查荷载文件并显示如图 10-6；［**Enter**］继续；

程序依所选计算刚域、主梁信息、柱计算长度系数。

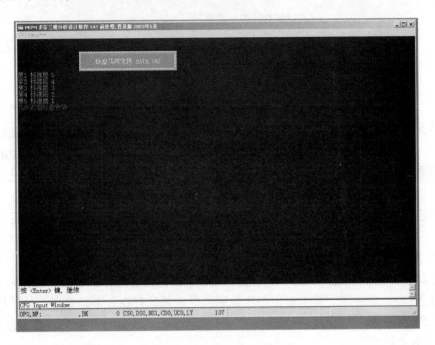

图 10-5　检查几何文件

10.2.2　多塔和错层定义

如果是多塔结构，其多塔部分不应再是一个无限刚平面，应是多个无限刚平面。为正确计算风力和地震力作用，应在此处将多塔的楼层正确地划分开来。多塔结构可以是底盘相连、中部相连或上部相连。

柱或墙在某层楼板处设有梁与其相连的结构叫做错层结构，主要指该处柱或墙错层，错层柱或墙的长度不是该层层高，而应是该柱墙上、下节点实际相连的楼层高差，对这样的结构应在此处生成错层信息从而正确地计算错层柱的单刚、内力和配筋。

点取**多塔和错层定义**后程序对整个结构作多塔、错层的自动搜索。当为多塔结构时，自动产生多塔数据文件 D—T·TAT，当为错层结构时，自动产生错层数据文件 S—C·TAT。

10.2.3　参数修正

参数修正共设了 6 页参数，每个参数都显示上次定义的数值或隐含值，对各参数的意义及选择详述如下：

第一页　总信息（图 10-7）

结构类型：程序提供以下几种选择：（1）框架结构；（2）框架剪力墙结构；（3）框架

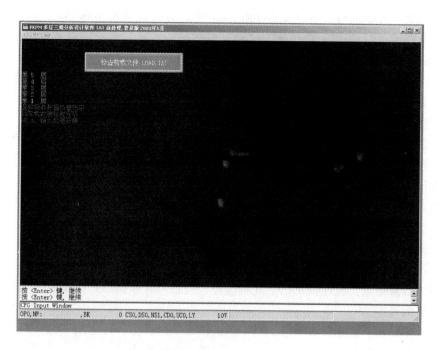

图 10-6　检查荷载文件

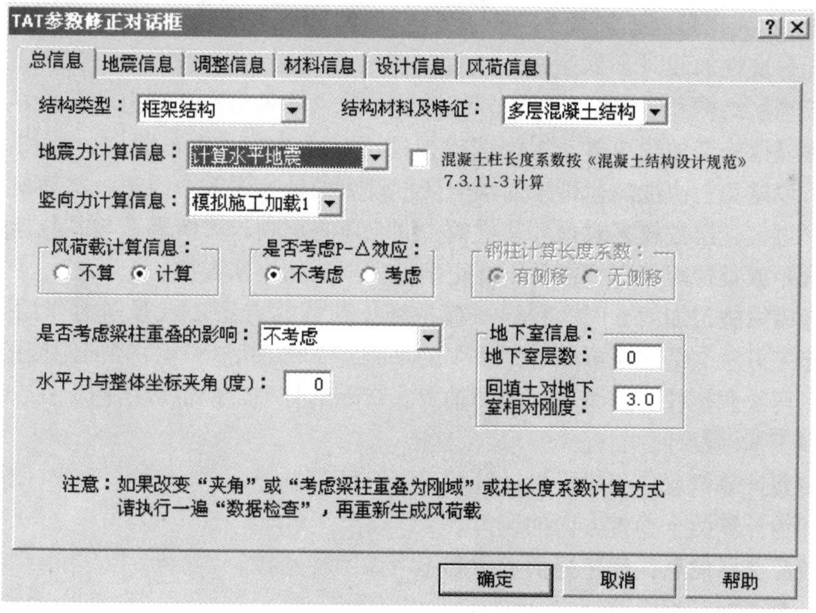

图 10-7　第一页　总信息

核心筒结构；（4）筒中筒结构；（5）板柱剪力墙结构；（6）剪力墙结构；（7）短肢剪力墙结构；（8）复杂高层结构；（9）砖混底框结构；（10）吊车排架结构；（11）其他。

　　选择结构类型，是为了程序可以对应规范中针对不同结构类型所规定出不同的设计参数。如选择第（8）项时，对结构中的剪力墙按高规中"复杂高层结构"的相应参数设计，尤其是对框支剪力墙结构，不但要选择第（8）项，且要在**调整信息**中定义转换层所在的层号；当选择第（9）项时，程序认为结构是底框结构，此时需要读取上部砖混传下来的恒载、活载、地震力和风力，要求在运行 TAT 之前，先通过 PMCAD 的第 8 步；当选择第（10）项时，程序要求定义吊车荷载，程序按排架结构计算柱长度系数，当为钢结构排架柱时，还要按钢筋排架柱控制柱的局部稳定。

结构材料及特征：程序提供了以下几种选择：（1）多层混凝土结构；（2）多层钢结构；（3）多层混合结构；（4）高层混凝土结构；（5）高层钢结构；（6）高层混合结构。

当选择**高层混凝土结构**时，程序将按《高层建筑混凝土结构技术规程》（JGJ 3—2002）对结构进行设计验算；当选择**多层钢结构**时，程序将按《钢结构设计规范》和《建筑抗震设计规范》（GB 50011—2001）中的有关条文，对结构进行设计验算；选择**高层钢结构**时，程序将按《高层钢结构设计规程》对结构进行设计验算；当选择**高层混合结构**时，程序将按《高层建筑混凝土结构技术规程》（JGJ 3—2002）中混合结构的有关章节对结构进行设计验算。

地震力计算信息：程序提供以下几种选择：（1）不计算；（2）计算水平地震；（3）计算水平和竖向地震。

计算水平地震：表示计算 X、Y 两个方向的水平地震力；**计算水平和竖向地震**：表示计算 X、Y 两个方向的水平地震力，同时还计算竖向地震力。

竖向力计算信息：程序提供以下几种选择：（1）不计算；（2）一次性加载；（3）模拟施工加载 1；（4）模拟施工加载 2。

当选择**一次性加载**时，程序按一次性加载的模式作用于结构，不考虑施工的找平过程，这对于高层结构和竖向刚度有差异的结构，计算结果与实际受力会有差异。

当选择**模拟施工加载 1** 时，程序按模拟施工荷载的方法 1 求竖向力作用下的结构内力，这样可以避免一次性加荷带来的轴向变形过大的计算误差。由于一次加荷造成柱、墙的轴向变形过大，层数较多时顶部几层的中间支座将出现较大沉降，与其相连的梁的支座不出现负弯矩或负弯矩较小，常常不能正确地完成梁的支座配筋。

当选择**模拟施工加载 2** 时，程序按模拟施工荷载的方法 2 求竖向力作用下的结构内力，模拟施工方法 2 是在模拟施工方法 1 的基础上，增加竖向构件轴向刚度的计算结果，该方法可以再次调整柱、剪力墙之间的轴力、弯矩的分配，使框剪结构中柱、墙的受力更为合理，利于基础设计。

风力荷载计算信息：程序提供计算和不计算两种选择。

计算即为计算两个垂直方向的风力。

P-Δ 效应选择信息：程序提供考虑和不考虑两种选择。

当选择**考虑**时：程序计算 P-Δ 效应；

当选择**不考虑**时，对混凝土柱按《混凝土结构设计规范》的第 7.3.11-3 条计算柱长度系数，也可以按 7.3.11-2 条计算长度系数，即底层取 1.0 上层取 1.25。

柱计算长度系数按混凝土规范第 7.3.11-3 条计算选择：程序提供打勾和不打勾两种选择。

当选择**打勾**时，即按《混凝土结构设计规范》第 7.3.11-3 条计算柱长度系数；

当选择**不打勾**时，则按《混凝土结构设计规范》第 7.3.11-2 条计算柱长度系数，此时底层柱取 1.0 上层柱取 1.25。

钢柱计算长度系数：程序提供有侧移和无侧移两种选择。

该参数专用于钢柱，当选择**有侧移**时，程序按《钢结构设计规范》附录 4.2 的公式计算钢柱的长度系数；

当选择**无侧移**时，程序按《钢结构设计规范》附录 4.1 的公式计算钢柱的长度系数。

是否考虑梁柱重叠的影响：程序提供以下几种选择：（1）不考虑；（2）考虑梁端弯矩折减；（3）考虑为梁端刚域。

当选择**考虑梁端弯矩折**时，程序按如下公式折减梁端弯矩：

$$M_边 = M_中 - \text{Min}(0.38 \times M_中, B \times V_中 /3)$$

式中　　$M_边$——修正后的梁端弯矩；

$M_中$——修正前的梁端弯矩；

B——与梁平行的柱边宽度；

$V_中$——梁端剪力。

以上公式表示：修正后的梁端弯矩不小于原弯矩的 2/3，圆柱内接正方形为柱宽。

当考虑梁端刚域时，程序按如下公式计算梁端刚域：

记梁两端与柱的重叠部分长分别为 D_i 和 D_j，梁长为 L（即两端节点间的距离），梁高为 H，则梁两端刚域的长度分别为：

$$D_{b_i} = \max(0, D_j - H/4)$$

$$D_{b_j} = \max(0, D_j - H/4)$$

扣除刚域后的梁长为：

$$L_0 = L - (D_{b_i} + D_{b_j})$$

TAT 对选择第（3）项**考虑为梁端刚域**后，需要重新进行**数据检查**。

地下室层数：应填小于层数的数。

当选择填入**地下室层数**后，程序将对结构作如下处理：

（1）算风力时，其高度系数要扣去地下室层数，风力在地下室处为 0；

（2）在总刚集成时，地下室各层的水平位移被嵌固，即地下室各层不产生平动；

（3）在抗震计算时，结构地下室不产生振动，地下室各层没有地震外力，但地下室各层亦承担上部传下的地震反应；

（4）在计算剪力墙加强区时，将扣除地下室的高度求上部结构的加强区部位，且地下室部分亦为加强部位；

（5）地下室同样要进行内力调整。

回填土对地下室的相对刚度：可填 0～10 之间的整数。

该参数反应了地下室的侧向嵌固程序，当该值越大时，对地下室外的侧向约束越大，反之则越小。

水平力与整体坐标夹角：可填 0.0～90.0 之间的数。

结构的参考坐标系建立后，求得的地震力、风力总是沿着坐标轴方向作用的，当结构具有斜向榀时，需要改变地震力和风力的作用方向，此时可以改变 *Arf* 参数，使地震力和风力按新的方向作用。

(1) *Arf* 单位为弧度，$0 \leqslant Arf \leqslant \pi/2$。

(2) 改变 *Arf* 后，竖向荷载不变，因迎风面面积、风力作用偏心距变化，风荷载需要重新计算。改变方法为：

1) 进行**数据检查**；

2) 进入**参数修正**，选择**重新计算风荷载**。

所以当修改参数 *Arf* 后，TAT 需要重新进行数据检查。

第二页　地震信息（图 10-8）

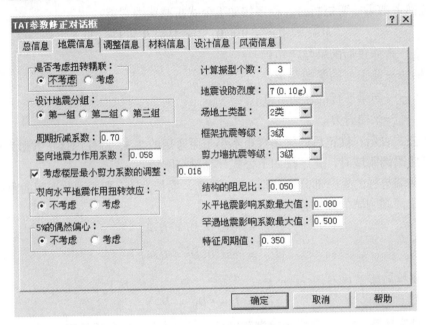

图 10-8　第二页　地震信息

是否考虑扭转耦连： 程序提供两种选择：考虑和不考虑。

对大多结构来说，需要选择**考虑**，这样计算的地震力更精确，当结构布置较为对称时，可以选择**不考虑**耦连。

计算振型个数： 与地震力计算方法有关。

当地震力计算用算法 1 即侧刚计算法时，选择不考虑耦连的振型数不大于结构的层数；选择考虑耦连的振型数不大于 3 倍的层数；

当地震力计算用算法 2 即总刚计算时，此时结构应具有较多的弹性节点，所以振型数的选择可以不受上限的控制，一般取大于 12 的数。

地震设防烈度： 程序提供以下及中选择：（1）6（0.05g）；（2）7（0.10g）；（3）7（0.15g）；（4）8（0.20g）；（5）8（0.30g）；（6）9（0.40g）。

对 7、8 度抗震提供了两种不同的加速度，所以有 7（0.15g）和 8（0.3g）与 7（0.1g）、8（0.2g）之区别。

设计地震分组： 程序提供三种选择：第一组、第二组、第三组。

按抗震规范、高层建筑结构规程规定选择，程序根据不同的地震分组，计算特征周期。

场地土类型：程序提供以下几种选择：（1）1类；（2）2类；（3）3类；（4）4类；（5）上海4类。

按抗震规范、高层建筑结构规程规定选择，程序根据不同的场地类型，计算特征周期；并特别提供了上海地区的场地类型，计算上海地区的特征周期。

框架抗震等级：程序提供以下几种选择：（1）特1级；（2）1级；（3）2级（4）3级；（5）4级；（6）非抗震。

按抗震规范、高层建筑结构规程规定选择。

剪力墙抗震等级：程序提供以下几种选择：（1）特1级；（2）1级；（3）2级；（4）3级；（5）4级；（6）非抗震。

按抗震规范、高层建筑结构规程规定选择。

周期折减系数：可填入 0.7～1.0 之间的数。

周期折减系数主要用于框架、框架剪力墙或框架简体结构。由于框架有填充墙（指砖）在早期弹性阶段会有很大的刚度，因此会吸收很大的地震力，当地震力进一步加大时，填充墙首先破坏，则又回到计算的状态。而在 TAT 计算中，只计算了梁、柱、墙的刚度，并由此刚度求得结构自振周期，因此结构实际刚度远大于计算刚度，实际周期比计算周期小。若以计算周期按规范方法计算地震力后，地震力会偏小，使结构分析偏于不安全，因而对地震力再放大些是有必要的。周期折减系数不改变结构的自振特性，只改变地震影响系数。

计算地震影响系数时取 $\left(\dfrac{T_g}{T \times T_c}\right)^{0.9}$

T_c 的取值视填充墙的多少而定，一般取 0.7～1.0。

竖向地震作用系数：程序取规范取计算值 $1.5 \times 0.65 \times 0.75 \times a_{max}$ 为默认值。

上式中的 a_{max} 为水平地震影响系数最大值，对有特别需要的结构，可以通过改变竖向地震作用系数，计算不同的竖向地震力。

楼层最小地震剪力系数：程序取规范值计算值为默认值。

当结构的剪重比小于该系数时，程序会自动调整各层的地震力，以达到规范要求的楼层最小地震剪力系数。用户也可以通过参数放大地震力。

双向水平地震作用扭转效应选择：程序提供考虑和不考虑两种选择。

当选择"考虑"时，对构件的地震内力程序进行如下组合：

$$S_{xy} = \sqrt{S_x^2 + (0.85 S_y)^2}, \quad S_{yx} = \sqrt{S_y^2 + (0.85 S_x)^2}$$

选择双向地震组合后，地震内力会放大较多。

5%的偶然偏心选择：程序提供考虑和不考虑两种选择。

按照《高层建筑混凝土结构技术规程》第3.3.3条规定，计算地震作用时，应考虑偶然偏心的影响，附加偏心距可取与地震作用方向垂直的建筑物边长的5%。

偶然偏心的含义指的是：由偶然因素引起结构质量分布的变化，会导致结构固有振动特性的变化，因而结构在相同地震作用下的反应也将发生变化。考虑偶然偏心，也就是考虑由偶然偏心引起的可能的最不利地震作用。

从理论上，各个楼层的质心都可以在各自不同的方向出现偶然偏心，从最不利的角度出发，我们在程序中只考虑下列4种偏心方式：

1) X 向地震，所有楼层的质心沿 Y 轴正向偏移 5%，该工程况记作 EXP；
2) X 向地震，所有楼层的质心沿 Y 轴负向偏移 5%，该工程况记作 EXM；
3) Y 向地震，所有楼层的质心沿 X 轴正向偏移 5%，该工程况记作 EYP；
4) Y 向地震，所有楼层的质心沿 X 轴负向偏移 5%，该工程况记作 EYM；

要实现偶然偏心，首要任务是确定各个偏心方式下的结构振动特性。最准确的办法当然是针对不同的偏心方式重新计算结构固有振动特性，求解其广义特征值问题，但是这样做效率较低。对于完全采用刚性楼板假定的结构倒没问题，对于存在"独立弹性节点"的结构则要花费较多的时间。考虑到这一点，我们采用一种稍为简单的方式来确定振动特性：将未偏心的初始结构的各振型的地震力的作用点，按照指定方式偏移 5% 后，重新作用于结构上，此时结构产生的位移，就是一个近似的偏心振型。知道了偏心振型，偏心地震作用的计算就可以进行了。这个办法有一定的近似性，但提高了效率。通过试算，我们认为其结果还是比较合理的，可以在工程计算中采用。

考虑了偶然偏心地震后，就在原有的未偏心 X、Y 地震 EX，EY 的基础上，新增加了 4 个地震工况 EXP、EXM、EYP 和 EYM，在内力组合时，任一个有 EX 参与的组合，将 EX 分别代以 EXP 和 EXM，将增加成 3 个组合；任一个有 EY 参与的组合，将 EY 分别代以 EYP 和 EYM，也将增加成 3 个组合。简言之，地震组合数将增加到原来的 3 倍。

结构的阻尼比：可填小于等于 0.05 的数。

该参数对于钢结构、混合结构需要相应地减小，如钢结构取 0.02，混合结构取 0.03 等。该参数亦用于风荷载的计算。

水平地震影响系数最大值：隐含取规范规定值，它随地震烈度而变化。

对有些地区标准用不同的地震计算参数时，可以通过该参数的变化求得该地区地震力。

罕遇地震影响系数最大值：隐含取规范规定值，它随地震烈度而变化。

对有些地区标准用不同的地震计算参数时，可以通过该参数的变化求得该地区的罕遇地震力。

特征周期值：隐含取规范规定值，它随地震烈度而变化。

对有些地区标准用不同的地震计算参数时，可以通过参数的变化求得该地区的地震力。

第三页　调整信息（图 10-9）

$0.2Q_0$（$0.25Q_0$）调整：程序要求输入：起始层号和终止层号。

按照《高层建筑混凝土结构技术规程》第 8.1.4 条需对框架剪力墙结构中框架部分进行地震剪力的调整，这里需定义调整的楼层范围。

中梁和边梁刚度放大系数：可填入 1~2 之间的数值。

梁刚度的放大是考虑楼板对梁刚度的影响，当结构没有楼板时，该数值应 1。

梁端负弯矩调幅系数：可填入 0.7~1 之间的数值。

该系数对竖向力起作用，在梁设计时，对结构的主梁进行负弯矩的折减，正弯矩则相应地增大。

梁弯矩放大系数：可填入大于等于 1 的数值。

如做梁活荷载不利布置，该系数应填 1，否则可填大于等于 1 之数，该放大系数对梁

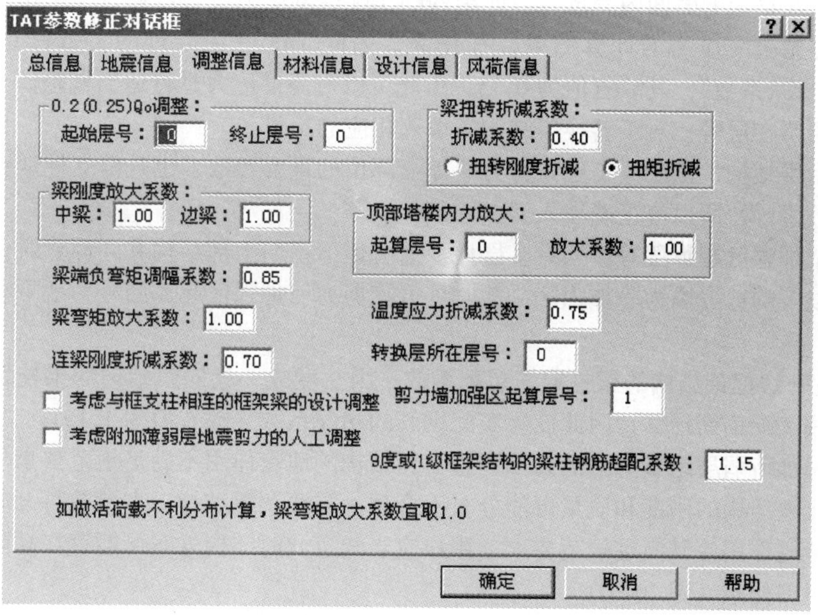

图 10-9　第三页　调整信息

正负弯矩均起作用。

连梁刚度折减系数：可填入 0.55 ~ 1 之间的数值。

对于连梁，不作 $0.2Q_0$ 的调整和梁刚度放大。但梁负弯矩调幅、弯矩放大仍起作用。

梁扭转折减系数：可填入 0 ~ 1 之间的数值。

梁的扭转效应会受到楼板的影响，当结构没有楼板时，该系数应取 1；对于有弧梁的结构，弧梁的扭转折减系数应取 1，所以结构部分没有楼板或有弧梁时，要计算两遍，第一遍考虑扭转的折减，参考有楼板的直梁；第二遍不考虑扭转的折减，参考没有楼板的梁和弧梁。

如选择扭矩折减（＞0），则在计算配筋时，无条件对梁的组合扭矩进行折减；如选择扭转刚度折减（＜0），则在形成总刚时就对梁的扭转惯性矩进行折减，最终也达到了折减扭矩的目的。因此后者是间接的一种平衡折减。

顶部塔楼的内力放大：可填入大于等于 1 之数值。

对于结构顶部有小塔楼的结构，如地震的振型数取得不够多，则由于高振型的影响，顶部小塔楼的地震力会偏小，所以可以在这里对顶部的小塔楼的地震力进行放大。

放大起算层号：程序对该层号以上的结构构件的地震力进行放大；

顶部塔楼放大系数：可填入大于等于 1 之数值。

温度应力折减系数：一般考虑 0.75 或更低。

温度应力的计算实际上是一个比较复杂的问题，温度的变化对于结构的反应也是很复杂的。

首先温度的变化有"梯度"问题，即构件表面到内部的温度变化很大，这与构件均匀受温，且均匀膨胀、收缩不同，因此计算不能完全表示结构的真实受力。

其次温差的变化是有时效的，因为从冬季到夏季，结构的温度变化是一个很长的过

255

程，而不是在很短的时间内完成，因此结构的实际温度应力又与计算时不尽相同。

由此可见温度应力的计算结果往往偏大，因此 TAT 在前处理的参数修正中增加了"温度应力折减系数"，其缺省值为 0.75，由此可以对温度应力进行适当调整。

转换层所在层号：对于转换层结构需填入相应的层号。

对转换层结构，该层号是定义剪力墙加强部位的重要参数，也是框支柱地震内力调整的控制参数之一，所以应正确填入。

剪力墙加强区起算层号：当有多层地下室且地下室与上部结构共同计算时，若要设计地下二层以下的剪力墙为非加强区，此时可设定剪力墙加强区起算层号为地下一层所在层号。

9 度或一级框架结构的梁柱钢筋超配系数：因 9 度或一级框架结构的梁柱设计内力调整系数要按实配钢筋计算，因此设置实配钢筋的超配系数（缺省值为 1.15）。

考虑附加薄弱层地震剪力的人工调整：当结构的地震作用不满足规范要求的最小剪力系数时，反映结构的刚度和质量可能分布不合理，需要调整结构。本参数打开时，程序将自动放大地震作用使其满足规范要求，用户应当知道此时结构方案可能存在缺陷。

第四页　材料信息（图 10-10）

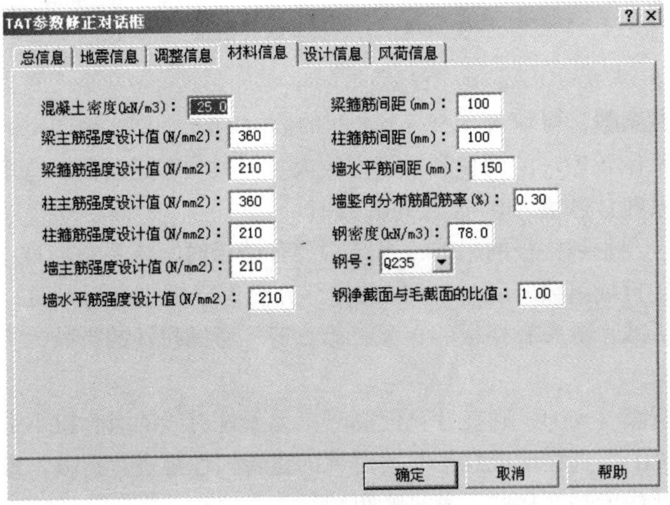

图 10-10　第四页　材料信息

混凝土自重：可填入 25kN/m³ 左右的数。

混凝土自重是用于计算混凝土梁、柱、支撑和剪力墙自重的，对于不考虑自重的结构可以填入 0。

梁、柱和墙主筋和箍筋的强度：一般应填入规范值，如：主筋 300N/mm²、箍筋 210N/mm² 等。

对于非规则的强度，可以修改该强度值。

梁、柱箍筋间距：应填入加密区的间距，并满足规范要求。

墙水平筋间距：应填入加强区的间距，并满足规范要求。

墙竖向分布筋配筋（%）：应填入规范要求的数值。如 0.3、0.4 等。

钢密度：可填入 78kN/m³ 左右的数。

钢号：程序提供以下几种选择：（1）Q235；（2）Q345；（3）Q390；（4）Q420。当选上述的钢号后，程序再根据截面的厚度求出钢的设计强度。

钢净截面与毛截面的比值：可填入 0.5～1 之间的数值。

第五页　设计信息（图 10-11）

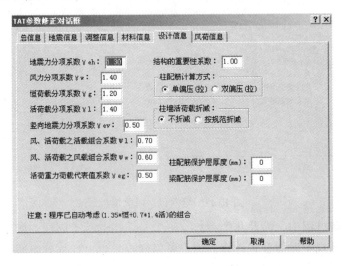

图 10-11　第五页　设计信息

分项系数和组合系数：程序按规范取值。

对于有特殊要求的结构，可以在这里修改这些参数。

活荷载重力荷载代表值系数：隐含取值 1.0。

该参数对于楼层的质量也有影响，当该值小于 1.0 时，计算地震力时的楼层质量也会相应的折减。

柱、墙活荷载折减标志：缺省取不折减。

该参数是根据《建筑结构荷载规范》（GB 50009—2002）第 4.1.2 条活荷载按楼层数的折减系数，在柱墙设计时，对其所承受的活荷载进行折减。当 Live＝1 时，需要在后面输入活荷载折减系数，也可在此选为按规范折减或自己调整。这里需要注意的是按照"荷载规范"，在设计中可以对柱、墙进行活荷载折减的结构类型和用途是有限制的。

结构重要性系数：隐含取值 1.0。

该系数主要是针对非抗震地区而设置的，程序在组合配筋时，对非地震参与的组合才乘以该放大系数。

柱配筋方式选择：程序提供单偏压（拉）和双偏压（拉）两种选择。

当选择单偏压（拉）计算配筋时，程序按两个方向的各自配筋，否则程序按双偏压（拉）配筋。对异型柱程序自动按双偏压（拉）计算配筋，用户选择无效。

梁、柱配筋保护层厚度：缺省取 30mm。

程序在计算钢筋合力点到截面边缘的长度是取：保护层厚度加 12.5（mm）。

第六页　风荷信息（图 10-12）

修正后的基本风压：需根据"荷载规范"取值。

结构基本自振周期：缺省值是按高规中近似公式计算。

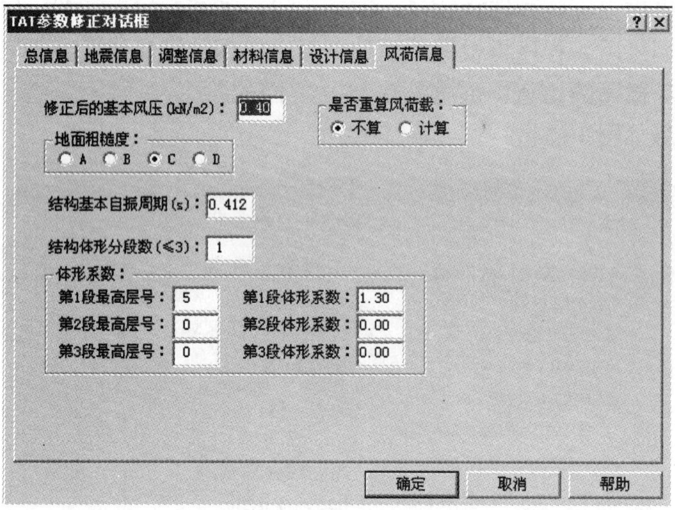

图 10-12   第六页   风荷信息

在导算风荷载过程中，涉及几个参数，一个是结构的基本周期，周期是用来求脉动系数的，缺省值按高规中近似公式计算，用户可以修改，也可在计算出准确的结构自振周期后，回填以得到更为准确的风力。

地面粗糙度：根据荷载规范提供：A、B、C、D四种选择。

体型分段数和分段参数：最多为3段，即可以有3段不同的体型系数。

每段参数有两个，第一为该段最高层号，如果只分一段，程序自动选为结构层数；第二为该段的体型系数。

如有第二、三段，则填法同上。

是否重算风荷载：控制程序是否重新生成风荷载。

在多塔结构、结构中定义了弹性节点或结构转角改变等情形，就要选择重新生成风荷载。

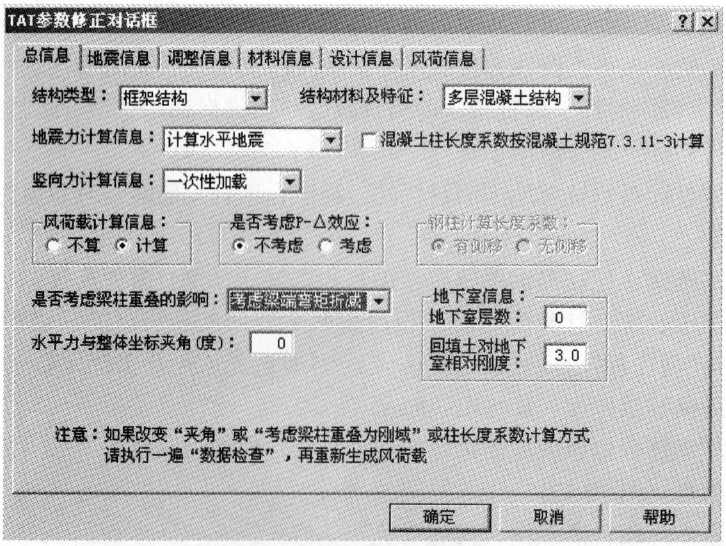

图 10-13   框架例题总信息

【例10-3】 接例10-2进行框架例题的参数修正。

- **参数修正**
- **总信息**（图10-13）；
- **地震信息**（图10-14）；

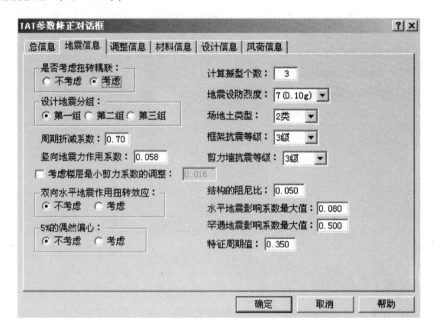

图10-14 框架例题地震信息

- **调整信息**（图10-15）；
- **材料信息**（图10-16）；

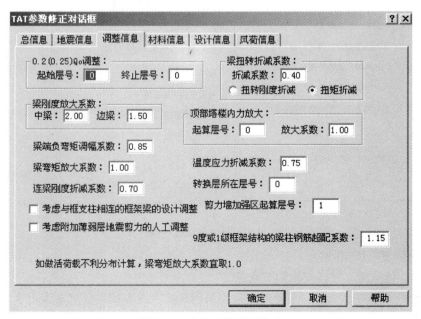

图10-15 框架例题调整信息

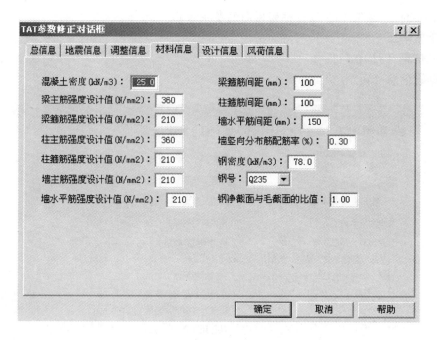

图 10-16 框架例题材料信息

- **设计信息**（图 10-17）；

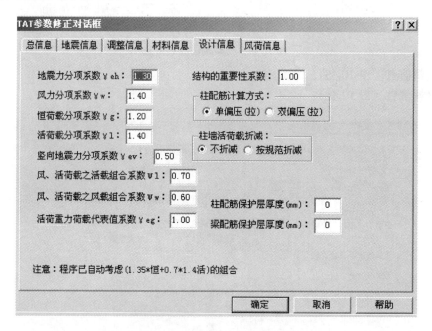

图 10-17 框架例题设计信息

- **风荷信息**（图 10-18）。

10.2.4 特殊梁、柱、支撑和节点定义

所有特殊梁、柱、支撑、节点的定义均采用异或方式，即重复定义为删除。各特殊构件的颜色区分点**说明**。

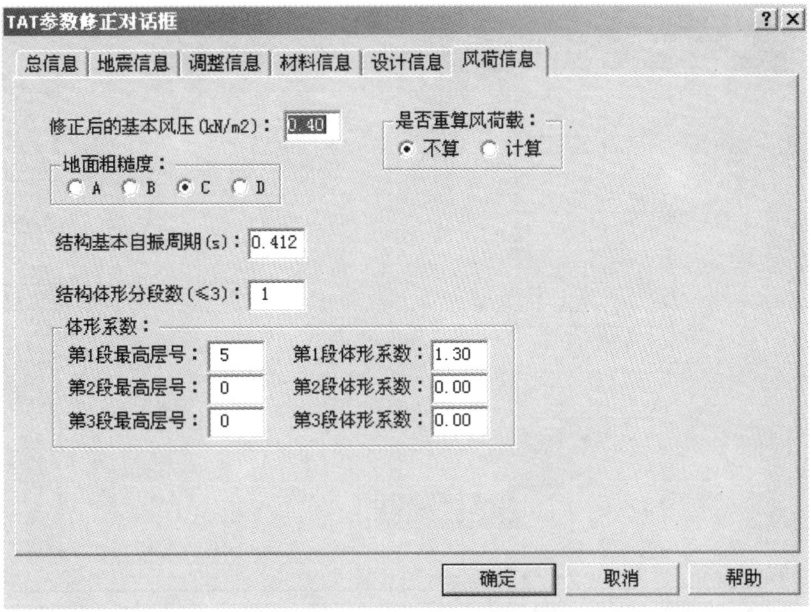

图 10-18 框架例题风荷信息

特殊梁

特殊梁指的是不调幅梁、铰接梁、连梁、托柱梁、耗能梁和叠合梁等。

不调幅是不对其支座负弯矩调幅的梁，挑梁是不能作负弯矩调幅的，程序对端支座为梁的部位也不调幅，程序仅对两端支在柱或墙上主梁调幅（该主梁中间可有无柱节点）。根据以上原则程序自动找到所有不调幅梁，在这里由用户逐层确认和修改。钢梁不予调幅。

铰接梁可被设为一端铰接或二端铰接梁，这样的梁需由用户在这里逐层逐根指定。

连梁是指两端与剪力墙相连的梁，为避免容易出现的超筋现象，对连梁的刚度折减系数往往较大，连梁由程序自动找出，在这里由用户补充修改。

特殊柱

特殊柱指的是角柱、框支柱和铰接柱。

角柱、框支柱与普通柱相比，其内力调整系数和构造要求有较大差别，因此需要用户在此专门指定设置。

铰接柱可设为下端铰接、上端铰接或两端铰接。

特殊支撑

特殊支撑指是铰接支撑，在 PMCAD 中定义和布置支撑，当转到 TAT 时，对钢筋混凝土支撑默认为两端刚接，对钢结构支撑默认两端铰接。特殊支撑就是给用户一个修改的机会。

特殊节点

特殊节点指的是弹性节点，在空旷结构中，各层没有楼板，因此可能不满足刚性楼板的假定。对这样的节点，可用弹性节点来定义，使其脱离刚性楼板假定对其的影响。在特殊节点中还可以修改节点相对高度。

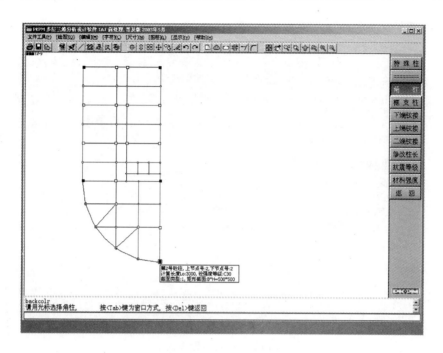

图 10-19　第五层角柱

【例 10-4】　定义框架例题的角柱。

特殊梁柱支撑节点定义；显示第五层平面；

特殊柱；角柱；用光标选择角柱（图 10-19 中实心柱）；[**Del**]；**返回**；

选择楼层；Floor 1；**特殊柱；角柱**；用光标选择角柱（图 10-20 中实心柱）；[**Del**]；
返回；

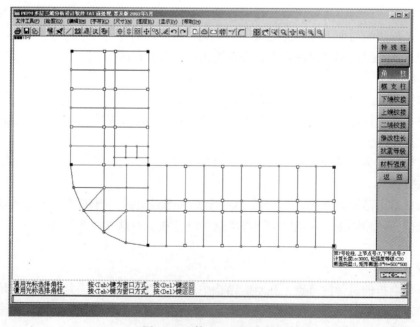

图 10-20　第一～四层角柱

层复制；被复制起始层：**2**；终止层：**4**；**确定**；**返回**。

10.2.5　特殊荷载定义

TAT 在特殊荷载计算中提供了吊车荷载的空间计算，还提供了砖混底框、支座位移、温度应力等特殊荷载计算功能。选择**特殊荷载查看和定义**项，可进行特殊荷载的定义。

吊车荷载

程序要求吊车荷载作用的牛腿处应是楼层的柱根底，也就是说，在吊车牛腿处应另设一个楼层。

选择**吊车荷载**项，此时屏幕右侧显示有关菜单，当选择**定义**项时，屏幕上弹出参数对话框：输入完相应的参数后，选择**确定**，则屏幕在下方提示：**请用光标指定吊车在左（上）轨道的两端点**：当选择完一根直线上的两点后，屏幕在下方又提示：**请用光标指定吊车在右（下）轨道的两端点**：当选择完第二条轨道的两端点后，这组吊车荷载就定义完毕了，如再选择定义项，则进入下一组吊车的定义。

吊车荷载定义后，可以选择**查看**项，来标出各吊车荷载参数，可以选择**删除**项来删除某组吊车荷载的定义，此时屏幕下方提示：**请用光标选择吊车任一轨道的一个端节点**：选中轨道的端点后，该组吊车定义被删除。

砖混底框

TAT 作砖混底部框架计算的思路是：首先，用 PMCAD 主菜单 8 的基底剪力法作整体结构抗震验算并得出底框层的地震力，然后仅对底框部分用 TAT 进行空间分析。因此，在 PMCAD 中的第八步进行砖混抗震验算后，才可进入 TAT 进行下部底框的整体分析。

在接 PM 生成 TAT 数据时，选择**作为砖混底框计算**，则 PMCAD 主菜单 8 算出的上部砖混的恒、活荷载会自动传给下部结构；PMCAD 主菜单 8 算出的上部砖混的地震剪力、地震倾覆力矩也会自动传给下部结构；选择风荷载计算，则上部砖混的风剪力、风倾覆弯矩也会自动传给下部结构。

在进入 TAT 并通过**数据检查**后，选择**特殊荷载查看和定义**项，并在显示结构的顶层平面图时，选择**砖混底框 L**，这时屏幕右侧显示荷载查看菜单。

上部砖混传来的恒、活荷载还带有考虑墙梁作用的上部荷载折减系数，即恒、活荷产生的均布荷载不完全作用在底框梁上，而应按折减系数将部分荷载向两边传，对两边柱产生两个集中力，因此折减系数将影响梁的上部砖混的荷载分布。折减系数已在 PMCAD 的第八步确定，想改变折减系数，只有到 PMCAD 中去修改，并且要重新转换 TAT 数据才被确认。

在荷载查看菜单中，通过**调整前/后**这个菜单，**调整前**为不考虑折减系数的上部砖混传给下部底框的恒、活荷载、地震力，几力产生的倾覆弯矩不转换为节点的拉、压力；**调整后**为考虑折减系数的上部砖混传给下部底框的恒、活荷载，其中部分被分配为两端的轴压力，地震力、风力产生的倾覆弯矩转换为节点的拉、压力。

支座位移

选择**位移荷载**项，则屏幕右侧显示位移定义菜单；

当选择**定义**项时，屏幕在下方提示：请输入柱下节点位移：D_x、D_y、D_z、T_x、T_y、T_z。其中：D_x, D_y, D_z——分别表示该柱下节点在 X、Y、Z 方向的位移（mm）；T_x、T_y、T_z——分别表示该柱下节点在 X、Y、Z 方向的转角（度 Dec）。

输入这 6 个值后，程序提示用光标选择柱，选中的柱，其下节点就被定义了指定位移，通过**查看**菜单，可以在屏幕上标出柱下节点的位移值。

温度应力

选择**温度荷载**项，则屏幕右侧显示温度定义菜单。

当选择**定义**项时，屏幕在下方提示：**请输入温度差（度）**：输入温差后，屏幕再提示：**请用光标选择梁柱**：以确定哪些构件承担了温差产生的温度应力。

还可以选择**查看**或**删除**项，来查看或删除已定义的各构件的温差。

10.2.6 检查和修改各层柱计算长度系数

数据检查以后，程序已把各层柱的计算长度系数按规范的要求计算好了，选择**检查和修改各层柱计算长度系数**，程序给出图形显示，并在图上各柱位置的 b（X）边和 h（Y）边标出 X（矢量方向）和 Y（矢量方向）的柱计算长度系数，便于校核，对一些特殊情况，还可以人工直接输入、修改。当选择查看某层柱算长度系数图时，屏幕右侧提供相关菜单。

当选择**修正系数**时，屏幕下边提示：**请用光标选择柱，按〔Tab〕键为窗口选择，按〔Esc〕键返回**。当某一柱被选中时，屏幕下边列出该柱的有侧移系数 U_{x1}、U_{y1} 和无侧移系数 U_{x2}、U_{y2}，并让用户输入新的 U_{x1}、U_{y1}、U_{x2}、U_{y2}，按〔Esc〕键为放弃。如输入新的系数，只要不数检，该柱就保持新的长度系数。

对于钢结构柱或结构带有支撑等一些特殊情况下的柱，其长度系数的计算比较复杂，用户可以在此酌情修改长度系数。

10.2.7 检查和绘各层几何平面

在几何数据检查无误后，用户可以选择**检查和绘各层几何平面**来绘各层的几何平面图（**FP * ·T**），作为计算的原始几何数据。此时屏幕右侧显示相关菜单。

可以用**显示下层**或**选择楼层**项来选择所要的楼层；用**单元开关**来关闭或打开梁、柱、墙等单元构件；用**字符开关**来关闭或打开梁、柱、墙等的数据标字；选择**梁搜索**，程序在底部提示输入梁单元号，当输入该梁的单元号后，程序将自动搜索到该梁，并放大显示；当选择**柱墙搜索**时，程序在底部提示输入柱、墙节点号，然后程序自动搜索到该柱，并放大显示。

另在几何平面图增加了异形柱、弧梁的绘图功能，对剪力墙增加了下节点编号输出功能，对每一薄壁柱（剪力墙）标有 3 个数：A_1—A_2—A_3。其中 A_1 为该薄壁柱的单元号，它是独立从 1 起始编的；A_2 为薄壁柱的节点号，它是随着柱后连续编的；A_3 为薄壁柱与下层连接的下层节点号。通过上下节点编号对位，可以看到薄壁柱的传力途径，也可以找到刚域为什么会大于 2m 的原因。

10.2.8 检查和绘各层荷载图

在荷载数据检查无误后，用户可以选择**检查和绘各层荷载图**项来作各层的荷载图（**FL * ·T**），作为计算的原始荷载数据。

其功能与几何平面图中的类似。其中白色为恒载，黄色为活载，并增加节点水平力的绘图。

10.2.9 文本文件查看

这里可点菜单直接调用全屏幕编辑程序，用来查看和修改这章生成的各种数据文件

（图 10-21）。

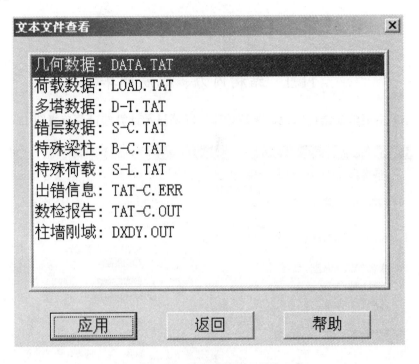

图 10-21　TAT 前处理生成的数据文件

第11章 TAT内力分析和配筋计算

11.1 结构内力、配筋计算

执行 **TAT 主菜单 3 结构内力，配筋计算**，屏幕显示计算选择菜单（图 11-1）。

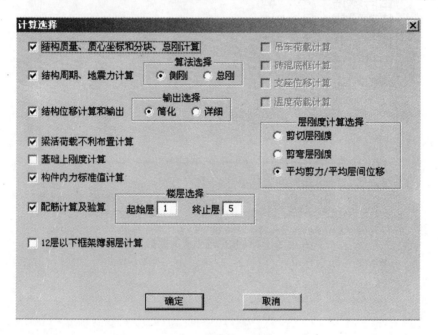

图 11-1 计算选择菜单

质量、质心坐标和刚度计算

在计算质量的过程中，程序以构件轴线和层高为计算长度来确定梁、柱和墙的自重荷载。另外，程序在计算质量矩时，对梁采用两端点取矩，对剪力墙采用薄壁柱形心取矩，计算完后产生输出文件 TAT-M·OUT。

结构刚度计算，程序采用 LDLT 分解法，可以不考虑带宽的约束。

输出文件：TAT-M·OUT

侧刚、地震力和位移计算

当运算完侧刚计算后，形成 SH1D·MID 文件，存放结构的 X、Y 方向的侧向刚度矩阵。运算完周期、位移计算后，形成 TAT-4·OUT 文件，存放周期、地震力和楼层水平位移。

位移输出一般采用"简化"，如选择"详细"，则在 TAT-4·OUT 文件最后再输出各层各节点各工况的位移值和柱间位移值。

输出文件：TAT-4·OUT

活荷载不利布置计算

这是一个可选项菜单，它将生成每根梁的正弯矩包络和负弯矩包络数据，这些数据可较好地反映活荷的不利分布，与恒、风、地震作用组合后可得出梁的最不利内力组合与配筋。

增加这一步计算大均需增加 20% 的计算时间，计算逐层进行，把梁下的柱和墙当作支座，把整个楼层作为一个交叉梁来计算，没有考虑不同楼层之间的活荷不利布置影响。

基础上刚度计算

计算基础上刚度是为了把上部结构的刚度传给下部基础（JCCAD 中使用）所做的上刚度凝聚工作，在基础计算时，考虑上部结构的实际刚度，使之上下共同工作。基础上刚度与基础连接采用二进制格式。所以只有采用 JCCAD 时，才可以实现、观察到。

内力标准值计算，配筋计算及验算

计算以层为单元进行。配筋计算及验算可以同时算所有层，也可以挑选某几层计算。

每层输出一个内力文件，名为 NL-＊·OUT，＊ 为层号；每层输出一配筋文件，名为 PJ-＊·OUT，＊ 为层号。

十二层以下框架簿弱层计算

该计算只针对《建筑抗震设计规范》（GB 50011—2001）5.5.3-1 条纯框架进行，并要求已完成各层的内力、配筋计算。按规范求各层屈服强度系数，当有小于 0.5 的屈服强度系数时，再计算各层的塑性位移和层间位移。

产生输出文件 TAT-K·OUT。

吊车荷载的计算

吊车荷载的作用点就是与吊车轨道平行的柱列各节点，它是根据吊车轨迹由程序自动求出。在 TAT 计算选择项是否计算吊车选项中，选择**吊车荷载计算**，则 TAT 对吊车荷载作如下计算：

（1）程序沿吊车轨迹自动对每跨加载吊车作用；

（2）求出每组吊车的加载作用节点；

（3）对每对节点作用 4 组外力，分别为：a：左点最大轮压、右点最小轮压；b：右点最大轮压、左点最小轮压；c：左、右点正横向水平刹车力；d：左、右点正纵向水平刹车力；

（4）对每组吊车的每次加载，求每根杆件的内力；

（5）分别按轮压力和刹车力求每根的预组合力，预组合力的目标淡：最大轴力、最大弯矩等。

砖混底框的计算

砖混底框计算仅限于底框层部分的 TAT 空间计算：

（1）把上部砖混传来的恒、活荷载与底框层的恒、活荷载叠加计算；

（2）把上部传来的地震、风的水平力作为作用在底框质心的地震和风的外力，并把地震和风的倾覆弯矩转化为的节点拉、压力，作用在相应的地震力、风力工况中；

（3）在 TAT 计算选择对话框中，选择底框计算。

底框计算的后处理，与普通框架结构一样，查阅方式、输出打印等也与普通框架结构一样。

支座位移的计算

在 TAT 计算选择对话框中，选择**支座位移计算**，则 TAT 对已定义的结构进行已知支座位移的计算。

支座位移产生的内力计算后，将被处理成恒载工况的一部分，不单独设为一个工况，即支座位移的内力与恒载作用下的内力叠加，成为一新的恒载内力工况，然后再与活载、地震和风力工况地行内力组合配筋。

温度应力的计算

在 TAT 计算选择对话框中，选择**温度荷载计算**，则 TAT 对已定义温度差的结构进行温度应力的计算。

温度应力作为一独立的工况进行计算和输出，计算时把定义的温度差作为正向等效荷载来计算一种工况，而反向温度荷载产生的内力可以通过对正向温度荷载内力加负号来产生。

内力组合中，既考虑了膨胀产生的正温差，又考虑了收缩产生的负温差。

层刚度计算

TAT 提供了 3 种层刚度的计算方式：（1）剪切层刚度；（2）剪弯层刚度；（3）平均剪力比上平均层间位移的层刚度。对于不同类型的结构，可以选择不同的层刚度计算方法。

【例 11-1】 接例 10-4 进行框架例题的 TAT 计算。

● TAT-8 主菜单 **3 结构内力，配筋计算**；

● **计算选择**如图 11-2，确定；

● 程序按计算选择进行计算，计算结束退回主菜单。

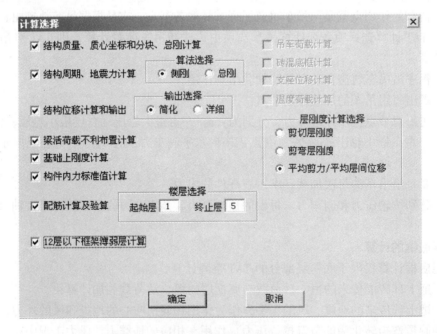

图 11-2 框架例题计算选择

11.2 PM 混凝土次梁计算

选择 TAT 主菜单 4，程序将 PM 主菜单 2 输入的所有次梁，按连续梁的方式一次全部计算完。其配筋可以在 TAT 配筋图中显示，在 TAT 归并中也可整体归并和出施工图。

PM 次梁并不参与 TAT 整体计算，它的计算过程是：

（1）将在同一直线上的次梁连续生成一连续次梁；

（2）对每根连续梁按 PK 的二维连梁计算模式算出恒、活载下的内力和配筋，包括活荷载不利布置计算；

（3）计算逐层进行，自动完成计算全过程，生成每层 PM 次梁的内力与配筋简图。

注意：次梁配筋只对混凝土次梁进行，对钢结构次只能参考其内力。

【例 11-2】 接例 11-1 进行框架例题的 PM 次梁计算。

● TAT-8 主菜单 **4 PM 混凝土次梁计算**；

● 显示计算结果，退出。

11.3 TAT 计算结果输出

选择 **TAT** 主菜单 **5 分析结果图形和文本显示**，则屏幕显示 **TAT** 输出菜单（图 11-3）。

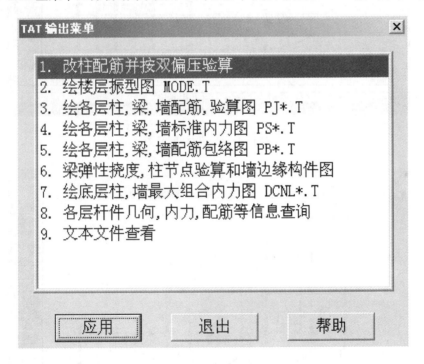

图 11-3 TAT 输出菜单

11.3.1 改柱配筋并按双偏压（拉）验算

选择此项，程序首先根据 TAT 计算结果显示第一层柱钢筋图（图 11-4），用右侧菜单的**换其他层**可选择层号。右侧还有各种修改柱钢筋的菜单，如**修改钢筋**：在平面上选某一柱截面修改其 X、Y 向钢筋。**钢筋拷贝**：将某一柱的钢筋拷贝到同层其他柱。**连柱改筋**：在平面上选某一列柱截面修改其 X、Y 向钢筋，程序随后显示该列柱从底层到顶层的整体立面。**连柱拷贝**：将某一柱列的钢筋拷贝到其他柱列。拷贝时该柱列的各层柱段的钢筋拷贝到指定柱列对应层的柱段上。**层间拷贝**：将某一层的柱钢筋拷贝到其他楼层上。

当选择右侧菜单**钢筋验算**时，屏幕弹出如图 11-5 的楼层选择，可以在选择若干层以后进行验算，验算后如钢筋不够，则用红色显示。

在修改钢筋后，程序自动读取 TAT 的标准内力，然后进行内力组合配筋验算。

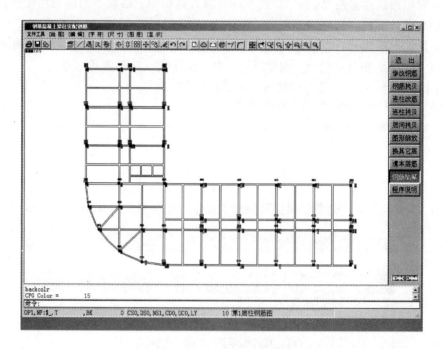

图 11-4　第一层柱钢筋图

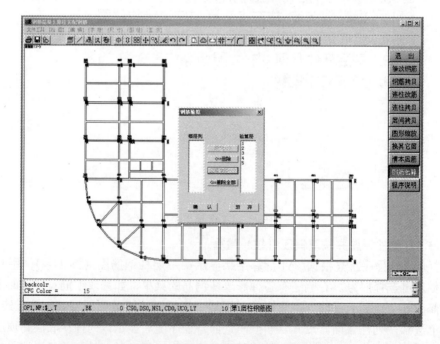

图 11-5　选择柱按双偏验算的楼层

11.3.2 绘楼层振型图 MODE＊.T

进入此项，可用右侧菜单**选择振型**绘各个振型的振型图，可以一振型一个图，也可几个或全部振型绘一张图（图11-6）；并可用**保存文件**输入图名后存盘。

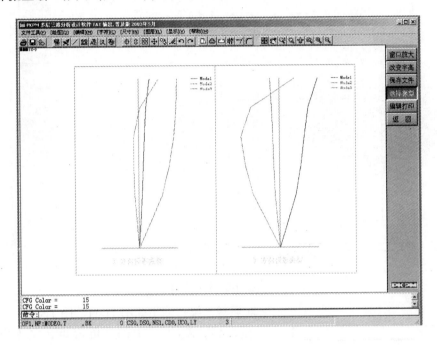

图 11-6　振型图

11.3.3 绘各层配筋、验算简图 PJ＊.T

进入此项，可以输出各层混凝土结构的配筋简图和钢结构的验算结果。用**选择楼层**指定楼层；用**字符开关**可开关指定构件上的数据。

对矩形混凝土柱：输出如图11-7、图11-8。

As-corner 为柱一根角筋的面积，采用双偏压计算时，角筋面积不应小于此值，采用单偏压计算时，角筋面积可不受此值控制（cm²）。

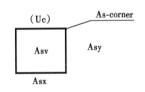

图 11-7　柱配筋示意图

A_{sx}，A_{sy} 分别为该柱 B 边和 H 边的单边配筋，包括角筋（cm²）。

A_{sv} 表示柱在 S_c 范围内的箍筋，它是取柱斜载面抗剪箍筋和节点抗剪箍筋的大值（cm²），且考虑了体积配箍率的要求。

U_c 表示柱的轴压比。

对混凝土墙：输出如图11-9、图11-10。

A_s 表示墙柱一端的暗柱实际配筋总面积（cm²），如计算不需要配筋时，取 0 不考虑构造钢筋，当墙长小于 3 倍的墙厚时，按柱配筋。注意：此墙端配只为参考，真实的配筋应参考**剪力墙边缘构件图**。

A_{sh} 为 S_{wh} 范围内水平布筋面积（cm²）；S_{wh}——墙水平分布筋间距。

U_w 表示墙肢在重力荷载代表值乘以 1.2 下的轴压比，当其小于 0.1 时图上不标注。

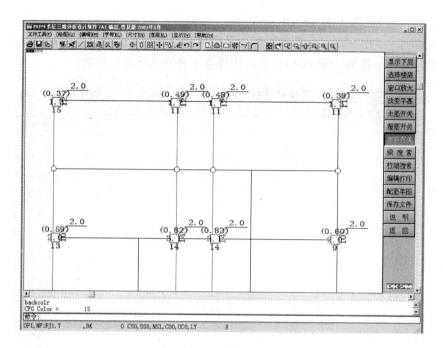

图 11-8　柱配筋图

A_s—HA_{sh}

(U_w)

图 11-9　混凝土墙配筋示意图

对混凝土梁：输出如图 11-11、图 11-12。

A_{s1}，A_{s2}，A_{s3} 为梁上部（负弯矩）左支座、跨中、右支座的配筋面积（cm^2）；

A_{sm} 表示梁下部的最大配筋（cm^2）；

A_{sv} 表示梁在 Sb 范围内的剪扭箍筋面积（cm^2）；

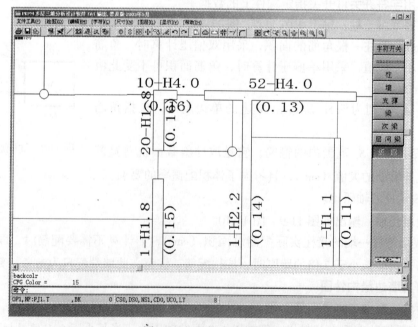

图 11-10　混凝土墙配筋图

272

A_{st}表示梁受扭所需要的纵筋面积（cm²）；

A_{st1}表示梁受扭所需要周边箍筋的单根钢筋的面积（cm²）。

G，TV分别为箍筋和剪扭配筋标志。

$$GA_{sv}$$

$$\frac{A_{s1} - A_{s2} - A_{s3}}{A_{sm} - TVA_{st} - A_{st1}}$$

图 11-11　混凝土梁配筋示意图

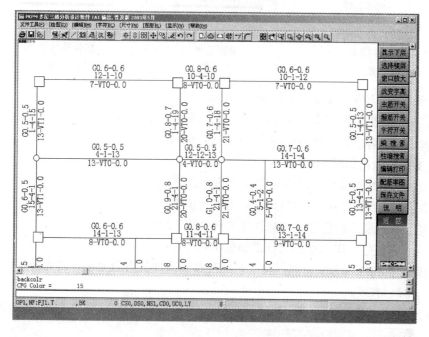

图 11-12　混凝土梁配筋图

对混凝土支撑：输出如图 11-13。

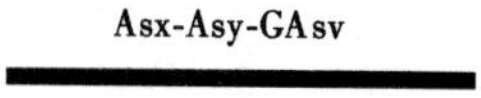

A_{sx}、A_{sy}、A_{sv}的解释同柱，支撑配筋的看法是：把支撑向 Z 方向投影，即可得到如柱图一样的截面形式。

对异形混凝土柱：输出如图 11-14。

异形柱采用双偏压、拉配筋的整截面的配筋形式，如图 11-15 表达为：

A_{sz}表示异形柱固定钢筋位置的配筋面积，即位于直线柱肢外端和相交处的配筋面积之和（cm²）；

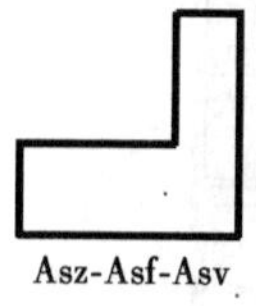

Asx-Asy-GAsv

图 11-13　混凝土
支撑配筋示意图

A_{sf}表示附加钢筋的配筋面积，即除 A_{sz} 之外的分布钢筋面积（cm²）；

A_{sv}表示该柱肢在 S_c 范围内的箍筋面积（cm²），异形柱的斜截面受剪配按双剪计算，分别求出两个相互垂直的肢箍筋面积 A_{sv1} 和 A_{sv2}，并取 A_{sv1}、A_{sv2} 中的较大输出。

Asz-Asf-Asv

图 11-14　异形
混凝土柱
配筋示意图

对钢柱：输出如图 11-15。

U_c 为钢柱的轴压比；

$R1$ 表示钢柱正应力强度与允许应力的比值 $F1/f$；

$R2$ 表示钢柱 X 向稳定力与允许应力的比值 $F2/f$；

$R3$ 表示钢柱 Y 向稳定力与允许应力的比值 $F3/f$。

对钢梁：输出如图 11-16。

图 11-15　钢柱
验算结果
示意图

图 11-16　钢梁
验算结果
示意图

图 11-17　钢支
撑验算结果
示意图

$R1$ 表示钢梁正应力强度与允许应力的比值 $F1/f$；

$R2$ 表示钢梁整体稳定应力与允许应力的比值 $F2/f$；

$R3$ 表示钢梁剪应力强度与允许应力的比值 $F3/f_v$。

对钢支撑：输出如图 11-17。

$R1$ 表示钢支撑正应力强度与允许应力的比值 $F1/f$；

$R2$ 表示钢支撑 X 向稳定力与允许应力的比值 $F2/f$；

$R3$ 表示钢支撑 Y 向稳定力与允许应力的比值 $F3/f$。

11.3.4　各层柱、梁、墙内力标准值图 PS＊.T

用图形表达构件内力，可以一目了然地观察到构件的内力大小、内力分布，它比用文本文件更直接、直观。

选择此项，可以查看和输出各层梁、柱、墙和支撑等的标准内力图，如图 11-18 所

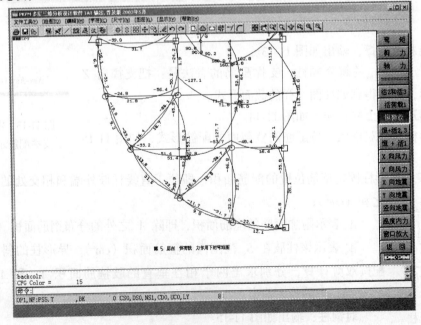

图 11-18　内力标准值图

示。在弯矩图中,标出支座、跨中的最大值,在剪力图中,标出两端部的最大值。

标准内力图指地震、风载、恒载、活载等标准值分别作用下的分组弯矩图,剪力图和轴力图。在弯矩标准图中,活2表示梁活荷载不利布置的负弯矩包络,活3表示正弯矩包络,活1表示梁活荷载一次性作用下的弯矩。如果不考虑活荷载不利分布,则只有活1。同样的情况在剪力标准图中。右侧菜单的主要功能为:

用**显示下层**或**选择楼层**可选择楼层;用**标准内力**可以选择荷载作用及标准内力种类,如图 11-18 为框架例题第 5 层在恒载标准值作用下的弯矩图;用**字符开关**可开关选定构件上的数据;用**线开关**可开关选定构件上的图形线。

用**立面选择**,再指定立面的起止点,输入立面的起止层,则可绘出内力标准值的立面图。图 11-19 为框架例题⑧轴在恒载作用下的弯矩标准值图。

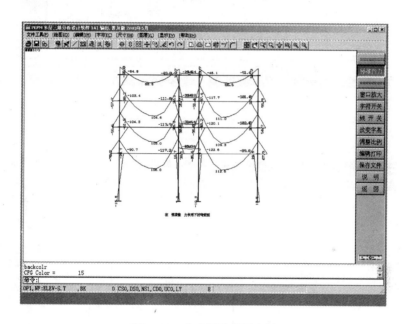

图 11-19　内力标准值图立面

11.3.5　绘各层柱、梁、墙包络图 PB＊.T

选择此项,可以查看和输出各层的控制配筋的设计内力包络图和配筋包络图。用**设计包络**可选择包络图选项:**弯矩包络图、剪力包络图、轴力包络图、主筋包络图和箍筋包络图**。图 11-20 为框架例题的弯矩包络图,图 11-21 为框架例题的主筋包络图。

同样可用**立面选择**绘包络立面图,图 11-22 为框架例题⑧轴的柱轴力包络立面图。

11.3.6　梁弹性挠度、柱节点验算和墙边缘构件图 PD＊.T

选择此项,可以查看和输出各层梁挠度、框架柱节点抗剪验算和剪力墙边缘构件图(图 11-23、图 11-24、图 11-25)。

梁挠度按《混凝土结构设计规范》(GB 50010—2002) 第 8 章第 2 节计算;对一、二级抗震等级的框架进行**节点抗剪验算**,产生箍筋图;对一、二级抗震等级的剪力墙和框架-剪力墙结构中的剪力墙,在底部加强部位及其以上一层墙肢设置**约束边缘构件**;其他部位设置**构造边缘构件**。

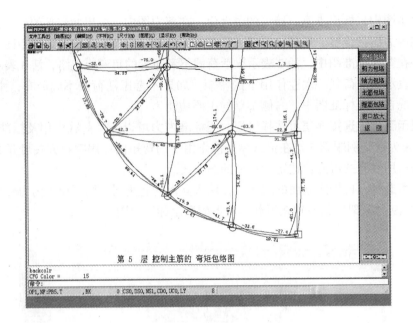

图 11-20　设计内力包络图

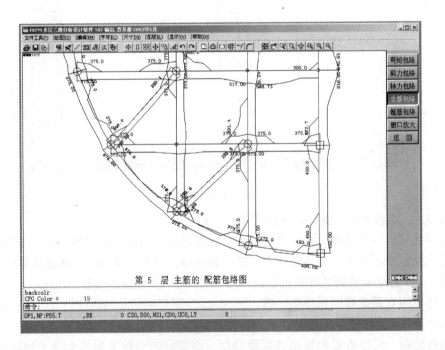

图 11-21　主筋包络图

当选择**刚心质心**项时，程序把该层结构的刚心和质心位置用圆圈画出，这样可以很方便地看出刚心和质心位置的差异。

对剪力墙约束边缘构件（图 11-24）：

（1）对一字形端点：在主肢下部标出 L_s-L_c，在主肢上部标出 A_s-G_p%；

（2）对 L 形端点：在主肢下部第 1 行标出 L_s-L_c，主肢下部第 2 行标出垂直于主肢的

$L_s 1$-$L_c 1$，在主肢上部标出 A_s-G_p%；

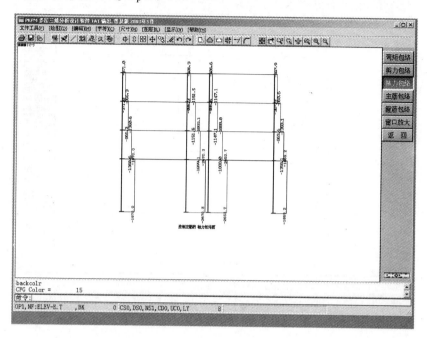

图 11-22　包络图立面

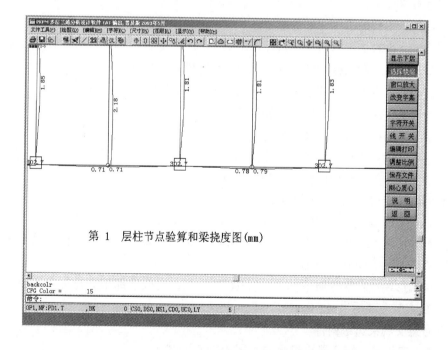

图 11-23　梁挠度、框架柱节点抗剪验算图

（3）对 T 形端点：在主肢下部第 1 行标出 L_s-L_c，主肢下部第 2 行标出垂直于主肢的 $L_s 1$-$L_s 2$，在主肢上部标出 A_s-G_p%；

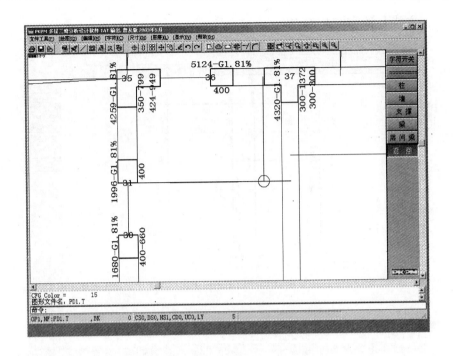

图 11-24　剪力墙约束边缘构件图

各符号意义如下：

L_s——主肢的边缘构件的核心区长（mm），从墙挑出边算起；

L_s1、L_s2——垂直于主肢的边缘构件的上、下核心区长度（mm），从墙挑出边算起；

L_c——主肢的边缘构件长度（mm），从墙外边缘算起；

L_c1——垂直于主肢的边缘构件长度（mm）从墙外边缘算起；

A_s——边缘构件核心区主配筋面积（mm²）；

d——构造边缘构件核心区箍筋直径（mm）；

S——构造边缘构件核心区箍筋间距（mm）；

P——约束边缘构件核心区箍筋配筋率（%）。

对剪力墙构造边缘构件（图 11-25）：

（1）对一字形端点：在主肢下部标出 L_s-L_c在主肢上部标出 A_s-G_d@S；

（2）对 L 形端点：在主肢下部第 1 行标出 L_s-L_c，主肢下部第 2 行标出垂直于主肢的 L_s1-L_c1，在主肢上部标出 A_s-G_d@s；

（3）对 T 形端点：在主肢下部第 1 行标出 L_s-L_c，主肢下部第 2 行标出垂直于主肢的 L_s1-L_s2，在主肢上部标出 A_s-G_d@s。

各符号意义约束边缘构件。

11.3.7　底层柱、墙底最大组合内力图 DCNL＊.T

选择此项，可以查看用于基础设计的底层柱底、墙底最大组合内力图（图 11-26）。最大剪力的组合：V_{xmax}、V_{ymay}；最大轴力的组合：N_{max}、N_{min}；最大弯矩的组合：M_{xmax}、M_{ymax}；以及恒＋活的组合。组合内力均为设计荷载，即已含有荷载分项系数，但不考虑

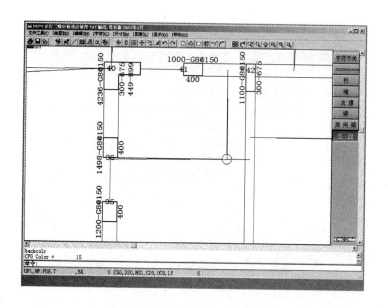

图 11-25　剪力墙构造边缘构件图

抗震的调整系数以及框支柱等调整系数（如强柱弱梁，底层柱根增大等系数）。用右侧菜单便可查看相应的底部组合内力。

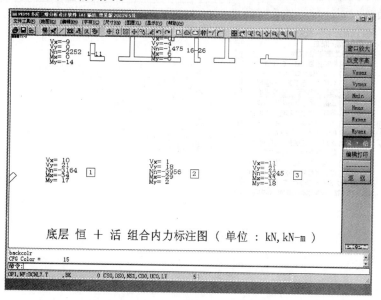

图 11-26　底层柱、墙底最大组合内力图

11.3.8　各层杆件几何、内力、配筋等信息查询

选择此项，屏幕显示各层平面图，并在右侧有构件选择菜单，如选中某根梁、柱，则屏幕显示该构件的内力和配筋验算等信息以及该构件的独立"文本信息"。

11.3.9　文本文件查看

选择此项，可以查看 TAT 计算结果文本文件（图 11-27）。点**帮助：输出结果说明**可以阅看输出文件说明及计算说明（图 11-28）。

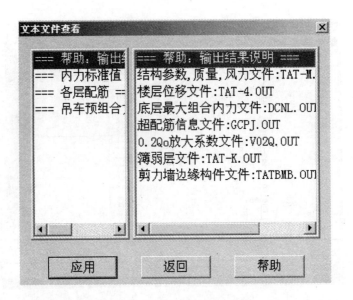

图 11-27　查看计算结果文本文件

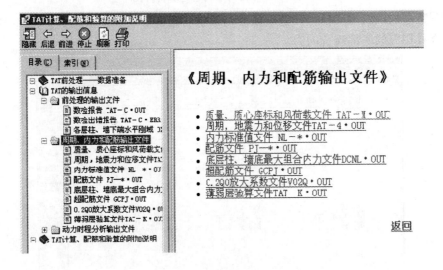

图 11-28　输出结果说明

第 12 章　接 PK 绘制梁柱施工图

梁柱施工图可以用梁柱施工图、梁柱表、平面图法等方式之一表示。为了减少出图量，可先将能合并画的梁柱进行归并。

12.1　梁　归　并

TAT 主菜单**梁归并**是把满足下列条件的若干根梁配筋选大归为同一编号：

(1) 几何条件相同（跨数、跨度、截面形状与尺寸）；

(2) 钢筋等级相同；

(3) 对应截面配筋面积偏差在归并系数之内。

归并可以在一层或几层（包括全楼）中进行，输入归并系数后自动归并，然后在平面图上标出归并梁的顺序编号，顺序是先从左到右编纵向梁，再从下到上编横向梁。如KL-1 (6) 表示归并后的第一种框架梁，这条梁有 6 跨。

右侧主要菜单功能如下

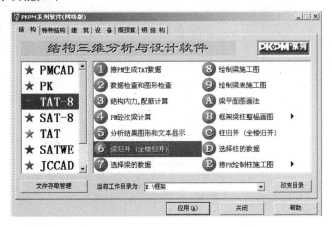

图 12-1　梁归并

输入梁归并的起始层号和终止层号(1-5): 1,5

提示：两数之间请用逗号或空格分开，退出归并[Esc]

图 12-2　归并起止层

(1) **归并信息**：可显示归并结果，其中几何标准连续梁种类数指几何条件相同的梁的种类数。

(2) **名称编辑**：用来修改归并后梁的名称。

修改前缀：可修改框架梁前缀及非框架梁前缀。

图 12-3　输入归并系数

逐梁修改：用于修改光标选定梁的名称。

连序编号：可将框架梁和非框架梁统一连续编号。此时需将框架梁前缀及非框架梁前缀改成一致。

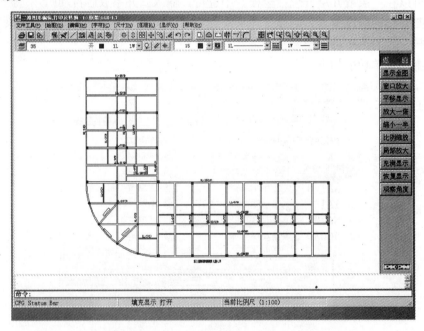

图 12-4　第一层归并结果

【**例 12-1**】　将框架例题计算结果进行全楼梁归并，归并系数取 0.2。

TAT-8 主菜单 6 梁归并（图 12-1）。

输入归并起止层：1，5［**Enter**］（图 12-2）。

输入归并系数：0.2［**Enter**］（图 12-3）；显示第一层归并结果示意图（图 12-4）。

归并信息：如图 12-5；（一～五层，共有 170 根梁，按几何条件分为 24 种，取 0.2 归并系数归并配筋结果后需画 64 根梁）；［**Del**］。

用**显示下层**查看第二～五层归并结果。

退出显示。

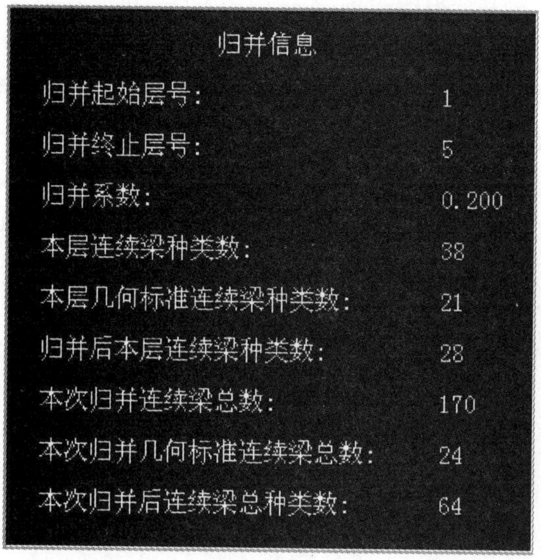

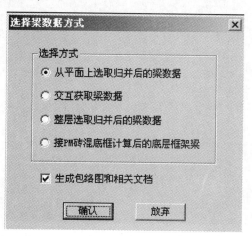

图 12-5　归并信息

12.2　选择梁的数据

当画梁施工图或梁表时，应先选择梁的数据。执行 TAT 主菜单**选择梁的数据**，程序显示选择梁数据方式（图 12-6）。

图 12-6　选择梁数据方式

12.2.1　从平面上选取归并后的梁数据

选择此方式，程序要求输入要生成数据的梁所在层号，然后显示所输层的归并结果，提示用光标选择梁，当点到一根梁，该梁的各跨都指定，确认正确后，输入该梁的名称（编号）；依此再点下一根梁，[Tab] 可切换到其他层。

12.2.2　交互获取梁数据

选择此方式，程序要求输入要生成数据的梁的根数和所在层号；然后显示所输层的平面，提示用光标选择梁，当点一根梁时，要逐段选择，用 [Del] 退出，确认正确后，输入该梁的名称；依此再点下一根梁。

12.2.3 整层选取归并后的梁数据

选择此方式，可以选取一层或几层（包括全楼）归并后的梁数据，从而完成批量出图。注意每选取的梁数应不超过 100 根。

12.2.4 选砖混底层框架梁

选择此方式，可以选取砖混底层框架梁，并按设计要求生成数据。

12.2.5 生成包络图和相关文档

选择此项，可输出所选梁的计算结果。

12.3 绘制梁施工图

在**选择梁的数据**后，执行 TAT 主菜单**绘梁施工图**，选用**人机交互方式建立绘图数据文件**（修改四页绘图数据文件参数），确定后生成绘图数据文件，名称为 PKBE。接下来可参考 PK 施工图设计的方法绘图。

【例 12-2】 接例 12-1 绘框架例题 KL—1、KL—2 的梁施工图。

（1）**TAT-8 主菜单 7 选择梁的数据**

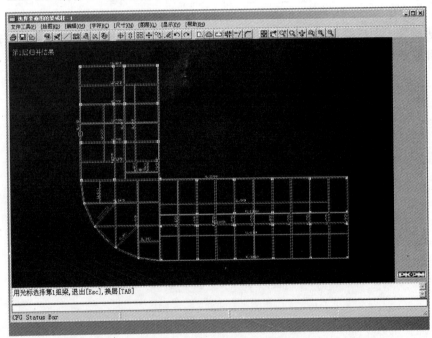

图 12-7 用光标选择第 1 组梁

选择**从平面上选取归并后的梁数据**（图 12-6），**确认**；

输入梁所在的层号：**1**［Enter］；显示第 1 层归并结果；

用**光标**选择 KL—1（图 12-7），［**Enter**］确认正确（图 12-8），［**Enter**］取梁隐含名称 KL—1（图 12-9）；

用**光标**选择 KL—2，［**Enter**］确认正确，［**Enter**］取梁隐含名称 KL—2；

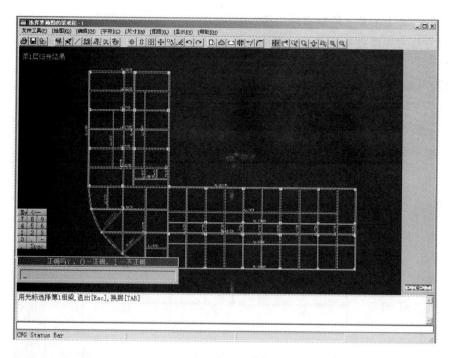

图 12-8　确认选梁正确

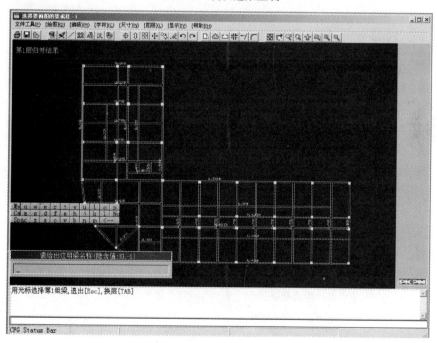

图 12-9　输入梁名称

[**DEL**] 退出选梁，显示支座图（图 12-10 竖线为柱支座，三角形为梁支座，圆圈为次梁）；

退出。

(2) 查看计算结果（图 12-11），退出。

（3）**TAT-8 主菜单 8 绘制梁施工图。**

人机交互方式建立绘图数据文件（4 页参数分别如图 12-12、图 12-13、图 12-14、图 12-15）；

确定；**[Enter]** 确认绘图数据文件，名称 PKBE；

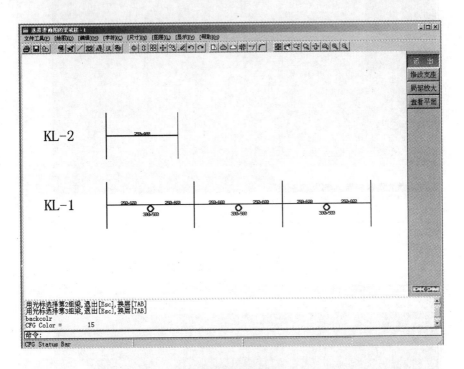

图 12-10　支座图

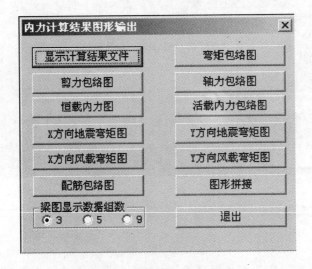

图 12-11　选择输出计算结果

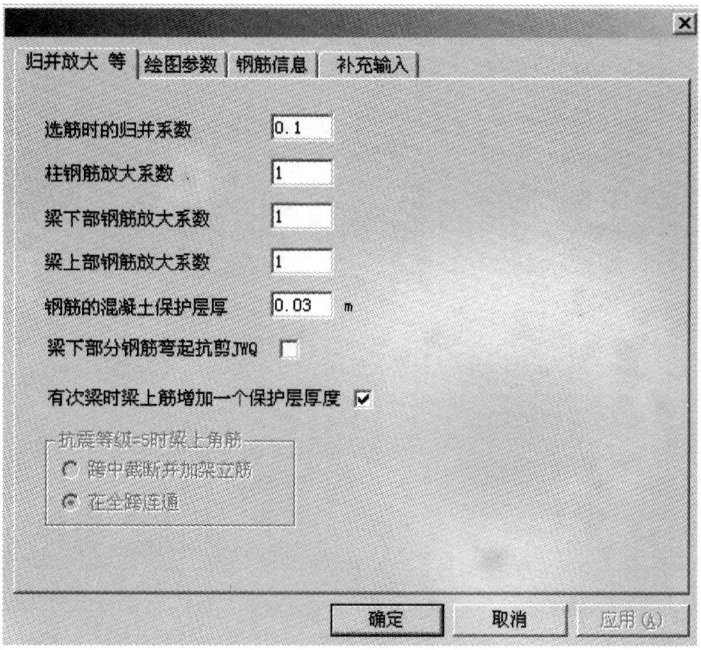

图 12-12　第 1 页绘图数据

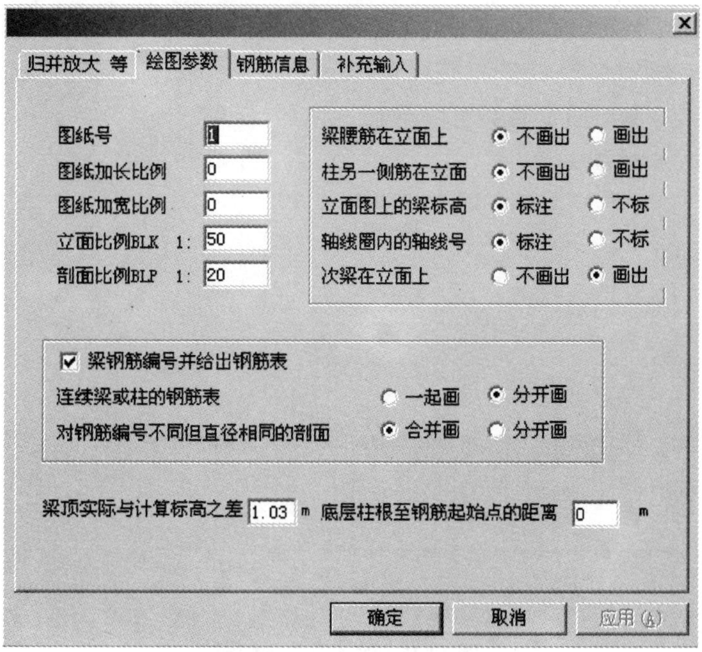

图 12-13　第 2 页绘图数据

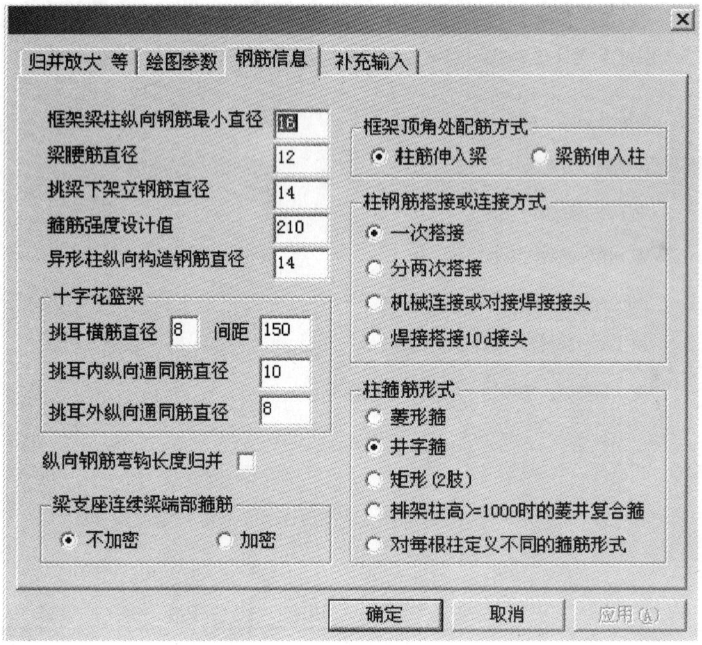

图 12-14 第 3 页绘图数据

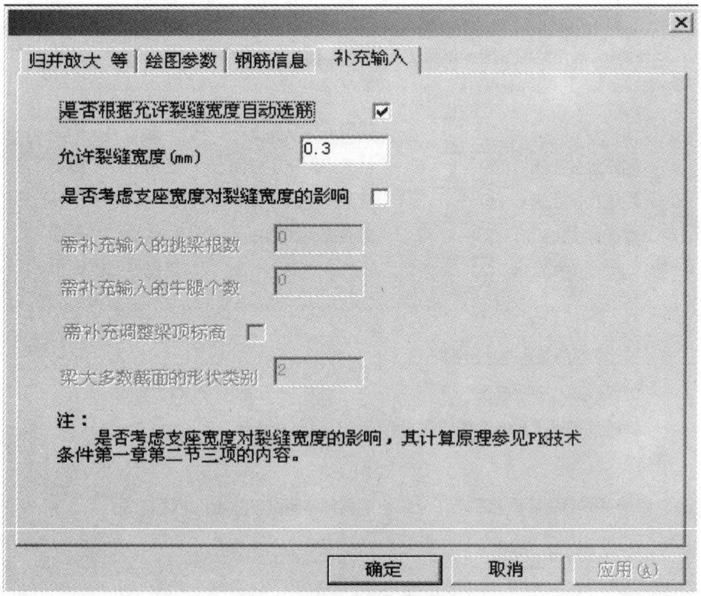

图 12-15 第 4 页绘图数据

PK 补充绘图数据：**退出**。

（4）修改钢筋，罕遇地震计算及裂缝计算：**继续**。

（5）图面布置：剖面从**1**编号；改图纸号：**2**；调整图面（图 12-16）。

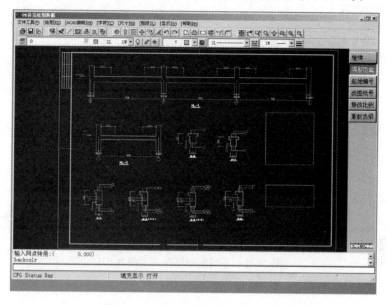

图 12-16　图面布置

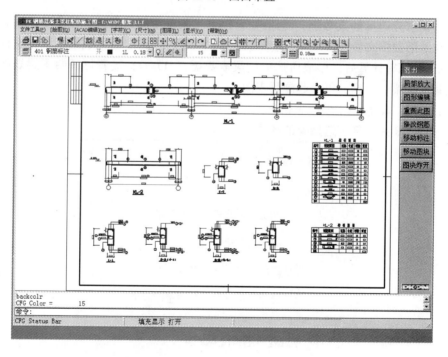

图 12-17　梁施工图

继续；定义本图的图形文件名：[**Enter**]取隐含的 L1.T。

（6）生成梁施工图 L1.T（图 12-17）。

(7) **退出**：选择**不把梁钢筋存入** BEAM.STL（图 12-18），**确定**。

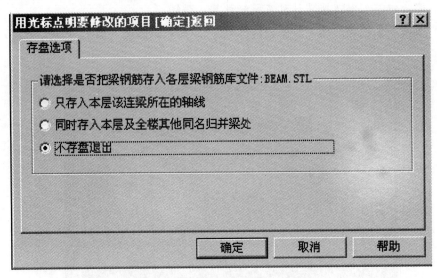

图 12-18　不把梁钢筋存入 BEAM.STL

12.4　绘制梁表施工图

　　程序要求先**选择的梁数据**；然后执行 **TAT** 主菜单**绘制梁表施工图**菜单，用**人机交互方式建立绘图数据文件**（修改 4 页绘图数据文件参数），确定后生成绘图数据文件，名称为 PKBE；**选筋等计算**后，形成所选梁的**梁表数据**（.LBD）；接着可**开始画梁表图**，也可再形成其他的梁表数据，再一起画梁表图。

　　【**例 12-3**】　接例 12-1 绘框架例题第一层归并后的梁表图。

　　（1）**TAT-8** 主菜单 7 **选择梁的数据**。

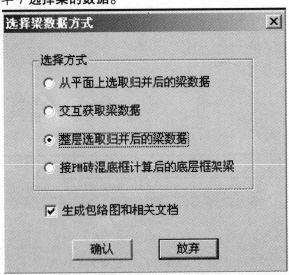

图 12-19　整层选取归并后的梁数据

选择整层选取归并后的梁数据（图 12-19），**确认**；

输入所选梁的起止层号：**1，1**［**Enter**］；已选过的梁是否重新选取：［**Enter**］（是）；

归并信息：一～五层归并后有 64 种梁要画，所选一层有 28 种；［**Enter**］继续；

显示所选梁的支座图，**放大查看后退出**。

（2）查看计算结果后**退出**。

（3）**TAT-8 主菜单 9 绘制梁表施工图**。

人机交互方式建立绘图数据文件（4 页参数分别同例 12-2 中图 12-12、图 12-13、图 12-14、图 12-15）；

确定；［**Enter**］确认绘图数据文件，名称 PKBE；

PK 补充绘图数据：**退出**。

（4）**修改钢筋，罕遇地震计算及裂缝计算：继续**；

图 12-20　开始画梁表图

请给这批数据赋一名称：**1L**。

（5）**开始画梁表图**（图 12-20）。

首图保留图例：**3**；

打开梁表数据：**1L.LBD**（图 12-21）；

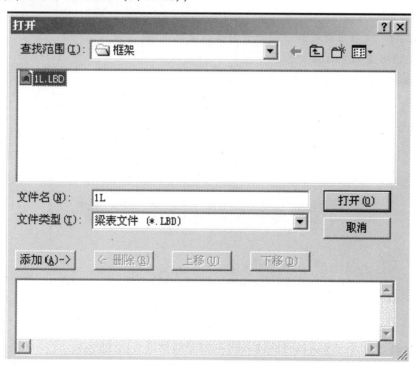

图 12-21　打开梁表数据

生成第一张梁表，编辑修改；

用**下一张图**生成后面的梁表，最后下方提示：**4 张图存在 LB01.T—LB04.T 中**，［Enter］继续：［**Enter**］；

选择**不保存**钢筋结果到 BEAM.STL。

12.5　绘制梁平法施工图

本画法把梁的配筋按归并结果标在平面图上，详见《混凝土结构施工图平面整体表示方法制图规则和构造详图（03G101—1)》。其内容为：

12.5.1　集中标注：

(1) 梁编号；

(2) 梁截面尺寸；

(3) 梁箍筋级别、直径、加密区与非加密区间距及肢数；

(4) 上部通长筋或架立筋；

(5) 腰筋。

12.5.2　原位标注：

(1) 梁支座上部钢筋；

(2) 梁下部钢筋；

(3) 附加箍筋或吊筋。

右侧菜单可以对选筋作修改，还有画结构平面图的标注字符、标注尺寸、标注轴线、标注中文等功能。

【**例 12-4**】 绘框架例题第一层梁平面表示法施工图。

(1) **TAT-8** 主菜单 A **梁平面图画法**。

楼层选择：**第 1 层**（图 12-22)，**确认**。

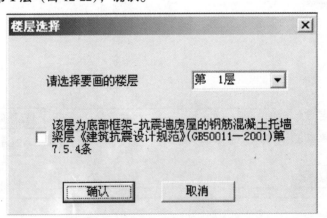

图 12-22　楼层选择

(2) 选择是否用以前的归并数据：**用已有配筋结果**（图 12-23)。

(3) 修改梁平面画法设计参数（3 页参数分别如图 12-24、图 12-25、图 12-26)，**确定**。

(4) 生成第一层平面梁施工图 PL1.T（图 12-27)。

(5) **次梁加筋**：选 **1. 次梁吊筋**（图 12-28)。

生成附加箍筋或吊筋（图 12-29)。

图 12-23　用已有配筋结果

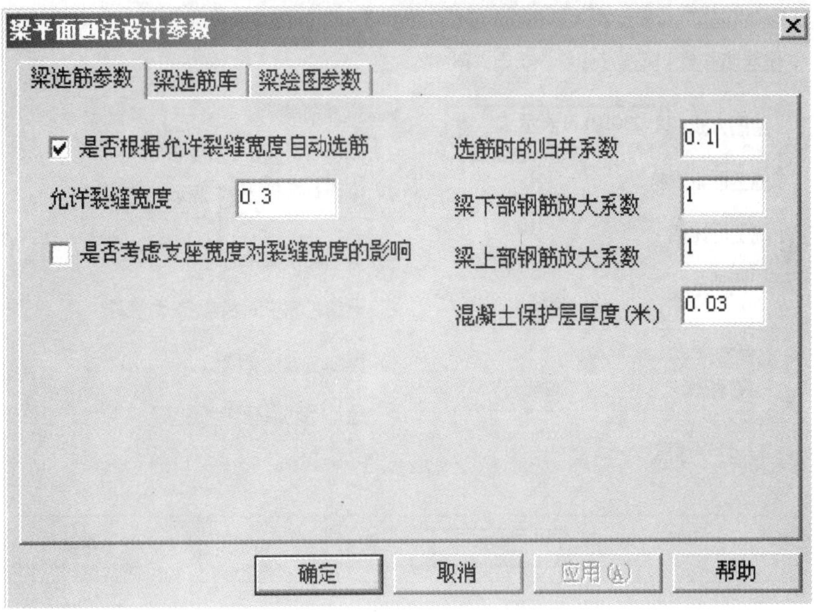

图 12-24　第 1 页梁平面画法设计参数

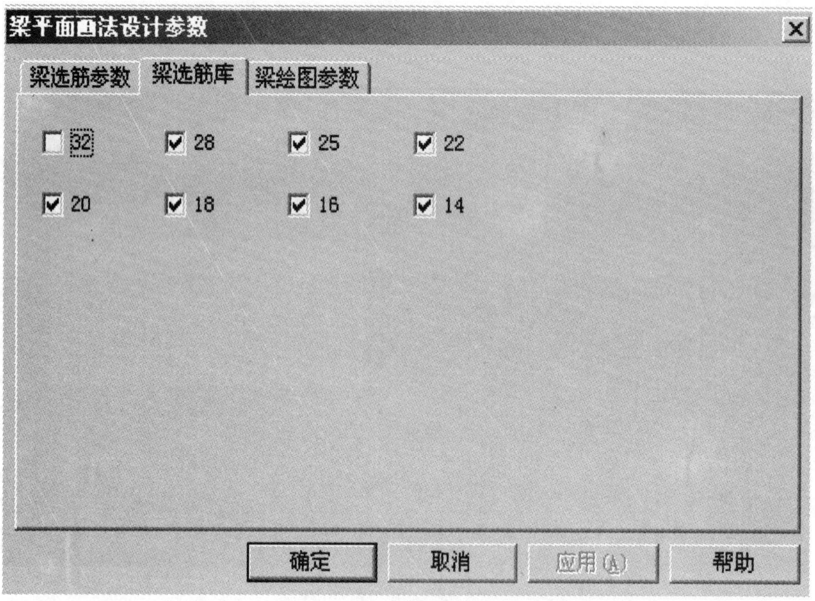

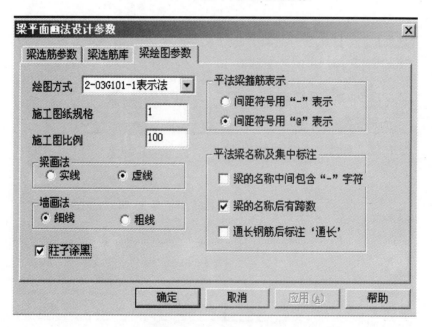

图 12-25 第 2 页梁平面画法设计参数

图 12-26 第 3 页梁平面画法设计参数

（6）标注轴线，自动标注，回前菜单；

标注中文，写图名，回前菜单；

存图退出，标图框；

选择梁钢筋不存盘，确定。

（7）是否显示梁配筋图例（LIANG.T）：是（图 12-30），退出。

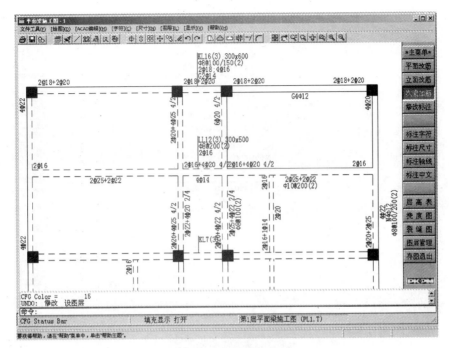

图 12-27　第一层平面梁施工图 PL1.T

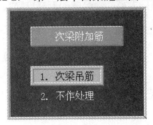

图 12-28　次梁加筋

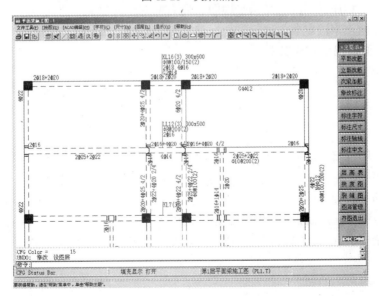

图 12-29　生成附加箍筋或吊筋

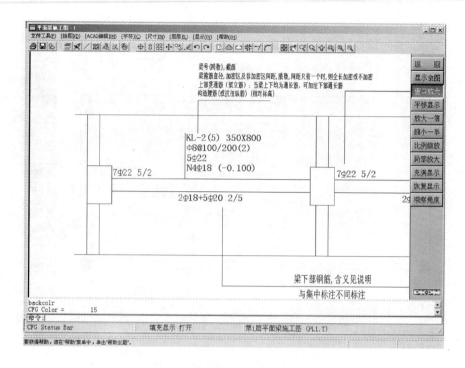

图 12-30　梁配筋图例（LIANG.T）

12.6　框架梁柱整榀画图

执行 TAT 主菜单**框架梁柱整榀画图**，可按梁柱一起绘图的整榀框架出图，其操作步骤为：

12.6.1　选择一榀框架

选择此项，程序显示底层结构平面图，用右侧的**选择框架**，即可同 PK 一样，通过输入轴线，或用两点来确定要画哪榀框架，然后可查看计算结果。

12.6.2　画整榀框架施工图

同 PK 画图方式相同。

12.7　柱　归　并

TAT 主菜单**柱归并**是把满足下列条件的若干根柱配筋选大归为同一编号：

(1) 几何条件相同（柱段数、每段高度、截面形状与尺寸）；

(2) 钢筋等级相同；

(3) 对应截面配筋面积偏差在归并系数之内。

归并在全楼中进行，输入归并系数后自动归并，然后在平面图上标出归并柱的顺序编号。

右侧主要菜单功能如下

(1) 归并信息：可显示归并结果，其中几何标准柱总数指几何条件相同的柱的种类

数;

(2) 名称编辑：用来修改归并后柱的名称。可逐柱修改或统一修改，用［Tab］切换。

【例12-5】 将框架例题计算结果进行全楼柱归并，归并系数取0.2。

(1) **TAT-8主菜单柱归并**（图12-31）。

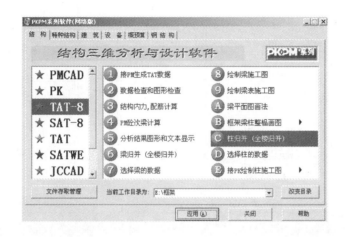

图12-31 柱归并

(2) 输入归并系数：**0.2**（图12-32）；显示第一层归并结果示意图（图12-33）。

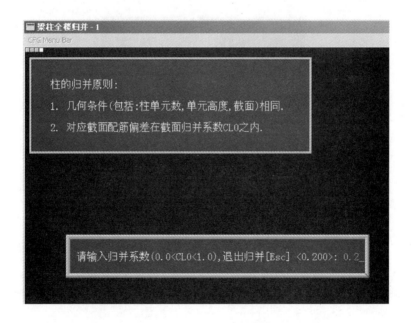

图12-32 输入柱归并系数

(3) **归并信息**：如图12-34（共有43根柱，按几何条件分为3种，取0.2归并系数归并配筋结果后全楼需画12根柱）；［**Del**］。

退出显示。

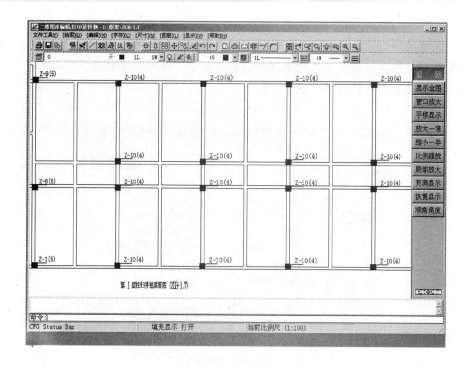

图 12-33　第一层柱归并结果（ZGB-1T）

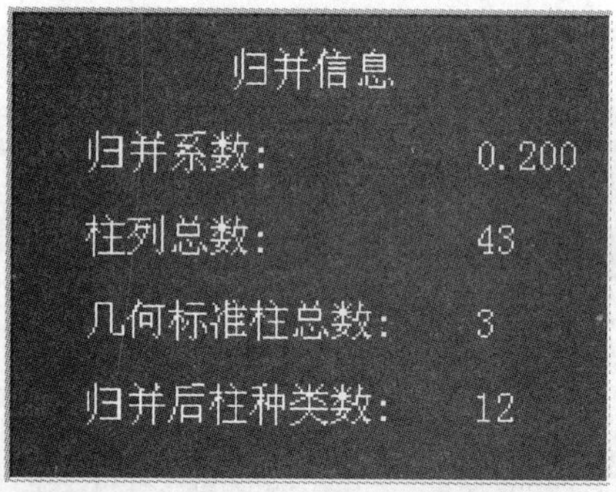

图 12-34　柱归并信息

12.8　选择柱的数据

当画柱施工图或柱表时，应先选择柱的数据。执行此项，显示选择柱数据方式（图12-35）。

12.8.1　从平面上选取归并后的柱数据

选择此方式，程序要求输入要生成数据的柱所在层号；然后显示所输层的归并结果；提示用光标选择柱；当点到一根柱，提示输入该柱的方向角，即柱局部坐标与整体坐标的夹角，隐含值为结构建模时的角度；确认正确后；输入该柱的出图时的名称（编号）；依此再点下一根柱，[Tab] 可切换到其他层，[Del] 退出选柱。

12.8.2 交互获取柱数据

选择此方式，程序要求输入要生成数据的柱的根数；然后提示输入所选柱的起止层号和方向角；显示终止层的平面，提示用光标选择柱，当点一根柱时，提示选择该柱选筋应参照的归并柱，用［Del］退出，确认正确后，输入该梁的名称；依此再点下一根柱。

12.8.3 全部选取归并后的柱数据

选择此方式，可以选取全部归并后的柱数据，从而完成批量出图。注意每选取的柱数应不超过300根。

12.8.4 生成包络图和相关文档

选择此项，可输出所选柱的计算结果。

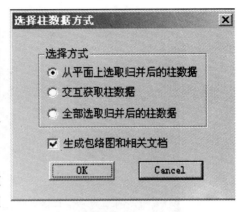

图 12-35　选择梁数据方式

12.9　绘制柱施工图

在**选择柱的数据**后，执行 TAT 主菜单绘制柱施工图，选用**人机交互方式建立绘图数据文件**（修改 4 页绘图数据文件参数），确定后生成绘图数据文件，名称为 PKCL。接下来可参考 PK 分开画柱施工图的方法绘图。

【例 12-6】　接例 12-5 绘框架例题 Z-1、Z-2 的柱施工图。

（1）TAT-8 主菜单 选择柱的数据。

选择从平面上选取归并后的梁数据（图 12-35），**OK**；

输入柱所在的层号：**1**［**Enter**］；显示第一层柱归并结果；

用**光标选择** Z-1（图 5-36）；请输入该柱的方向角：［**Enter**］取建模时角度（图 5-37）；

［**Enter**］确认正确（图 5-38）；［**Enter**］取柱隐含名称 Z-1（图 5-39）；

用**光标选择** Z-2；请输入该柱的方向角：［**Enter**］取建模时角度；［**Enter**］确认正确；

［**Enter**］取柱隐含名称 Z-2；

［**Del**］退出选柱。

（2）查看计算结果后，**退出**。

（3）**TAT-8** 主菜单 E **绘制柱施工图**（图 12-40）。

（4）**人机交互方式建立绘图数据文件**（4 页参数分别同图 12-12、图 12-13、图 12-14、图 12-15）；

确定；［**Enter**］确认绘图数据文件，名称 PKBE；

PK 补充绘图数据：退出。

（5）修改钢筋，罕遇地震计算及裂缝计算：**继续**。

（6）图面布置：**改图纸号：2；调整图面；继续**。

（7）定义本图的图形文件名：［**Enter**］取隐含的 Z1.T。

（8）生成柱施工图 Z1.T（图 12-41）。**退出**；柱钢筋**不存入 COLUMN.STL，确定**。

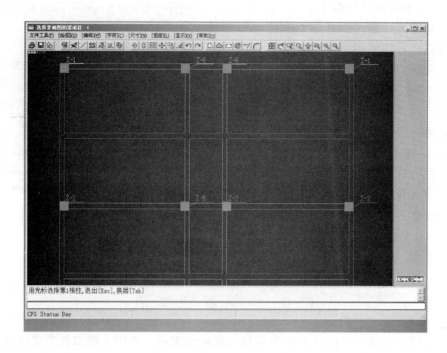

图 12-36　用光标选择第 1 根柱

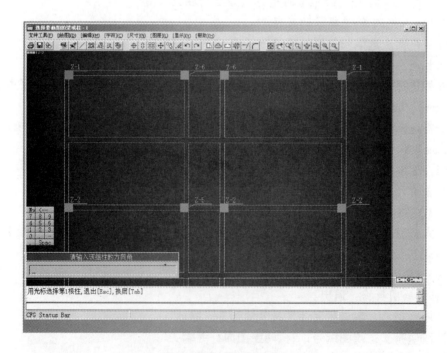

图 12-37　输入该柱的方向角

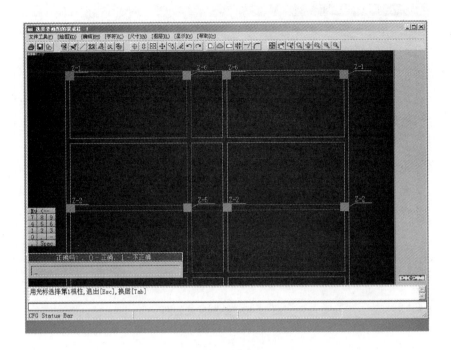

图 12-38　确认正确

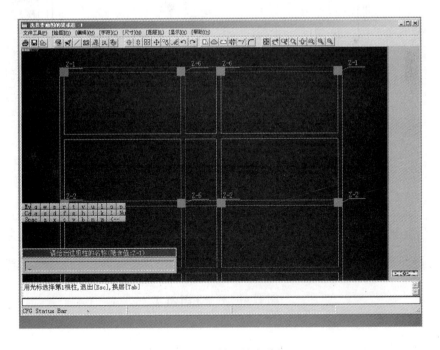

图 12-39　输入柱名称

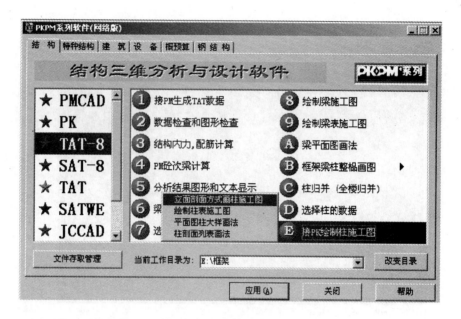

图 12-40　绘制柱施工图

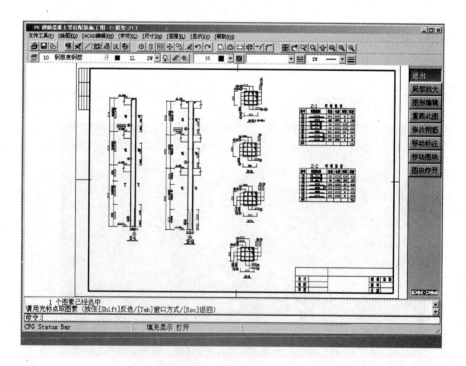

图 12-41　柱施工图 Z1.T

12.10 绘制柱表施工图

程序要求先**选择柱的数据**；然后执行 TAT 主菜单**绘制柱表施工图**，用人机交互方式**建立绘图数据文件**（修改 4 页绘图数据文件参数），**确定**后生成绘图数据文件，名称为 PKCL；**选筋等计算**后，形成所选柱的**柱表数据**（.ZBD）；接着可**开始画柱表图**，也可再形成其他的柱段柱表数据，再一起画梁表图。

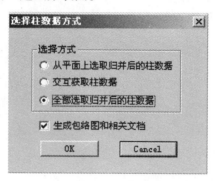

图 12-42 全部选取归并后的柱数据

【**例 12-7**】 接例 12-5 绘框架例题柱归并后的全部柱表图。

（1）TAT-8 主菜单 D **选择柱的数据**。

选择全部选取归并后的柱数据（图 12-42），**OK**；

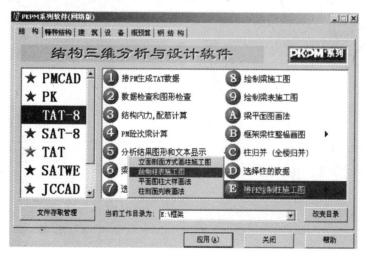

图 12-43 绘制柱表施工图

已选过的柱是否重新选取：[**Enter**]（是）；

显示归并信息：归并后共有 12 根柱要画，选择 12 根；[**Enter**] 继续。

（2）**查看计算结果后退出**。

（3）**TAT-8** 主菜单 E 绘制柱表施工图（图 12-43）。

（4）**人机交互方式建立绘图数据文件（四页参数**分别同图 12-12、图 12-13、图 12-14、图 5-15）。

确定；［**Enter**］确认绘图数据文件，名称 PKCL；

PK 补充绘图数据：**退出**。

（5）修改钢筋，罕遇地震计算及裂缝计算：**继续**。

请给这批数据赋一名称：**Z**。

（6）**开始画柱表图**（图 12-44）。

图 12-44　开始画柱表图

首图保留图例：**3**；

打开柱表数据：**Z.ZBD**（图 12-45）。

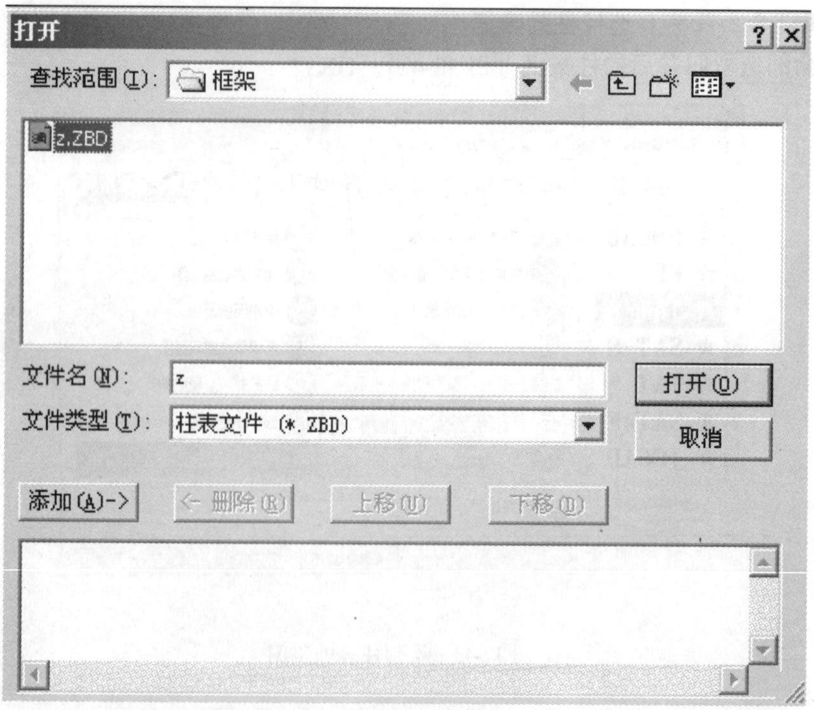

图 12-45　打开柱表数据

（7）**生成第一张柱表，编辑修改**（图 12-46）。

(8) 用**下一张图**生成后面的柱表，最后下方提示：2 张图存在 ZB01.T—ZB02.T 中，[Enter] 继续：[**Enter**]。

选择**不保存**钢筋结果到 BEAM.STL。

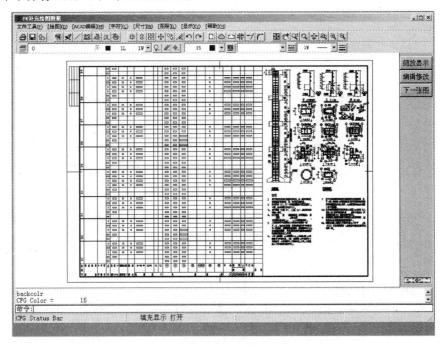

图 12-46　柱表

12.11　绘制柱平法施工图

柱平法施工图系在**柱平面布置图**上采用**列表注写**或**截面柱写**方式表达。详见《混凝土结构施工图平面整体表示方法制图规则和构造详图》（03G101-1）。

12.11.1　列表注写方式

列表注写方式，系在**柱平面布置图**上，分别在同一编号柱中选择一个截面，标注几何参数代号；在**柱表**中注写柱号、柱段起止标高、几何尺寸（含对轴线的偏心）与配筋的具体数值，并配以各种柱截面形状及其箍筋类型图的方式来表达柱平法施工图（图 12-47）。

12.11.2　截面注写方式

截面注写方式，系指在分标准层绘制的**柱平面布置图**上，分别在同一编号柱中选择一个截面，以直接注写截面尺寸和配筋具体数值的方式，来表达柱平法施工图（图 12-48）。

执行 **TAT** 主菜单**平面图柱大样画法**，生成柱钢筋数据后，进入**柱平面画法菜单**，依次执行，可画出所选方式的柱平法图。右侧菜单可以对选筋作修改，还有画结构平面图的标注字符、标注尺寸、标注轴线、标注中文等功能。

【**例 12-8**】　在例 12-5 归并后绘制框架例题列表注写方式柱平法施工图。

（1）**TAT-8** 主菜单 E **平面图柱大样画法**（图 12-49）。

（2）选择**读取旧数据**（图 12-50）。

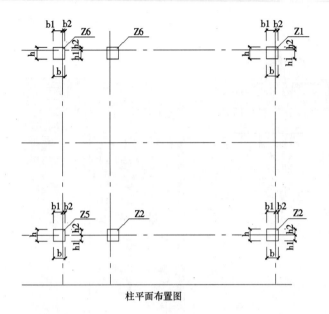

屋面	16.470	
5	13.470	3.000
4	10.470	3.000
3	7.470	3.000
2	4.470	3.000
1	−1.030	5.500
层号	标高(mm)	层高(m)

结构层楼面标高
结构层高

层柱配筋平面图

柱平面布置图

柱表

标号	标高	bxh	主 筋			箍筋	箍筋类型号	b1	b2	h1	h2
			角筋	B边中部筋	H边中部筋						
Z1	−1.030—4.470	500×500	4⚄25	2⚄20	2⚄20	Φ8−200/100	F（4×4）	120	380	120	380
	4.470—16.470	500×500	4⚄16	2⚄16	2⚄16	Φ8−100/100	F（4×4）	120	380	120	380
Z2	−1.030—4.470	500×500	4⚄22	2⚄20	2⚄22	Φ8−200/100	F（4×4）	120	380	250	250
	4.470—16.470	500×500	4⚄16	2⚄16	2⚄16	Φ8−100/100	F（4×4）	120	380	250	250
Z3	−1.030—4.470	500×500	10⚄20			Φ10−100/100	I	250	250	250	250
	4.470—16.470	500×500	10⚄16			Φ8−100/100	I	250	250	250	250
Z4	−1.030—4.470	500×500	4⚄25	2⚄20	2⚄20	Φ10−200/100	F（4×4）	380	120	120	380
	4.470—7.470	500×500	4⚄16	2⚄16	2⚄16	Φ10−100/100	F（4×4）	380	120	120	380
	7.470—16.470	500×500	4⚄16	2⚄16	2⚄16	Φ8−100/100	F（4×4）	380	120	120	380
Z5	−1.030—4.470	500×500	4⚄22	2⚄20	2⚄20	Φ10−200/100	F（4×4）	380	120	250	250
	4.470—16.470	500×500	4⚄16	2⚄16	2⚄16	Φ8−100/100	F（4×4）	380	120	250	250
Z6	−1.030—4.470	500×500	4⚄20	2⚄18	2⚄20	Φ8−200/100	F（4×4）	380	120	380	120
	4.470—16.470	500×500	4⚄16	2⚄16	2⚄16	Φ8−100/100	F（4×4）	380	120	380	120

图 12-47 柱平法施工图列表注写方式

柱子选筋归并参数（图 12-51），**OK**；

图面超出图纸范围，是否改变绘图比例：**改变**。

（3）柱平面画法-主菜单（图 12-52）。

柱绘图参数（图 12-53），施工图表示方法选 **3-列表注写，OK**；

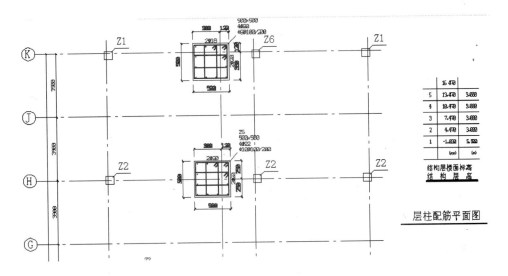

图 12-48　柱平法施工图截面注写方式

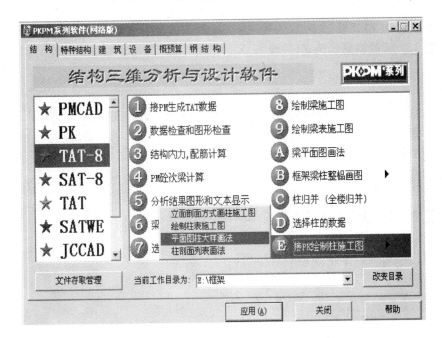

图 12-49　绘制柱平法施工图

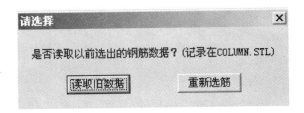

图 12-50　读取旧数据

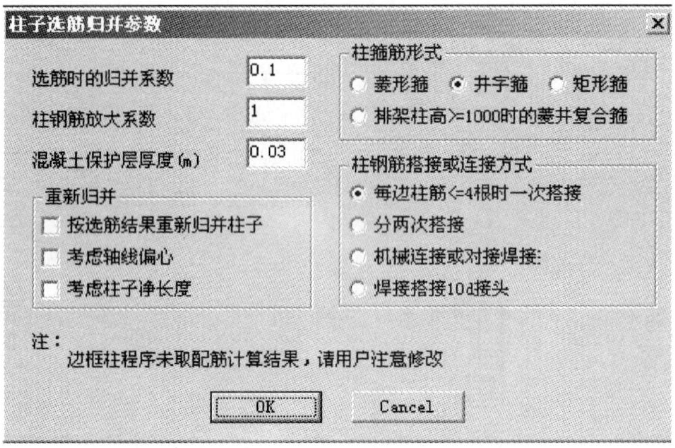

图 12-51 柱子选筋归并参数

图面超出图纸范围，是否改变绘图比例：**改变**；
修改钢筋；

平面修改，选 **Z**1（图 12-54），**OK**；

立面改筋，修改钢筋，选 **Z**1（图 12-55），**OK**；前
菜单；

退出；

图面布置；图面超出图纸范围，是否改变绘图比
例：**改变**；调整图面，退出；

绘制施工图；层高表；

标注字符，写图名；生成了柱布置图 ZPM1.T（图
12-56）；

CELL 表，生成平法柱表，文件名为柱施工图数据
.CLL（图 12-57），**关闭**；

存图退出，选筋不保存到 COLUMN.STL；

退出。

图 12-52 柱平
面画法-主菜单

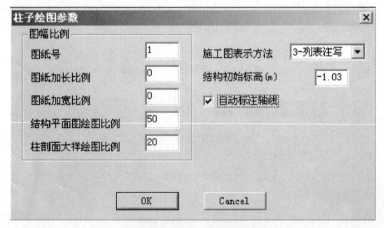

图 12-53 柱绘图参数

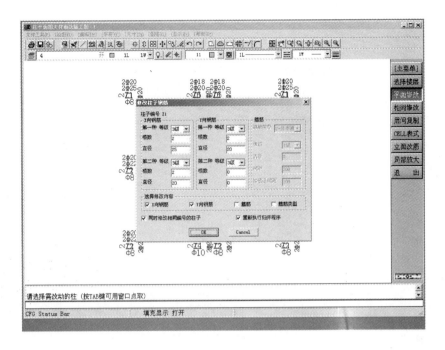

图 12-54 平面修改

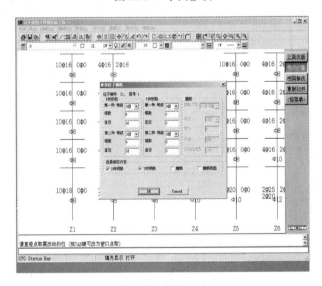

图 12-55 立面改筋

【例 12-9】 在例 12-5 柱归并后绘制框架例题截面注写方式柱平法施工图。

(1) **TAT-8 主菜单 E 平面图柱大样画法**（同例 12-8 图 12-49）。

(2) 选择**读取旧数据**（同例 12-8 图 12-50）。

柱子选筋归并参数（同例 12-8 图 12-51），**OK**；

图面超出图纸范围，是否改变绘图比例：**改变**（同例 12-8 图 12-52）。

(3) 柱平面画法-主菜单（同例 12-8 图 12-53）。

柱绘图参数（图 12-58），施工图表示方法选 **2-截面注写 2，OK**；

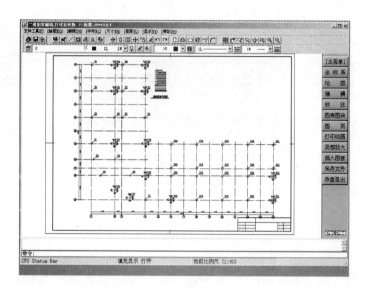

图 12-56　柱平法列表注写方式柱布置图

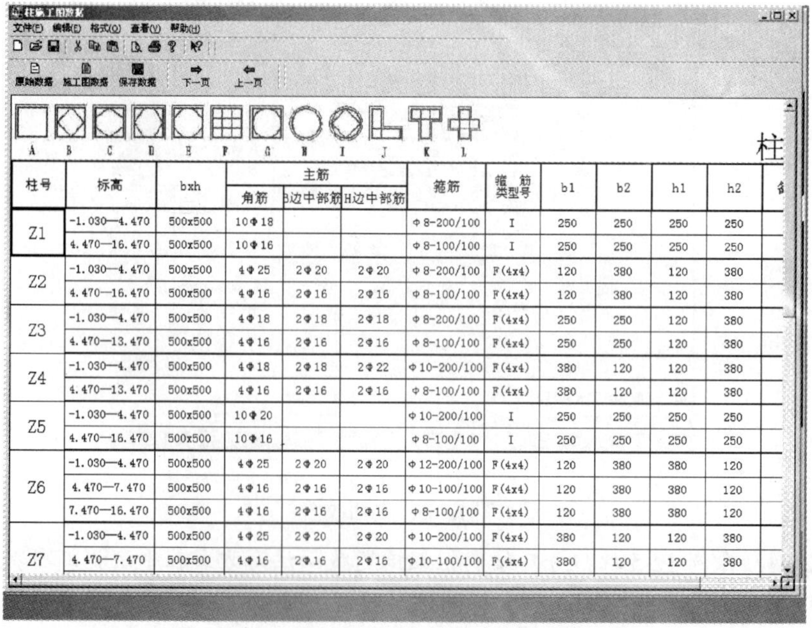

柱号	标高	bxh	主筋			箍筋	箍筋类型号	b1	b2	h1	h2
			角筋	B边中部筋	H边中部筋						
Z1	-1.030—4.470	500x500	10Φ18			Φ8-200/100	I	250	250	250	250
	4.470—16.470	500x500	10Φ16			Φ8-100/100	I	250	250	250	250
Z2	-1.030—4.470	500x500	4Φ25	2Φ20	2Φ20	Φ8-200/100	F(4x4)	120	380	120	380
	4.470—16.470	500x500	4Φ16	2Φ16	2Φ16	Φ8-100/100	F(4x4)	120	380	120	380
Z3	-1.030—4.470	500x500	4Φ18	2Φ18	2Φ18	Φ8-200/100	F(4x4)	250	250	120	380
	4.470—13.470	500x500	4Φ16	2Φ16	2Φ16	Φ8-100/100	F(4x4)	250	250	120	380
Z4	-1.030—4.470	500x500	4Φ18	2Φ18	2Φ22	Φ10-200/100	F(4x4)	380	120	120	380
	4.470—13.470	500x500	4Φ16	2Φ16	2Φ16	Φ8-100/100	F(4x4)	380	120	120	380
Z5	-1.030—4.470	500x500	10Φ20			Φ10-200/100	I	250	250	250	250
	4.470—16.470	500x500	10Φ16			Φ8-100/100	I	250	250	250	250
Z6	-1.030—4.470	500x500	4Φ25	2Φ20	2Φ20	Φ12-200/100	F(4x4)	120	380	380	120
	4.470—7.470	500x500	4Φ16	2Φ16	2Φ16	Φ10-100/100	F(4x4)	120	380	380	120
	7.470—16.470	500x500	4Φ16	2Φ16	2Φ16	Φ8-100/100	F(4x4)	120	380	380	120
Z7	-1.030—4.470	500x500	4Φ25	2Φ20	2Φ20	Φ10-200/100	F(4x4)	380	120	120	380
	4.470—7.470	500x500	4Φ16	2Φ16	2Φ16	Φ10-100/100	F(4x4)	380	120	120	380

图 12-57　柱平法列表注写方式柱表

图面超出图纸范围，是否改变绘图比例：**改变；**

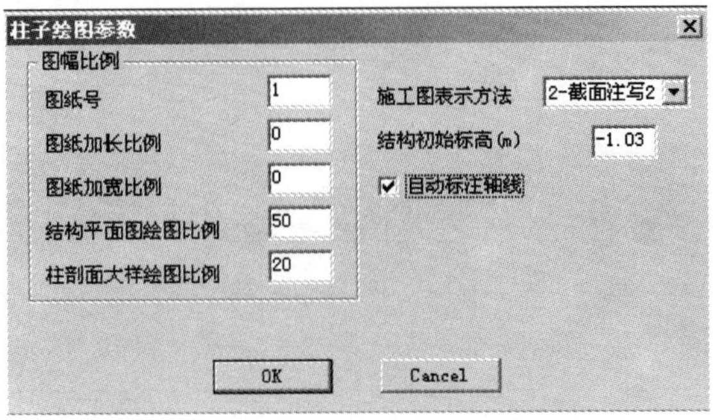

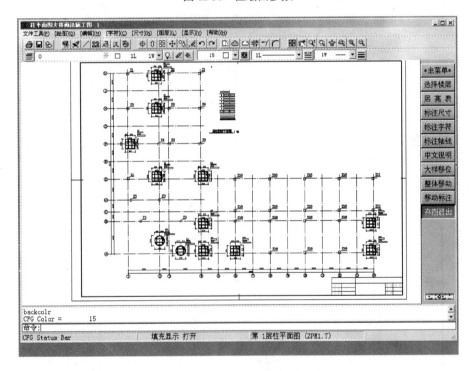

图 12-58　柱绘图参数

图 12-59　柱平法截面注写方式施工图

修改钢筋；

平面修改（同例 12-8 图 5-55），OK；

立面改筋（同例 12-8 图 5-56），OK；**前菜单**

退出；

图面布置；图面超出图纸范围，是否改变绘图比例：**改变；**

调整图面，退出；

绘制施工图；

层高表；

标注字符，写图名；生成了柱布置图 ZPM1T（图 12-59）；

存图退出，选筋**不保存**到 COLUMN.STL；

退出。

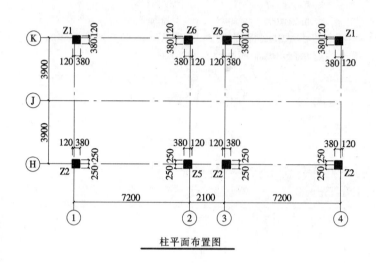

柱平面布置图

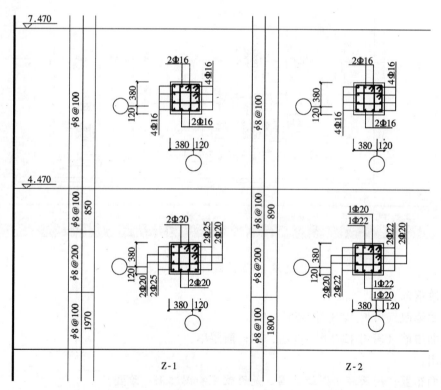

图 12-60 柱剖面表

12.12 柱剖面列表画法

柱剖面列表画法绘制的施工图由柱平面布置图（柱网图）及柱剖面表（图 12-61）来表示。

【例 12-10】 在例 12-5 柱归并后绘制框架例题柱剖面列表施工图。

(1) TAT-8 主菜单 E 柱剖面列表画法（图 12-61）。

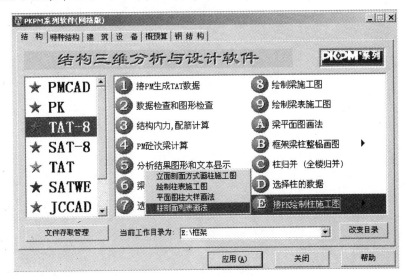

图 12-61　柱剖面列表画法

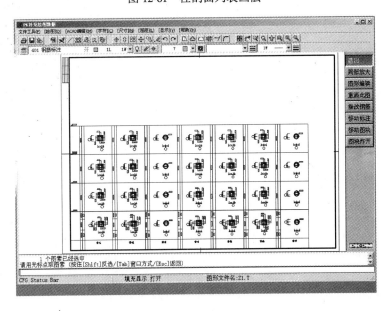

图 12-62　柱剖面列表施工图

(2) **人机交互方式建立绘图数据文件（4 页参数**分别同图 12-12、图 12-13、图 12-14、

图 12-15)。

确定；[Enter] 确认绘图数据文件，名称 PKCL；

PK 补充绘图数据：退出。

(3) 修改钢筋，罕遇地震计算及裂缝计算：继续。

(4) 生成柱剖面列表施工图（图 12-62），退出；选筋不保存到 COLUMN.STL；确认。

附录 1　TAT 出错信息表

错误分为两类，一类是致命错误，用户必须修正，程序数检时到此停止，不再工作下去。另一类为可能有错借故主息，在这类错上有"＊"号，用户需仔细确认，如梁长度小于 0.2m、拐角刚域大于 2m 等警告信息。

出　错　信　息　表　　　　　　　　　　　　　　　　　　　附表 1

错误号	说　　明
1	结构层数 N_{su} < 1 或 > 100
2	结构对称性标志 N_{axy} < 0 或 > 2
3	地震力计算标志 M_{ear} < 0 或 > 4
4	竖向力计算标志 M_{vec} < 0 或 > 3
5	风力计算标志 M_{win} < 0 或 > 3
6	规范标志 L_{uk} < 0
7	异形截面数 N_{secn} < 0
8	考虑 P-Δ 效应的标志 L_{ds} < 0 或 > 1
9	地下室层数 N_{base} < 0 或 > 结构层数
10	梁端弯矩考虑拉宽影响标志 M_{bcm} < 0 或 > 2
11	钢柱有侧移无侧移标志 N_{stc} < 0 或 > 1
12	结构类型标志 M_{stype} < 0 或 > 10
13	结构材料标志 M_{sme} < 0 或 > 7
14	结构规则性标志 N_{rs} < 0 或 > 4
15	土层对地下室的约束系数 S_{base} < 0 或 > 10
16	是否按《混凝土结构设计规范》7.11.3 计算柱长度系数标志 L_{zhu} < 0 或 > 1
21	地震耦联标志 N_{gl} < 0 或 > 1
22	振型数 N_{mode} ≤ 0 或 > 结构层数
23	抗震设防烈度 N_{af} < 6 或 > 9
24	场地土类型 Kd < 1 或 > 5
25	设计地震组号 $N\,er$ < 1 或 > 3
26	周期折减系数 Tc < 0.5 或 > 1.5
28	楼层最小地震剪力系数 Em < 0.005 或 > 1
29	框架抗震等级 N_f < 1 或 > 5

错误号	说　　　明
30	剪力墙抗震等级 $N_w < 1$ 或 > 5
31	考虑双向地震力组合标志 $L_{sc} < 0$ 或 > 1
32	结构阻尼比 $G_{ss} < 0$ 或 > 0.1
33	多遇水平地震影响系数 $R_{max1} < 0$ 或 > 2
34	罕遇水平地震影响系数 $R_{max2} < 0$ 或 > 2
35	特征周期 $T_g < 0$ 或 > 1
36	考虑 5% 偶然偏心标志 $K_{st} < 0$ 或 > 1
37	竖向地震力作用系数 $C_{vec} > 1$
41	$0.2Q_0$ 调整起算层号 $K_{q1} < 0$ 或 $>$ 结构层数
42	$0.2Q_0$ 调整终止层号 $K_{q2} < 0$ 或 $>$ 结构层数
43 *	中梁刚度放大系数 $B_{k1} < .5$ 或 > 2
44 *	梁端弯矩调幅系数 $B_t < 0.7$ 或 > 1
45 *	梁跨中弯矩放大系数 $B_m < 1$ 或 > 2
46 *	连梁刚度折减系数 $B_{lz} < 0.5$ 或 > 1
47 *	梁扭转折减系数 $T_b < 0$ 或 > 1
48	结构顶部小塔楼放大起算层号 $N_{tl} < 0$ 或 > 3 结构层数
49	结构顶部上塔楼放大系数 $R_{tl} < 0$ 或 > 3
50	边梁刚度放大系数 $B_{k2} < .5$ 或 > 2
51	温度应力折减系数 $T_{mpf} < 0$ 或 > 1
52	转换层层号 $M_{ch} < 0$ 或 $>$ 层数
61 *	混凝土密度量 $G_c < 0$ 或 $G_c > 30$
62 *	$F_{lb} < 150$ 或 $F_{lb} > 1000$
63 *	$F_{Jb} < 150$ 或 $F_{Jb} > 1000$
64 *	$F_{lc} < 150$ 或 $F_{lc} >$
65 *	柱箍筋强度 $F_{Jc} < 150$ 或 $F_{Jc} > 1000$
66 *	墙主筋强度 $F_{Iw} < 150$ 或 $F_{Iw} > 1000$
67 *	墙水平筋强度 $F_{Jwh} < 150$ 或 $F_{Jwh} > 1000$
68 *	梁箍筋间距 $S_b < 50$ 或 $S_b > 400$
69 *	柱箍筋间距 $S_c < 50$ 或 $S_c > 400$
70 *	墙水平箍间距 $S_{wh} < 50$ 或 $S_{wh} > 400$
71 *	墙竖向分布配筋率 $R_w < 0.15$ 或 $R_w > 1.2$
72 *	柱最小配筋 $R_{col} < 0.4$
73 *	钢的容重 $G_s < 0$ 或 $G_s > 90$
74 *	钢号 $N_s < 230$ 或 $N_s > 450$
75 *	梁截面净面与毛截面比值 $R_n < 0.5$ 或 $R_n > 1$
81 *	地震力分项系数 $P_{ear} < 0$

错误号	说　明
82 *	风力分项系数 $P_{win} < 0$
83 *	恒载分项系数 $P_{dea} < 0$
84 *	活载分项系数 $P_{liv} < 0$
85 *	竖向地震分项系数 $P_{vea} < 0$
86 *	风与活载组合系数 $C_{wll} < 0$
87 *	活载组合值系数 $C_{eli} < 0$
88 *	柱保护层厚度 $A_{ca} < 0$
89 *	梁保护层厚度 $B_{cb} < 0$
90 *	柱、墙活荷载折减系数 $L_{ive} < 0$ 或 > 1
92	柱单双偏压拉配筋标志 $L_{ddr} < 0$ 或 > 1
93	结构重要性系数 $S_{saft} < 1$
94	柱配箍形式标志 $K_{cg} < 0$ 或 > 5
95	风、活载之风载组合系数 $C_{wlw} < 0$
101	修正后的基本风压 $M_{bml} < 0$
102	地面粗糙度 $S_{rg} < 1$ 或 > 4
103	结构第一周期 $T_1 < 0$
104	体型系数分段数 $N_{dss} < 1$ 或 $N_{dss} > 3$
105	第一段体型系数的最高层号 $H_{f1} < 1$ 或 $H_{f1} > N_{su}$
106	第一段体型系数 $S_{c1} < 0$
107	第二段体型系数的最高层号 $H_{f2} < 1$ 或 $H_{f2} > N_{su}$
108	第一段体型系数 $S_{c2} < 0$
109	第三段体型系数的最高层号 $H_{f3} < 1$ 或 $H_{f3} > N_{su}$
110	第三段体型系数 $S_{c3} < 0$
121	人工输入地震影响系数曲线的步数 $N_{tcc} < 0$
122	$T_s < 0$ 或 > 3
123	$D_s < 0$ 或 > 1
124	人工输入地震影响系数 $T_{gg} < 0$
125	结构活荷载折减系数 $R_{ff} < 0$
126	标准截面类型号 $N_{sec} < 1$ 或 > 5
127	$B < 0$
128	$H < 0$
129	$U < 0$
130	$T < 0$
131	$D < 0$
132	$F < 0$
133	$C < 0$ 或 > 80

错误号	说　　明
134	$N_{fs} < 0$ 或 > 5
151	标准层标志 $N_{eq} \neq N_{eq} + 1$
152	标准层对称轴节点数 $M_{sy} < 0$
153	标准层柱 + 无柱节点数 $M_c + M_{jr} < 0$
154	标准层墙数 $M_t < 0$
155	标准层支撑或斜柱数 $M_g < 0$
156	标准层梁数 $M_b < 0$
157	标准层高度 $D_h < 0$ 或 > 10
158	标准层梁混凝土强度等级 $CCb < 20$ 或 > 80
159	标准层柱混凝土强度等级 $CCc < 20$ 或 > 80
160	标准层墙混凝土强度等级 $CCw < 20$ 或 > 80
161	本层不同的对称轴节点数 $M_{syd} > M_c$ 或 < 0
162	本层不同的柱数 $M_{cd} > M_c$ 或 < 0
163	本层不同的墙数 $M_{td} < M_c$ 或 > 0
164	本层不同的支撑或斜柱数 $M_{gd} > M_g$ 或 < 0
165	本层不同的梁数 $M_{bd} > M_b$ 或 < 0
166	本层不同的无柱联接点数 $M_{jrd} > M_{jr}$ 或 < 0
167	对称轴联接序号 $N_a > N_{sy}$ 或 < 0
168	对称轴节点号 $L_{an} > M_c + M_t$ 或 < 0
169	对称轴节点的对称性标志 < 0 或 > 5
170	柱单元号 $N_c = 0$ 或 $> M_c$
171	柱上节点号 $N_{cj} < 0$ 或 $> M_c + M_t + M_{jr}$
172 *	柱下节点号 $N_{cj} = 0$，该柱下节点被嵌固
173	当 $H_c = 0$ 时，$N_{secn} = 0$
174	当 $H_c = 0$ 时 $B_c > N_{secn}$
175	柱上下节点号 $N_{c_i} \neq N_{c_i}$，但 $N_{eq} = N_{eq} + 1$，需增设一标准层
176	无柱联接点的单元号 $N_c < 0$ 或 $> M_c + M_{jr}$
177	无柱节点号 $N_{c_i} < 0$ 或 $> M_c + M_t + M_{jr}$
178	墙单元号 $N_w < 0$ 或 $> M_t$
179	墙上节点号 $N_{w_i} < 0$ 或 $< M_c + M_t + M_{jr}$
180 *	墙下节点号 $N_{w_j} = 0$，该薄壁柱下节点被嵌固
181	墙截面小节点数 $N_n < 0$ 或 > 30
182	墙上下节点号 $N_{w_i} \neq N_{w_i}$，但 $N_{eq} = N_{eq} + 1$ 需增加 1 标准层
183	墙肢的前节点号 $N_{bw} < 0$ 或 $> Nn$
184 *	墙肢厚度 $D_{elf} < 0.1$ 或 > 2
185 *	墙肢长度 $L_w < 0.1$

错误号	说　　明
186	支撑或斜柱单元号 $N_g < 0$ 或 $> M_g$
187	支撑或斜柱的上节点号 $N_{g_i} = 0$ 或 $> M_c + M_t + M_{jr}$
188 *	支撑下节点号 $N_{g_i} = 0$，该支撑下节点被嵌固
189	支撑或斜柱两端约束信息的绝对值 $I_{gf} > 4$ 或 $I_{gf} = 0$
190	当 $H_g = 0$ 时，$B_g > N_{secn}$
191	当 $H_g = 0$ 时，$N_{secn} = 0$
192	梁单元号 $N_b < 0$ 或 $> M_b$
193	梁左节点号 $N_{bj} < 0$ 或 $> M_c + M_t + M_{jr}$
194	梁右节点号 $N_{bj} < 0$ 或 $> M_c + M_t + M_{jr}$
195	梁右端与墙搭接小节点号 $I_{bf} < 0$ 或 > 30
196	梁右端与墙塔接小节占号 $J_{bf} < 0$ 或 > 30
197	梁两端约束信息 $I_{ef} < 0$ 或 > 4
198	当 $H_b = 0$ 时，$N_{secn} = 0$
199	当 $H_b = 0$ 时，$B_b > N_{secn}$
200	当 N_{bj} 与墙相连时，$I_{bf} = 0$
201	当 N_{bj} 与墙相连时，$J_{bf} =$
202 *	梁长度 $L_b < 0.2$
203	该无柱节点没有被用上，必须去掉，否则计算出错
204	柱下节号 $n_{nj} > N_{down}$（下层总节点数）
205	墙下节号 $n_{nj} > N_{down}$（下层总节点数）
206	支撑下节号 $n_{nj} > N_{down}$（下层总节点数）
300	本层加荷次数 $N_{0l} \leqslant 0$
301	本层不同的加荷次数 $N_{l0d} > N_{l0}$
302	加荷序号 $N_0 \leqslant 0$ 或 $> N_{l0}$
303	加荷单元号 $N_P \leqslant 0$
304	加荷梁单元号大于该层梁总数 $N_P > M_b$ 当 $I_e \leqslant 12$ 时
305	加荷柱单元号大于该层柱总数 $N_P > Mc$，$I_e = 13$、14 时
306	加荷墙单元号大于该层墙总数 $N_P > M_t$，$I_e = 15$、16、17 时
307	加荷支撑单元号大于该层支撑总数 $N_P > M_g$，当 $I_e = 18$ 时
308 *	当加荷种类为 1 时 $X_2 > L_b$
309 *	当加荷种类为 2 时 $X_4 < X_3$，或 $X_4 > L_b$ 或 $X_3 > L_b$
310 *	当加荷种类为 3 时，$X_3 > L_b/2$
311 *	当加荷种类为 4 时，$X_2 > L_b/2$

附录 2 框架结构设计实例

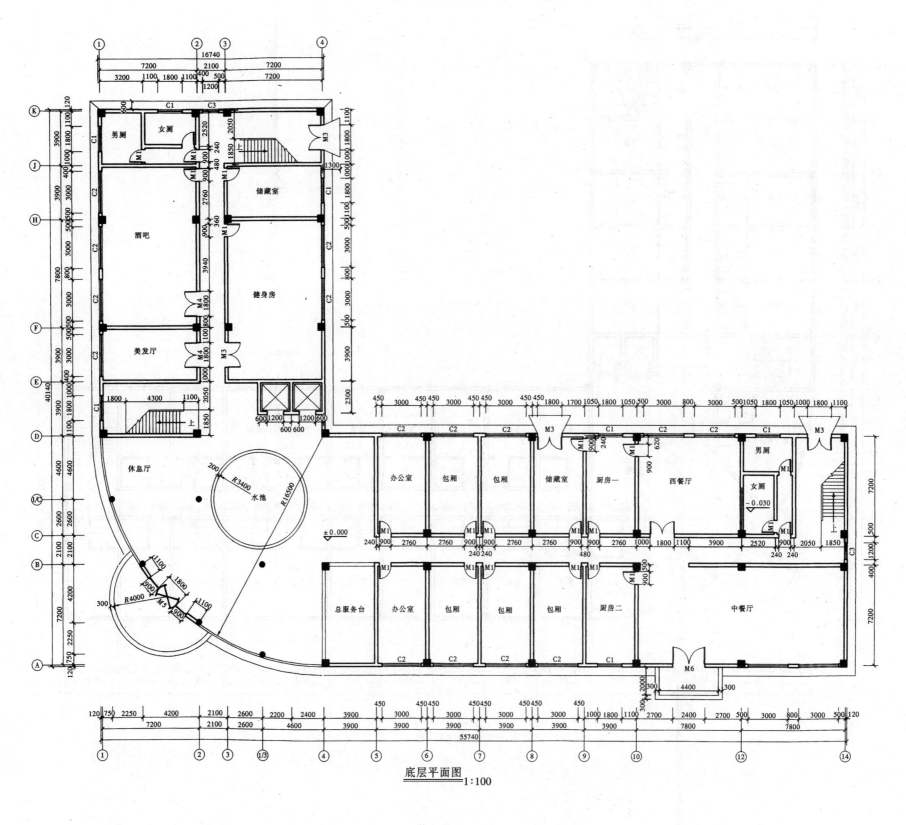

底层平面图 1:100

设计		底层平面图	图别	
制图			图号	1
审核			日期	

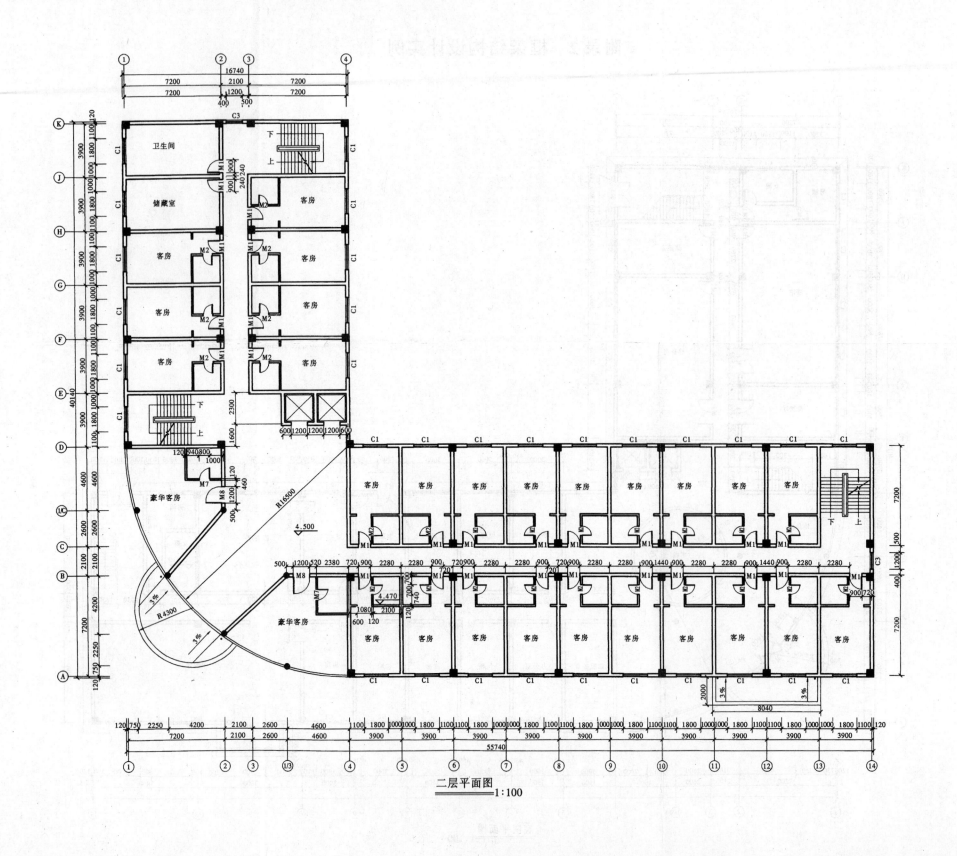

二层平面图 1:100

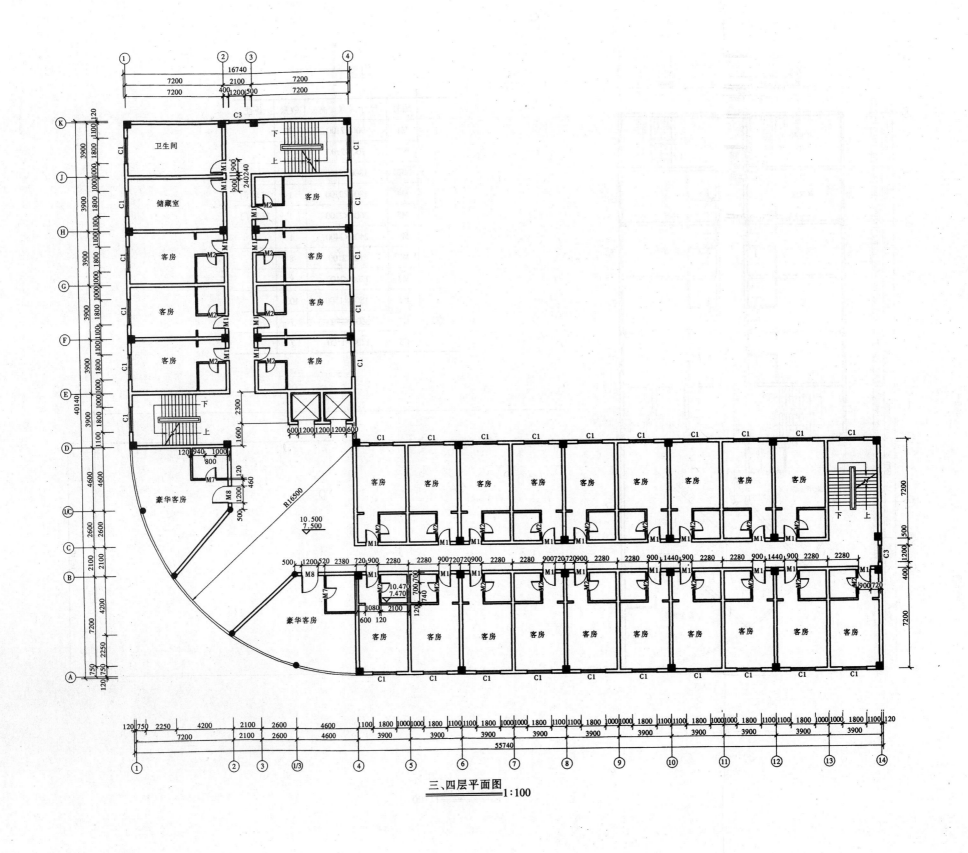

三、四层平面图 1:100

设计		图别	
制图		**三、四层平面图**	图号	3
审核			日期	

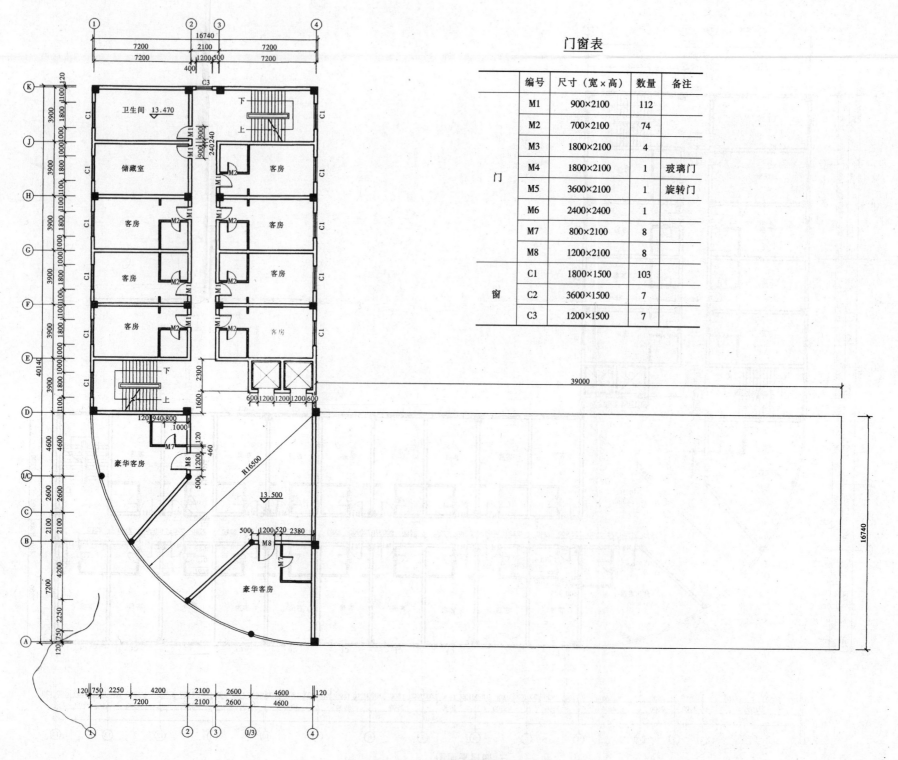

门窗表

	编号	尺寸（宽×高）	数量	备注
门	M1	900×2100	112	
	M2	700×2100	74	
	M3	1800×2100	4	
	M4	1800×2100	1	玻璃门
	M5	3600×2100	1	旋转门
	M6	2400×2400	1	
	M7	800×2100	8	
	M8	1200×2100	8	
窗	C1	1800×1500	103	
	C2	3600×1500	7	
	C3	1200×1500	7	

五层平面图 1:100

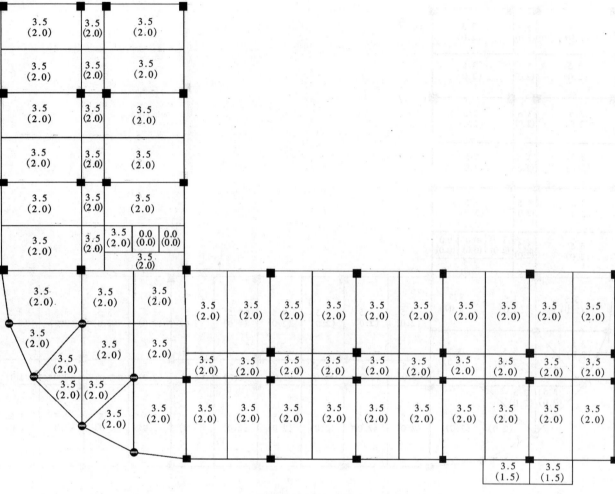

第一层平面(楼面荷载)　　(单位：kN/m)
(括号中为活荷载值)

设计		第一层平面	图别	结施
制图		（楼面荷载）	图号	5
审核			日期	

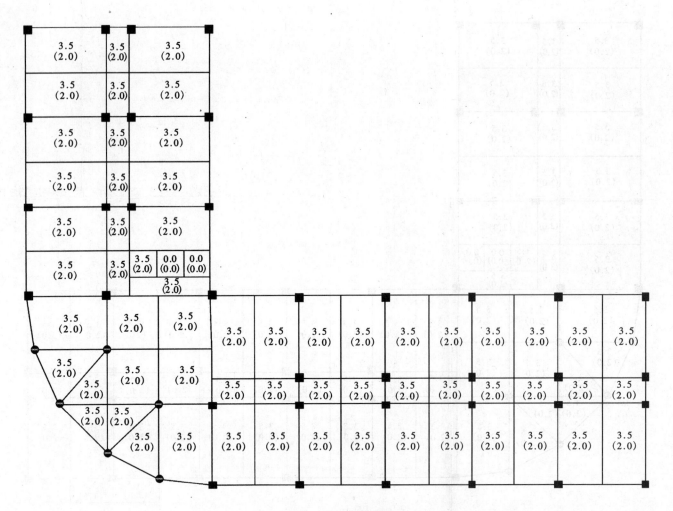

第二、三层平面(楼面荷载) （单位:kN/m）

(括号中为活荷载值)

设计		第二、三层平面	图别	结施
制图		（楼面荷载）	图号	6
审核			日期	

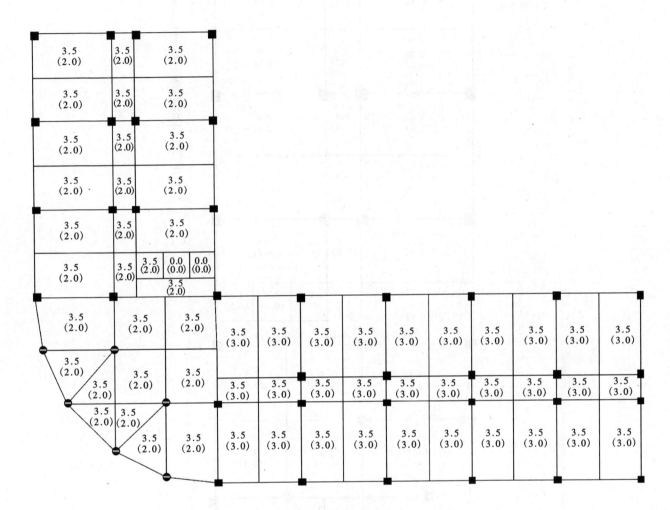

第四层平面(楼面荷载)　(单位:kN/m)

(括号中为活荷载值)

设计		第四层平面 (楼面荷载)	图别	结施
制图			图号	7
审核			日期	

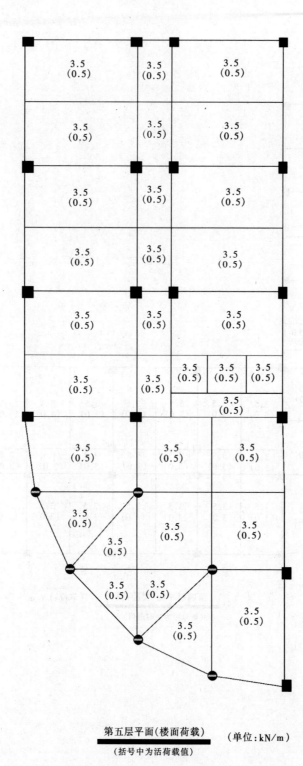

第五层平面(楼面荷载) （单位：kN/m）
(括号中为活荷载值)

设计	第五层平面	图别	结施
制图	（楼面荷载）	图号	8
审核		日期	

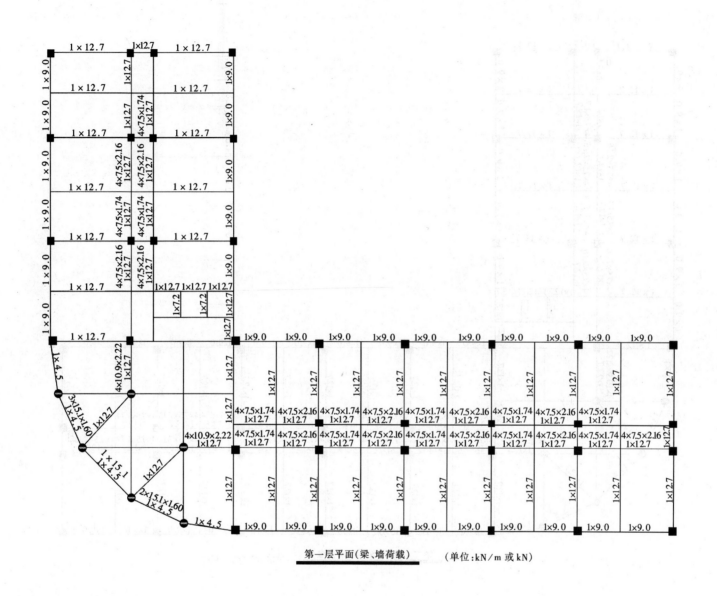

第一层平面(梁、墙荷载)　　(单位:kN／m 或 kN)

设计		第一层平面	图别	结施
制图		（梁、墙荷载）	图号	9
审核			日期	

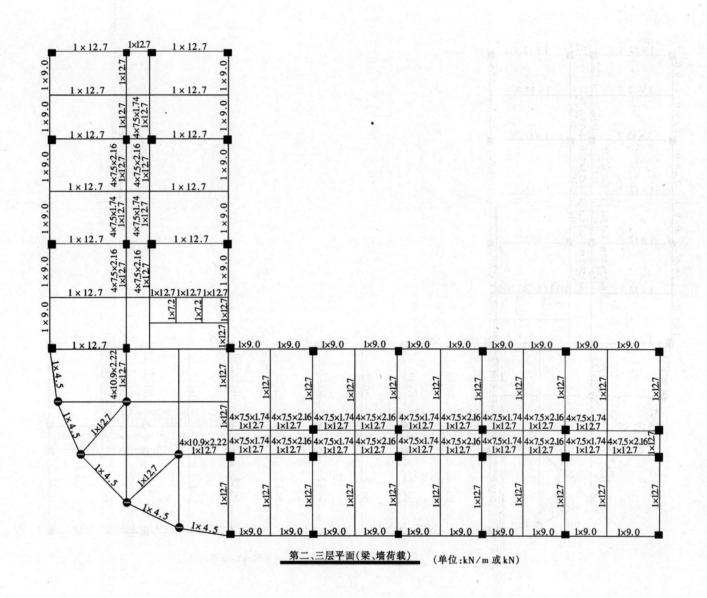

第二、三层平面(梁、墙荷载)　(单位:kN/m 或 kN)

设计		第二、三层平面	图别	结施
制图		（梁、墙荷载）	图号	10
审核			日期	

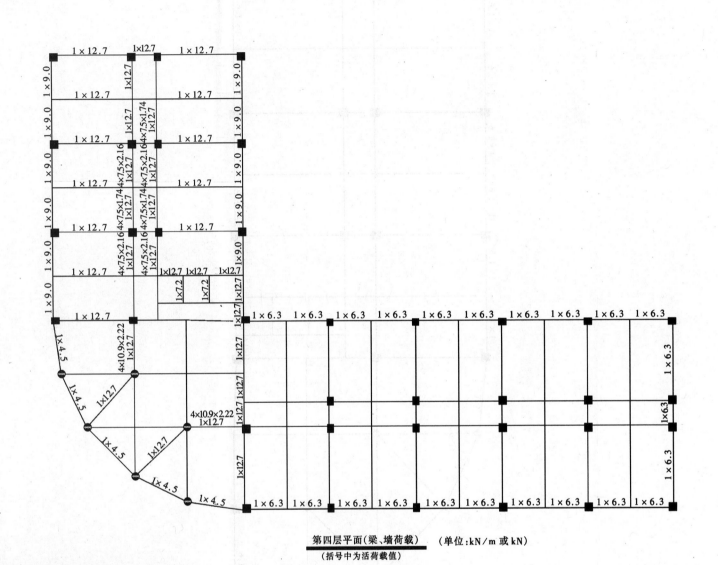

第四层平面(梁、墙荷载)　（单位：kN／m 或 kN）

（括号中为活荷载值）

设计	第四层平面	图别	结施
制图	（梁、墙荷载）	图号	11
审核		日期	

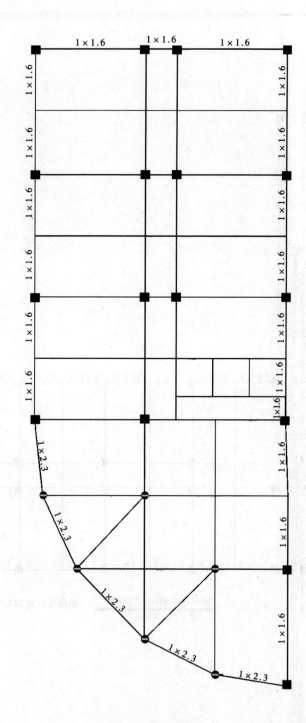

第五层平面(梁、墙荷载) （单位:kN/m 或 kN）

设计		第五层平面	图别	结施
制图			图号	12
审核		(梁、墙荷载)	日期	

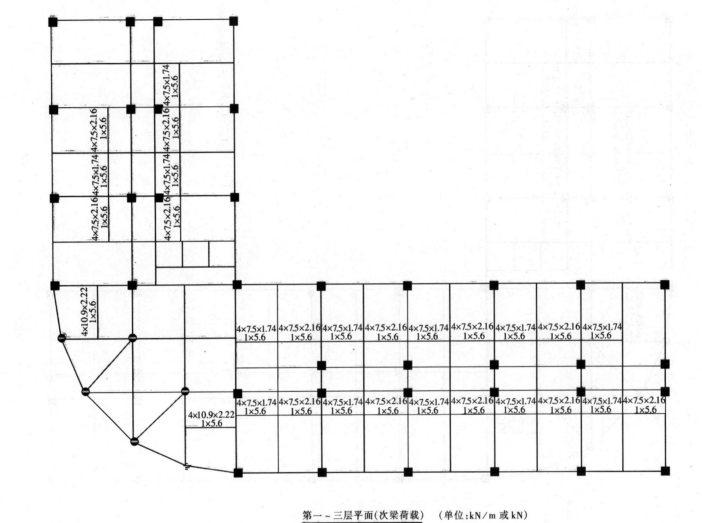

第一～三层平面(次梁荷载)　（单位:kN／m 或 kN）

设计		第一～三层平面	图别	结施
制图			图号	13
审核		（次梁荷载）	日期	

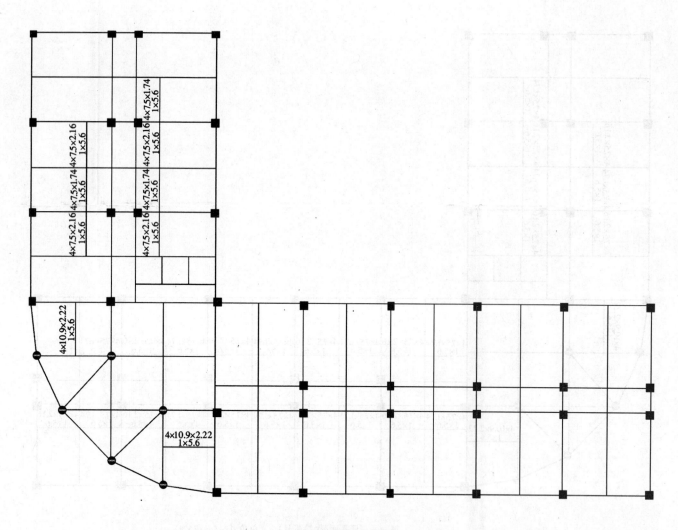

第四层平面(次梁荷载)　（单位:kN/m 或 kN）

设计		第四层平面	图别	结施
制图		（次梁荷载）	图号	14
审核			日期	

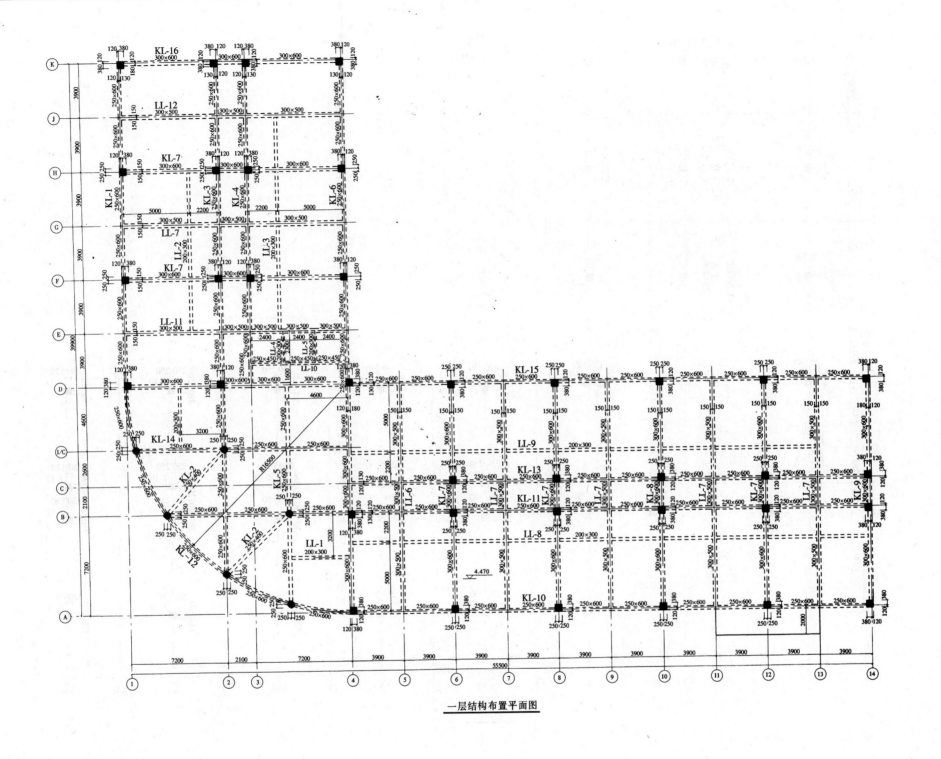

一层结构布置平面图

设计	一层结构布置	图别	结施
制图	平面图	图号	15
审核		日期	

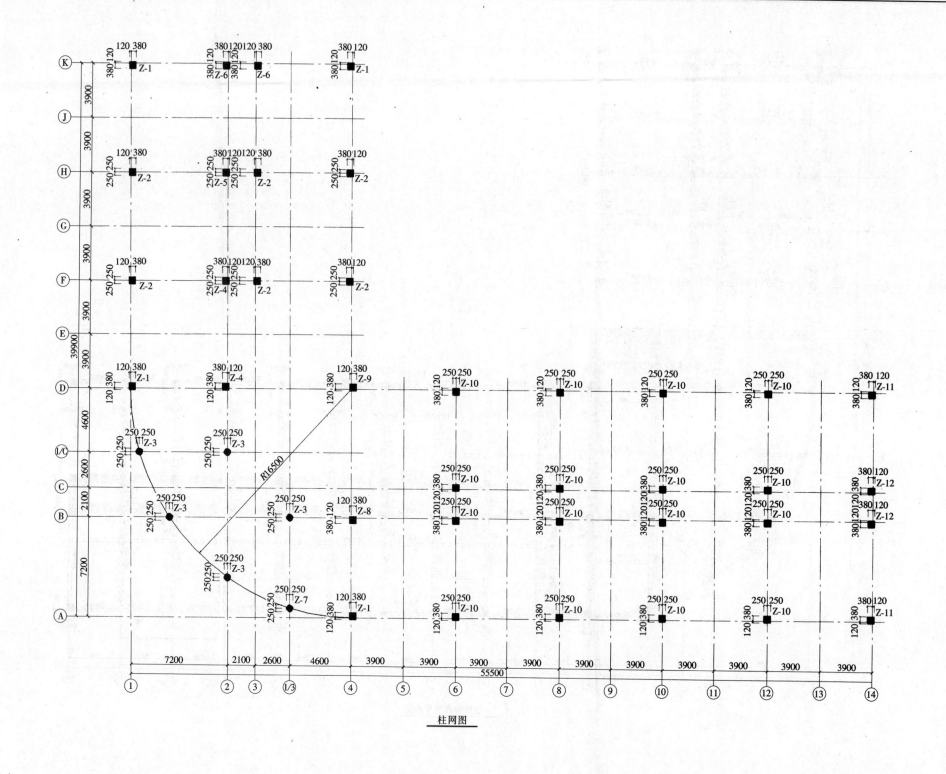

柱网图

设计		图别	结施
制图	柱网图	图号	16
审核		日期	

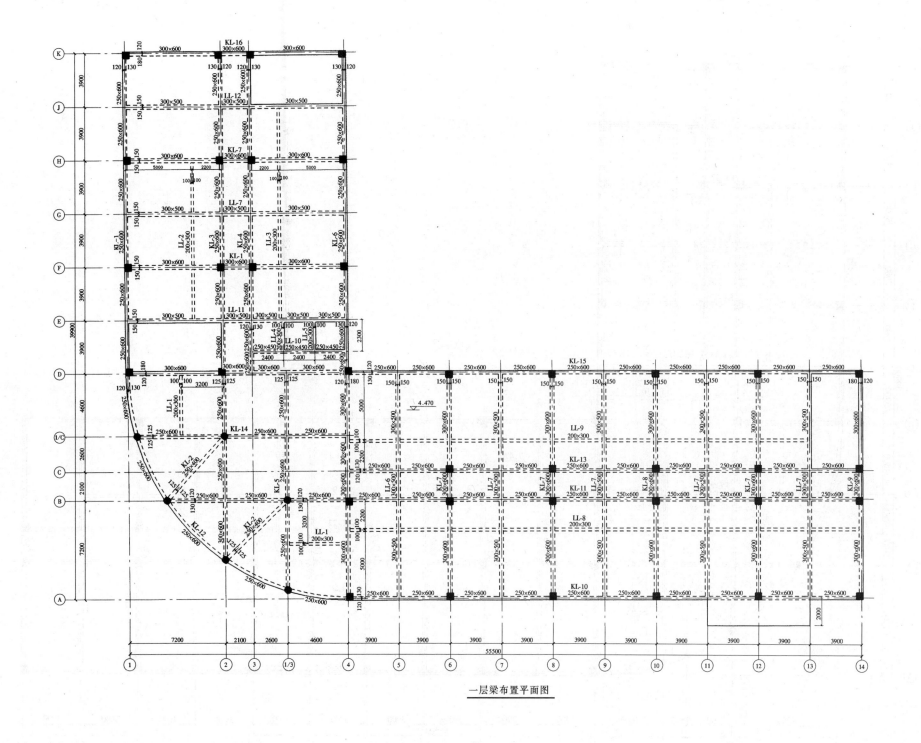

一层梁布置平面图

设计	一层梁布置	图别	结施
制图	平面图	图号	17
审核		日期	

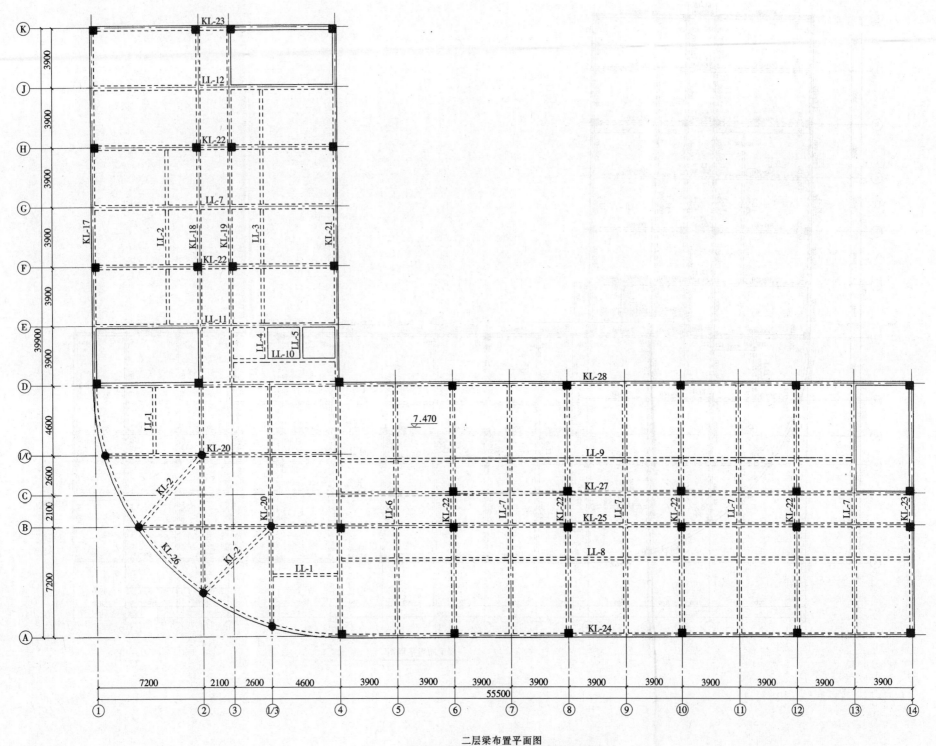

二层梁布置平面图
（梁截面尺寸及定位与一层梁布置平面图对应相同）

设计	二层梁布置	图别	结施
制图	平面图	图号	18
审核		日期	

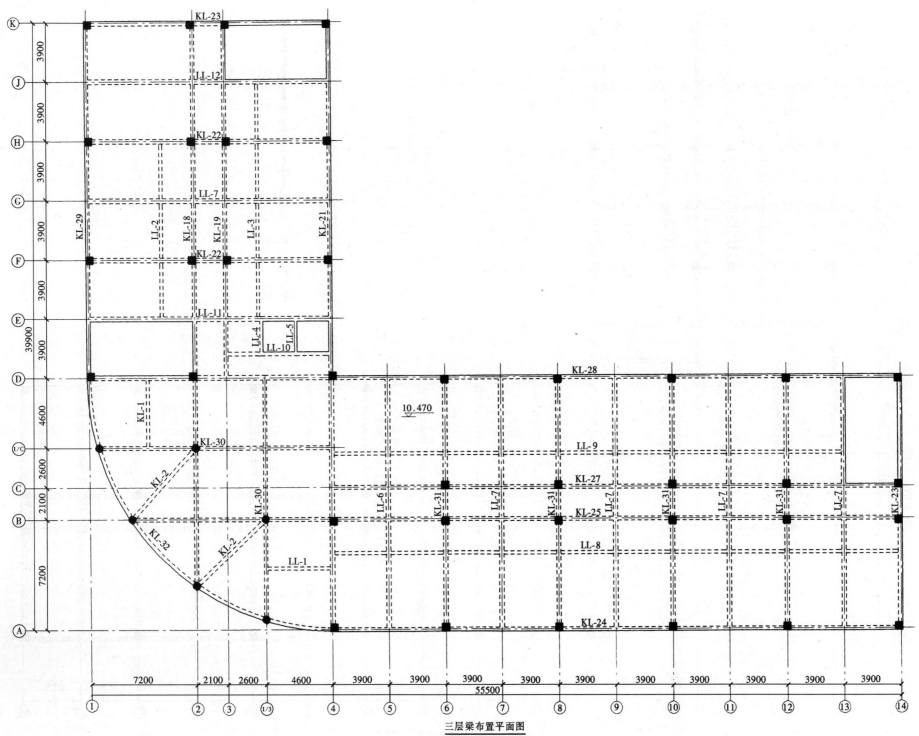

三层梁布置平面图
(梁截面尺寸及定位与一层梁布置平面图对应相同)

设计	三层梁布置	图别	结施
制图	平面图	图号	19
审核		日期	

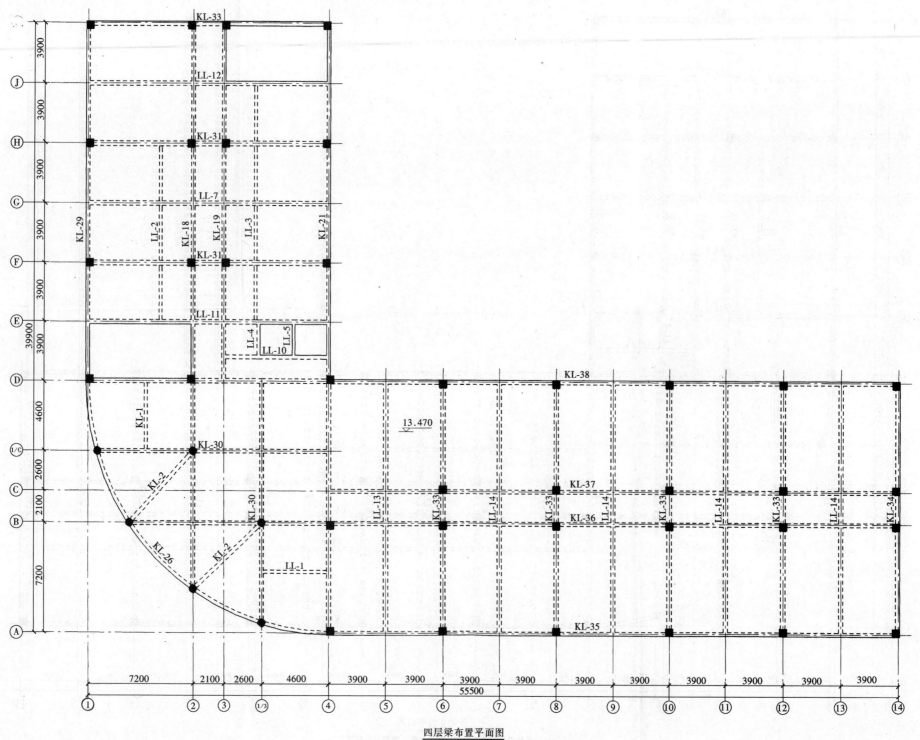

四层梁布置平面图
（梁截面尺寸及定位与一层梁布置平面图对应相同）

设计		四层梁布置	图别	结施
制图		平面图	图号	20
审核			日期	

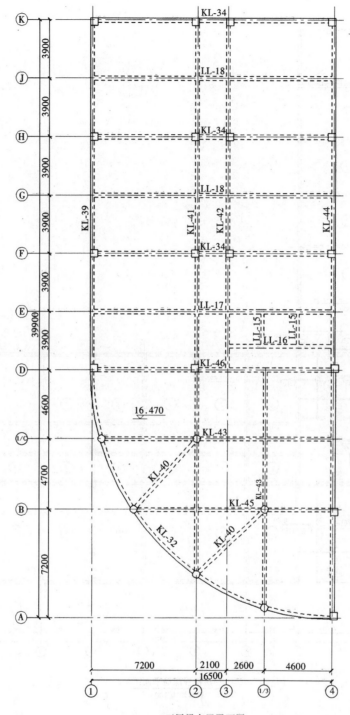

五层梁布置平面图
（梁截面尺寸及定位与一层梁布置平面图对应相同）

设计		五层梁布置	图别	结施
制图		平面图	图号	21
审核			日期	

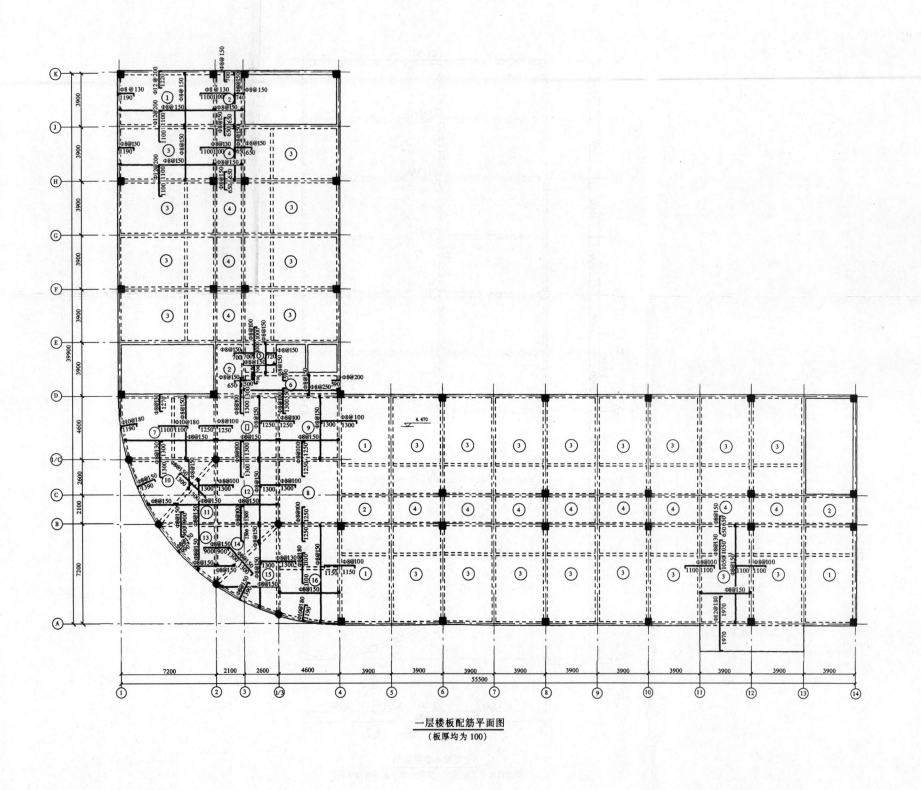

一层楼板配筋平面图
（板厚均为100）

设计		楼板配筋图	图别	结施
制图			图号	22
审核			日期	

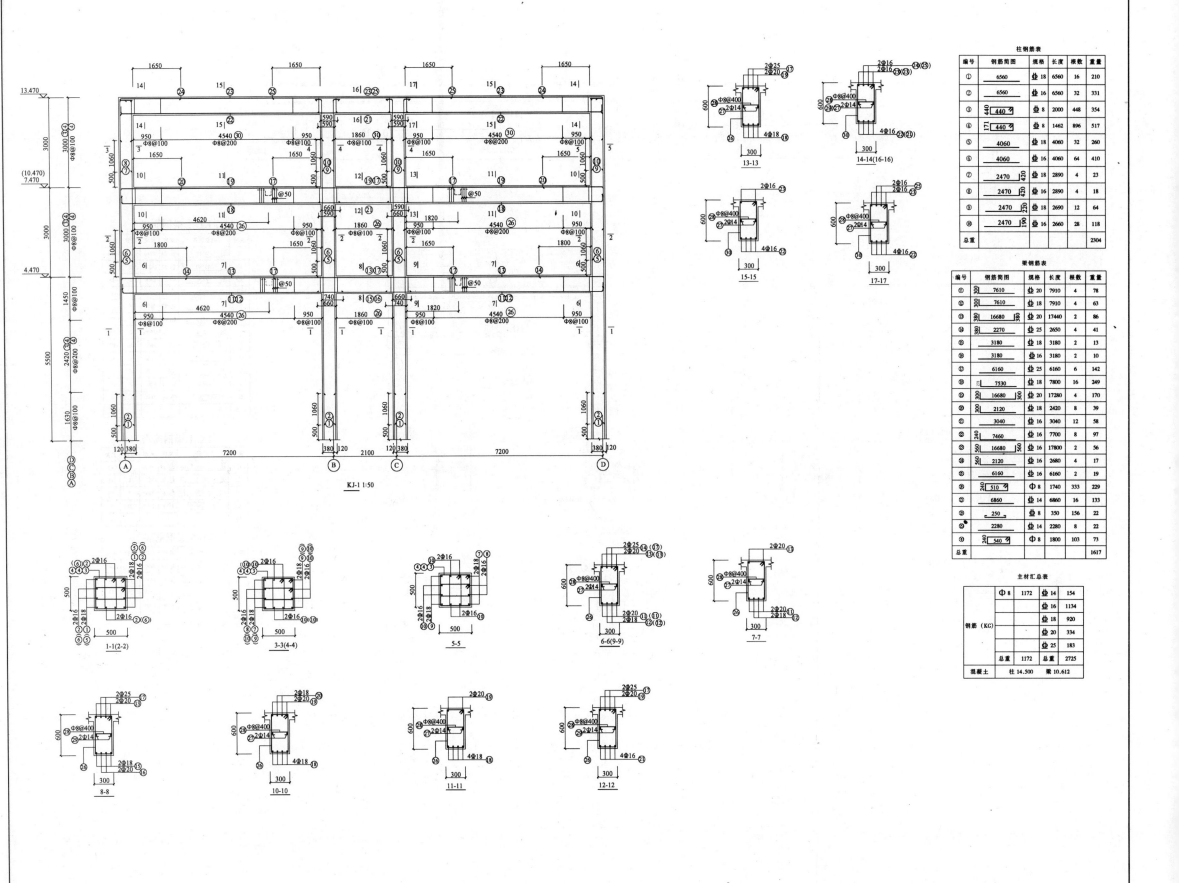

柱钢筋表

编号	钢筋简图	规格	长度	根数	重量
①	6560	Φ 18	6560	16	210
②	6560	Φ 16	6560	32	331
③	440	Φ 8	2000	448	354
④	171 440	Φ 8	1462	896	517
⑤	4060	Φ 18	4060	32	260
⑥	4060	Φ 16	4060	64	410
⑦	2470 420	Φ 18	2890	4	23
⑧	2470 420	Φ 16	2890	4	18
⑨	2470 220	Φ 18	2690	12	64
⑩	2470 190	Φ 16	2660	28	118
总重					2304

梁钢筋表

编号	钢筋简图	规格	长度	根数	重量
⑪	300 7610	Φ 20	7910	4	78
⑫	300 7610	Φ 18	7910	4	63
⑬	380 16680 380	Φ 20	17440	2	86
⑭	380 2270	Φ 25	2650	4	41
⑮	3180	Φ 18	3180	2	13
⑯	3180	Φ 16	3180	2	10
⑰	6160	Φ 25	6160	6	142
⑱	7530	Φ 18	7800	16	249
⑲	300 16680 300	Φ 20	17280	4	170
⑳	2120	Φ 18	2420	8	39
㉑	3040	Φ 16	3040	12	58
㉒	240 7460	Φ 16	7700	8	97
㉓	560 16680 560	Φ 16	17800	2	56
㉔	560 2120	Φ 16	2680	4	17
㉕	6160	Φ 16	6160	2	19
㉖	240 510	Φ 8	1740	333	229
㉗	6860	Φ 14	6860	16	133
㉘	250	Φ 8	350	156	22
㉙	2280	Φ 14	2280	8	22
㉚	240 540	Φ 8	1800	103	73
总重					1617

主材汇总表

Φ 8	1172	Φ 14	154
钢筋（KG）		Φ 16	1134
		Φ 18	920
		Φ 20	334
		Φ 25	183
总重	1172	总重	2725
混凝土		柱 14.500 梁 10.612	

KJ-1 1:50

1-1(2-2)   3-3(4-4)   5-5   6-6(9-9)   7-7

8-8   10-10   11-11   12-12

13-13   14-14(16-16)   15-15   17-17

设计		图别	结施
制图		KJ-1	图号	23
审核			日期	

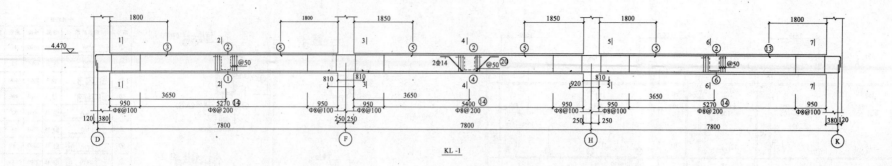

KL-1

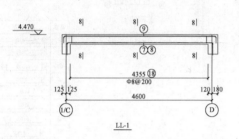

LL-1

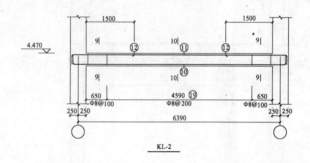

KL-2

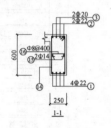

1-1

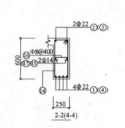

2-2(4-4)

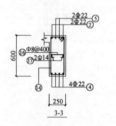

3-3

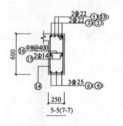

5-5(7-7)

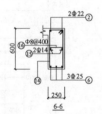

6-6

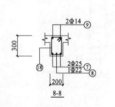

8-8

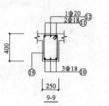

9-9

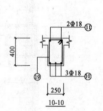

10-10

KL-1 梁钢筋表

编号	钢筋简图	规格	长度	根数	重量
①	8410	⊕22	8740	4	104
②	23580	⊕22	24240	2	145
③	2270	⊕20	2600	2	13
④	8920	⊕22	8920	4	106
⑤	4150	⊕22	4150	4	50
⑥	8520	⊕25	8900	3	103
⑦	2270	⊕22	2600	2	16
⑧	510	Φ8	1640	150	97
⑨	8150	⊕14	8150	4	39
⑩	200	⊕8	300	55	7
⑰	8280	⊕14	8280	2	20
⑳	2440	⊕14	2440	2	6
总重					705

LL-1 梁钢筋表

编号	钢筋简图	规格	长度	根数	重量
⑦	4760	⊕25	5520	2	43
⑧	4760	⊕22	5520	1	16
⑨	4840	⊕14	5260	2	13
⑱	240	Φ8	1000	23	9
总重					81

KL-2 梁钢筋表

编号	钢筋简图	规格	长度	根数	重量
⑩	6750	⊕18	7290	3	44
⑪	6830	⊕18	7430	2	30
⑫	1970	⊕20	2270	2	11
⑬	340	Φ8	1300	36	18
总重					103

设计		梁施工图	图别	结施
制图			图号	24
审核			日期	

结施

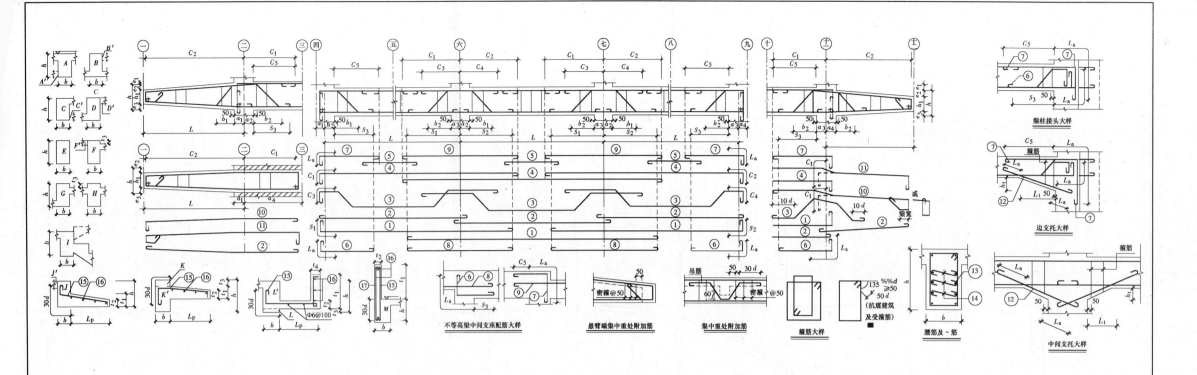

不等高梁中间支座配筋大样　　悬臂端集中重处附加筋　　集中重处附加筋　　箍筋大样　　腰筋及～筋　　梁柱接头大样　　边支托大样　　中间支托大样

梁编号		梁顶标高	截面型式 t3	截面尺寸 b×h	跨度 L	支座宽度				悬臂跨尺寸				梁下部钢筋												梁上部钢筋															悬臂跨上部钢筋	箍筋		支托部分		集中重处附加筋		腰筋排数	拉筋	飘出部分			备注
总号	分号					a1	a2	a3	a4	h1	e1	e2	e3	跨中 ①②	S1	S2	③	b1	C3	l2	C4	支座 ⑥⑦⑧ S3 S1 S1 S2		⑦左	C5	La	⑦右	C5	La	⑨	C1	④⑤	C1	C2	跨中 ④⑤ C1 C2			⑩⑪	端部	跨中	Lt	Ht⑫	密箍	吊筋	⑬	⑭	Lp t1	⑫	⑮⑯⑰	
KL-1	1	0.00	C	250×600	7800	120	380	250						4⊕22	810	560								⊕20	1800	800				2⊕22	2050	2100	2⊕22	800	*				Φ8@100	Φ8@200						1/2⊕14			Φ8@400
	2	0.00	C	250×600	7800	250	250							4⊕22	560	560														2⊕22	2100	2050	2⊕22	*	*				Φ8@100	Φ8@200					2⊕16	1/2⊕14			Φ8@400
	3	0.00	C	250×600	7800	250	380	120						3⊕25	670	920											2⊕22	1800	800	2⊕22	*	800				Φ8@100	Φ8@200						1/2⊕14			Φ8@400
LL-1	1	0.00	A	200×300	4600	125	125	120	180					2⊕25+1⊕22	500	500														2⊕14	520	480				Φ8@200	Φ8@200									
KL-2	1	0.00	A	250×400	6390	250	250	250	250					3⊕18	660	660							1⊕20	1500	770	1⊕20	1500	770			2⊕18	770	770				Φ8@100	Φ8@200									
LL-2	1	0.00	A	200×300	3900	150	150	150						2⊕20	400	250							1⊕14	1050	1050				2⊕16	510	*				Φ8@200	Φ8@200									
	2	0.00	A	200×300	3900	150	150							2⊕14	130	130							1⊕14	1050	1050				2⊕16	*	*				Φ8@200	Φ8@200									
	3	0.00	A	200×300	3900	150	150	150						2⊕20	250	400													2⊕16	*	510				Φ8@200	Φ8@200									
KL-3	1	0.00	A	250×600	9029	250	250	250						3⊕16	590	340							1⊕16	2150	770	1⊕25	2400	2050	2⊕20	770	*				Φ8@100	Φ8@200						1/2⊕14			Φ8@400
	2	0.00	A	250×600	4600	250	120							3⊕16	340	470										2⊕20 (二)2⊕20	1670 1670	2480 1930	2⊕20	*	*				Φ8@100	Φ8@100						1/2⊕14			Φ8@400
	3	0.00	A	250×600	7800	380	250							2⊕25+2⊕22 (二)2⊕22	540	670										2⊕25 (二)2⊕25	2450 2050	2450 2050	2⊕20	*	*				Φ8@100	Φ8@100					2⊕18	1/2⊕14			Φ8@400
	4	0.00	A	250×600	7800	250	250							2⊕25+2⊕22 (二)2⊕22	670	670										2⊕25 (二)2⊕25	2450 2050	2450 2050	2⊕20	*	*				Φ8@100	Φ8@100					2⊕18	1/2⊕14			Φ8@400
	5	0.00	A	250×600	7800	250	380	120						4⊕25	670	920										2⊕20 (二)2⊕20	2100 1550	770 770	2⊕20	*	770				Φ8@100	Φ8@100						1/2⊕14			Φ8@400
KL-4	1	0.00	A	250×600	7800	120	180	250						2⊕25+2⊕22	500	670										2⊕25 (二)3⊕22	2450	2450	2⊕20	740	*				Φ8@100	Φ8@200					2 Φ10	1/2⊕14			Φ10@400
	2	0.00	A	250×600	7800	250	250							2⊕25+2⊕22 (二)2⊕22	670	670										2⊕22 (二)2⊕22	2400 1900	2400 1900	2⊕22	*	*				Φ8@100	Φ8@150					2⊕16	1/2⊕14			Φ10@400

说明

1. 材料：混凝土强度等级 C 及钢筋强度设计值详结构统一说明，表中钢筋符号 Ⅰ 级为Φ，Ⅱ 级为⊕。

2. 本表每行代表一跨，单跨用坐标 ④⑤ ⑧④ ④⑤ 表示；连续梁用坐标 ④⑥、⑦⑨ 表示内跨，⑤⑥ 表示边跨；单跨带悬臂用坐标 一⑤ 三①⑤① 表示，如无左或右悬臂时，不填该悬臂；多跨带悬臂用坐标 一⑥ 三④⑥、⑧⑨①⑤ 表示；柱上独立悬臂梁用坐标 ①⑤ 表示。

3. 截面型式一栏中，在型式之下注有数字者为该型式的 t3 尺寸。

4. 当使用变形钢筋时，取消末端弯钩（特别说明者除外）。

5. 梁下部钢筋注有（二），（三）字样者为第二，三排筋，③号箍注有（二）（三）字样者为下部二排弯上部第三排，如此类推。

6. 在某一梁跨内所填的⑧及⑨号钢筋如无注明"左"或"右"时，是指梁右端支座（按分跨编号顺序而言）的钢筋。

7. ②号筋插入支座长度，次梁为 20 倍钢筋直径；框架梁为_倍钢筋直径。如支座长度不足，应向上弯折。

8. ⑤号筋与⑦⑨号筋搭接长度，如无说明，一律用 30 倍⑤号筋直径。当无 0 号筋时，⑤号筋应伸入支座。

9. ①②及④⑤号筋，如填有 S1, S2 或 C1, C2 数字或 ＊ 号，分别为①号筋或④号筋。

10. ③号筋上部弯折点至支座边距离为 50。

11. ⑥⑦号筋的锚固长度 La 部分，当支座宽度大于 La 或相邻有墙或梁时，该部分钢筋应

直伸而不需向上或向下弯折（顶层除外）。

12. 柱上独立悬臂梁的⑩⑪号钢筋应在柱的远边弯折，锚固长度为 C1。

13. 如悬臂梁与内跨梁梁顶标高不同，当 e1≤1/6 支座宽时，悬臂梁的③⑩⑪号钢筋按图弯折，当 e1＞1/6 支座宽时钢筋不能弯折，要直伸入内跨。

14. ⑫号筋的锚固长 La 为_d。

15. 箍筋栏内注有（四）或（六）等字者，表示该箍筋为四或六肢，不注明者为双肢筋。

16. 腰筋栏内不注排数者为仅有一排腰筋。当钢箍为受扭箍时，⑬号筋的锚固长度 La 为_d。

17. ～筋一栏如无注明间距者，其间距均取该梁段箍筋间距的两倍。

18. 抗震区框架梁主筋驳接，层采用接头，层采用接头。

19. 抗震区框架梁主筋驳接采用绑扎接头时，钢头搭接长度范围内箍筋间距为 100 且≤5d。

设计		梁表	图别	结施
制图			图号	25
审核			日期	

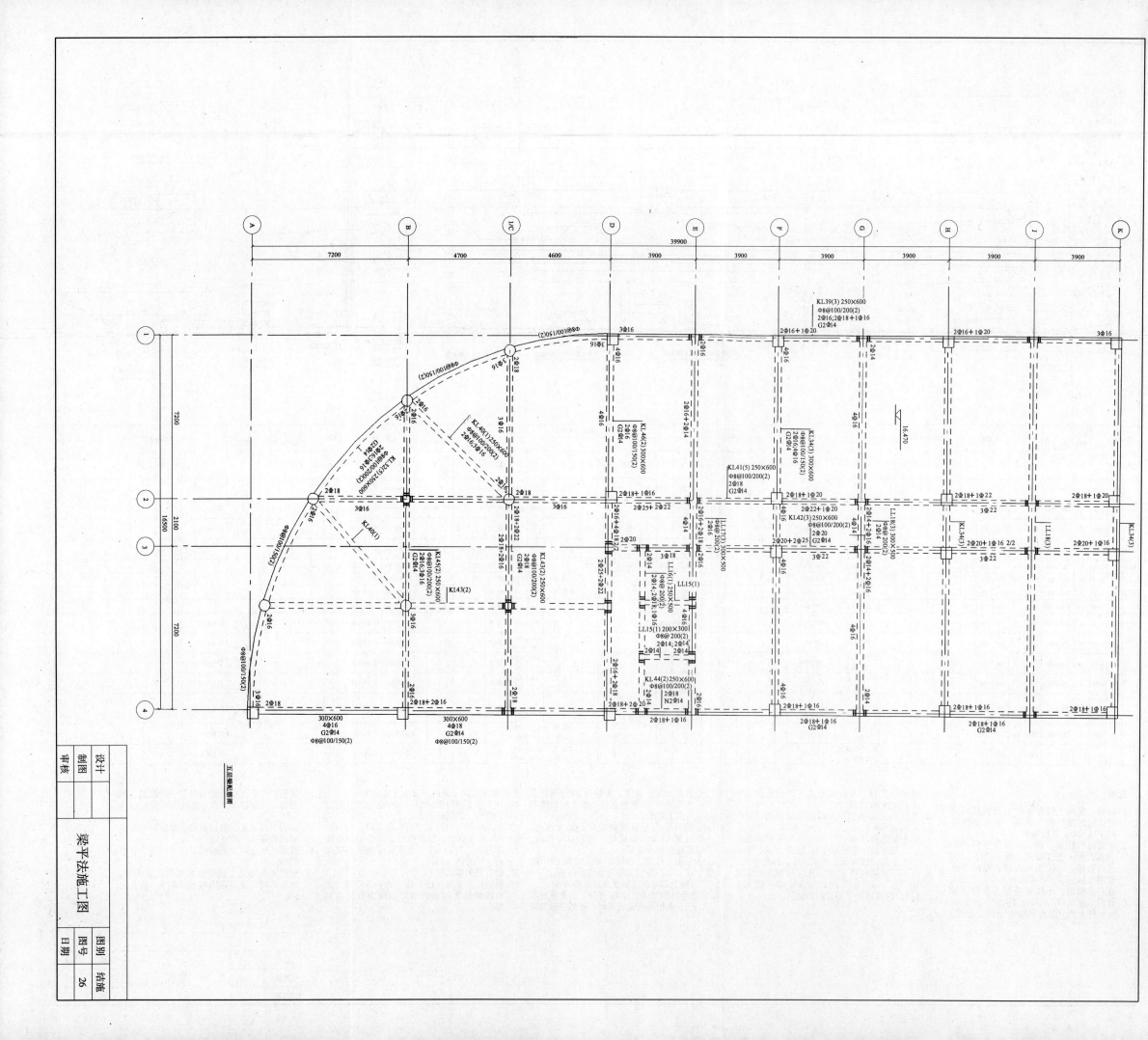

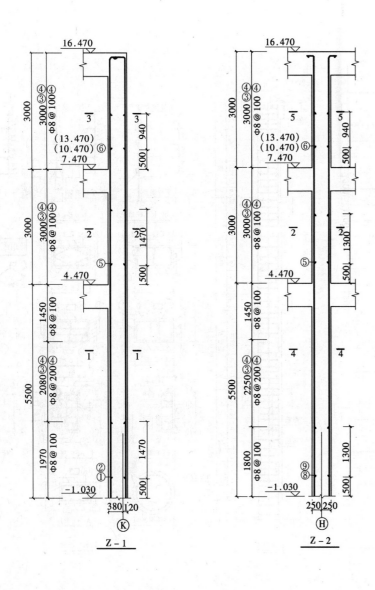

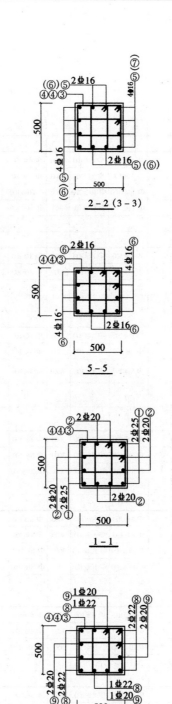

Z-1

Z-2

2-2 (3-3)

5-5

1-1

4-4

Z-1 柱钢筋表

编号	钢筋简图	规格	长度	根数	重量
①	6970	Φ25	6970	4	107
②	6970	Φ20	6970	8	138
③	440	φ8	2000	138	109
④	171 440	φ8	1462	276	159
⑤	3940	Φ16	3940	36	224
⑥	2470 190	Φ16	2660	8	34
⑦	2470 320	Φ16	2790	4	18
总重					788

Z-2 柱钢筋表

编号	钢筋简图	规格	长度	根数	重量
③	440	φ8	2000	138	109
④	171 440	φ8	1462	276	159
⑤	3940	Φ16	3940	36	224
⑥	2470 190	Φ16	2660	12	50
⑧	6800	Φ22	6800	6	122
⑨	6800	Φ20	6800	6	101
总重					765

设计		柱施工图	图别	结施
制图			图号	27
审核			日期	

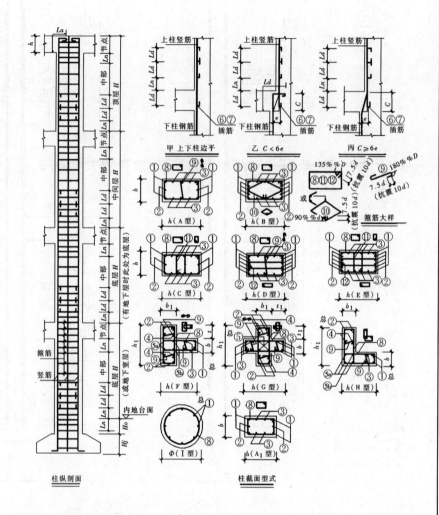

柱纵剖面 / 柱截面型式

柱编号	截面变化示意	h平行于轴号	层次	高度 H或 Hj/Ho	混凝土强度等级 C	截面型式	b×h(或φ)	bl×hl	t1	t2	①	②	③	④	⑩⑪	⑥	⑦	中部	端部	节点内	备注
Z-9			Ho	30							2⚎25	2⚎20	2⚎20								
			Hj								2⚎25	2⚎20	2⚎20								
Z-8			5	3000	30	E	500×500				2⚎16	2⚎16	2⚎16					Φ8@100	Φ8@100	3000 Φ8@100	
			3-4	3000	30	E	500×500				2⚎16	2⚎16	2⚎16					Φ8@100	Φ8@100	3000 Φ8@100	
			2	3000	30	E	500×500				2⚎16	2⚎16	2⚎16					Φ10@100	Φ10@100	3000 Φ10@100	
			1	5500	30	E	500×500				2⚎25	2⚎20	2⚎20					Φ12@200	Φ12@100	850 Φ12@100	
			Ho	30							2⚎25	2⚎20	2⚎20								
			Hj								2⚎25	2⚎20	2⚎20								
Z-7			5	3000	30	E	500×500				2⚎16	3⚎16	3⚎16					Φ8@100	Φ8@100	3000 Φ8@100	
			2-4	3000	30	E	500×500				2⚎16	3⚎16	3⚎16					Φ8@100	Φ8@100	3000 Φ8@100	
			1	5500	30	E	500×500				2⚎18	3⚎18	3⚎18					Φ8@200	Φ8@100	850 Φ8@100	
			Ho	30							2⚎18	3⚎18	3⚎18								
			Hj								2⚎18	3⚎18	3⚎18								
Z-6			5	3000	30	E	500×500				2⚎16	2⚎16	2⚎16					Φ8@100	Φ8@100	3000 Φ8@100	
			2-4	3000	30	E	500×500				2⚎16	2⚎16	2⚎16					Φ8@100	Φ8@100	3000 Φ8@100	
			1	5500	30	E	500×500				2⚎25	2⚎20	1⚎20+ 1⚎18					Φ8@200	Φ8@100	850 Φ8@100	
			Ho	30							2⚎20	2⚎20	1⚎20+ 1⚎18								
			Hj								2⚎20	2⚎20	1⚎20+ 1⚎18								
Z-5			5	3000	30	E	500×500				2⚎16	2⚎16	2⚎16					Φ8@100	Φ8@100	3000 Φ8@100	
			2-4	3000	30	E	500×500				2⚎16	2⚎16	2⚎16					Φ8@100	Φ8@100	3000 Φ8@100	
			1	5500	30	E	500×500				2⚎22	2⚎20	2⚎20					Φ10@200	Φ10@100	850 Φ10@100	
			Ho	30							2⚎22	2⚎20	2⚎20								
			Hj								2⚎22	2⚎20	2⚎20								
Z-4			5	3000	30	E	500×500				2⚎16	2⚎16	2⚎16					Φ8@100	Φ8@100	3000 Φ8@100	
			3-4	3000	30	E	500×500				2⚎16	2⚎16	2⚎16					Φ8@100	Φ8@100	3000 Φ8@100	
			2	3000	30	E	500×500				2⚎16	2⚎16	2⚎16					Φ10@100	Φ10@100	3000 Φ10@100	
			1	5500	30	E	500×500				2⚎25	2⚎20	2⚎20					Φ10@200	Φ10@100	850 Φ10@100	
			Ho	30							2⚎25	2⚎20	2⚎20								
			Hj								2⚎25	2⚎20	2⚎20								
Z-3			5	3000	30	E	500×500				2⚎16	3⚎16	3⚎16					Φ8@100	Φ8@100	3000 Φ8@100	
			2-4	3000	30	E	500×500				2⚎16	3⚎16	3⚎16					Φ8@100	Φ8@100	3000 Φ8@100	
			1	5500	30	E	500×500				2⚎20	3⚎20	3⚎20					Φ10@200	Φ10@100	850 Φ10@100	
			Ho	30							2⚎20	3⚎20	3⚎20								
			Hj								2⚎20	3⚎20	3⚎20								
Z-2			5	3000	30	E	500×500				2⚎16	2⚎16						Φ8@100	Φ8@100	3000 Φ8@100	
			2-4	3000	30	E	500×500				2⚎16	2⚎16						Φ8@100	Φ8@100	3000 Φ8@100	
			1	5500	30	E	500×500				2⚎22	2⚎20	1⚎22+ 1⚎20					Φ8@200	Φ8@100	850 Φ8@100	
			Ho	30							2⚎22	2⚎20	1⚎22+ 1⚎20								
			Hj								2⚎22	2⚎20	1⚎22+ 1⚎20								
Z-1			5	3000	30	E	500×500				2⚎16	2⚎16						Φ8@100	Φ8@100	3000 Φ8@100	
			2-4	3000	30	E	500×500				2⚎16	2⚎16						Φ8@100	Φ8@100	3000 Φ8@100	
			1	5500	30	E	500×500				2⚎25	2⚎20						Φ8@200	Φ8@100	850 Φ8@100	
			Ho	30							2⚎25	2⚎20									
			Hj								2⚎25	2⚎20									

表头注：截面尺寸 / 竖筋 / 插筋 / ⑧⑨⑩⑪⑫号箍筋；箍筋 Ln

说明
1. 表中竖筋数量指柱截面单侧用量，另一侧对称配置。但竖筋编号旁注有"总"字者则为总用量。
2. 表中注有（二）、（三）字样的竖筋表示配置在第二、三排。各排钢筋之净距为50。
3. 表中钢筋：Ⅰ级（Φ），Ⅱ级（⚎），强度详见结构统一说明。
4. 本工程按度级抗震设防。柱竖筋接头层采用，其余各层采用绑扎接头时Ld=d（d为竖筋直径）。
5. 上柱竖筋与下柱竖筋或上柱竖筋与预插筋一般甲、乙、丙两次搭接，当每侧竖筋不多于四根时可一次搭接。在竖筋搭接范围内，箍筋间距为100，直径同该层箍筋。当为抗震设防时竖筋接头应避开柱端箍筋加密区 Ln 范围。
6. A 至 E 型截面，⑥号插筋与①、②号对应，⑦号插筋与③号对应，F 至 I 型截面，⑥号插筋与 O 号筋对应，⑦号插筋与③号对应。⑥、⑦号筋插入下柱的锚固长度等于Ld。
7. 图中⑨号箍筋的安放应紧靠竖筋并勾住封闭箍，其中 F 至 H 型截面⑨号箍筋设置另详有关图纸或说明。当每根竖筋为六根或七根时，⑩号箍筋拐角处分别箍二或三根竖筋。
8. 柱与砌体连接面沿高度每隔 500 预埋 2Φ6 钢筋，埋入柱内 200，抗震设防时外伸等于墙垛长，非抗震时外伸 500，两者末端均弯直勾。
9. 当柱混凝土强度等级高于梁混凝土强度等级时，梁柱接头处必须按柱的强度等级施工。
10. 顶层柱筋上端锚入节点的长度 La 不少于d及h-30（如纵剖面图示）。在边柱时两侧竖筋均弯入有梁一侧。

设计		图别	结施
制图	柱表	图号	28
审核		日期	

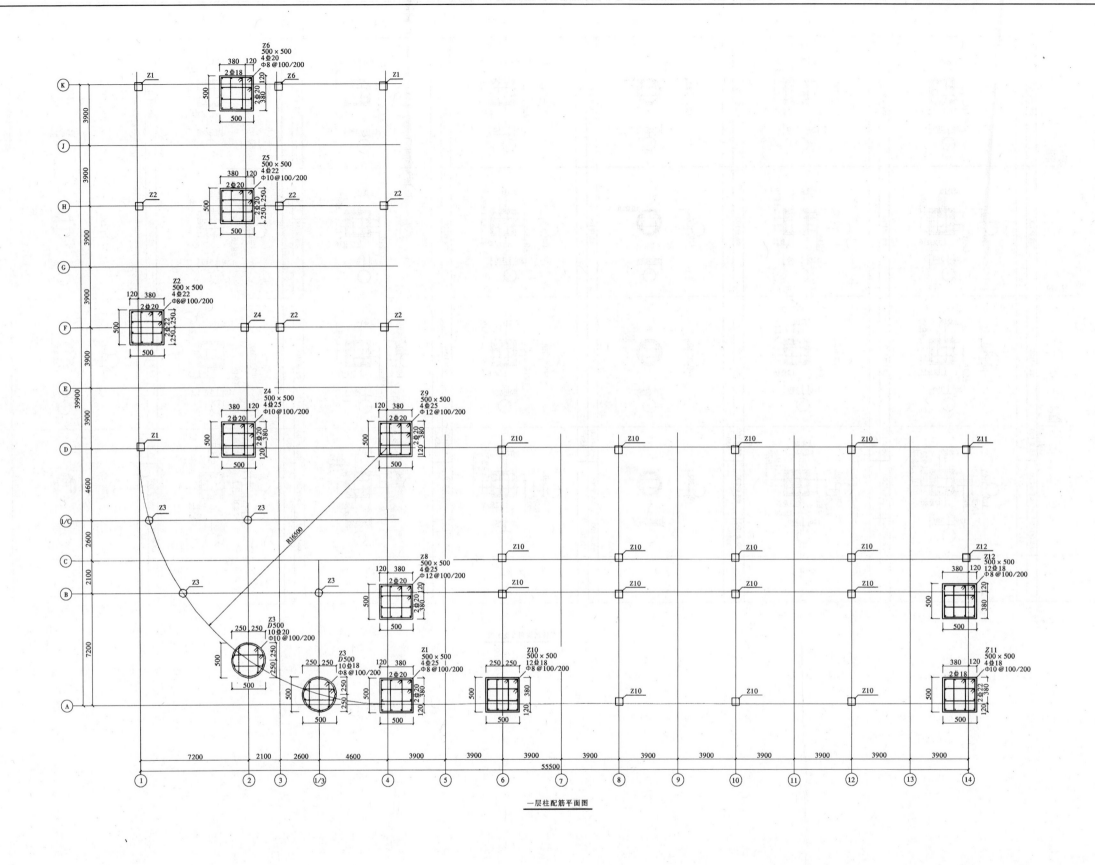

一层柱配筋平面图

设计		截面注写柱	图别	结施
制图		平法图	图号	29
审核			日期	

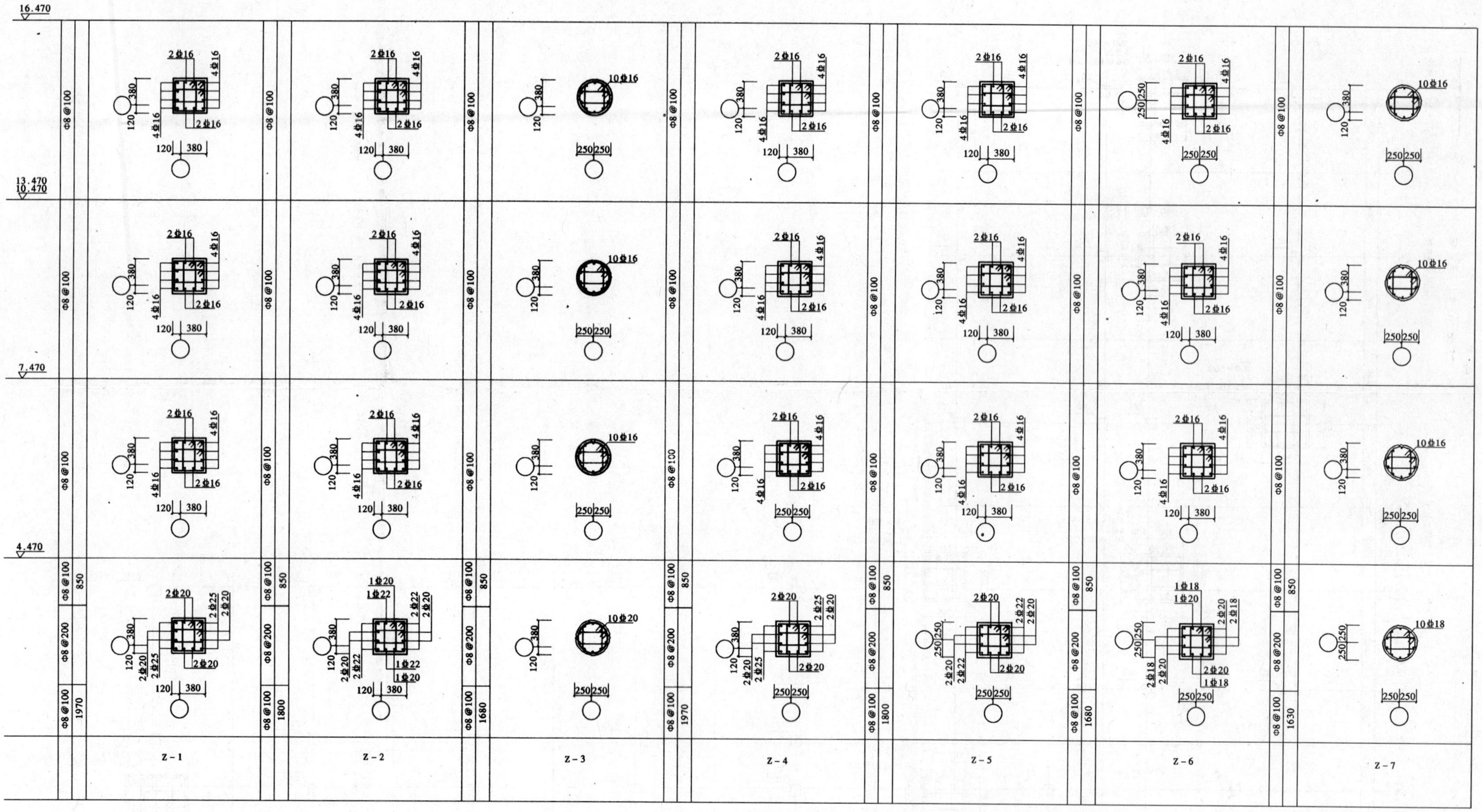

柱剖面列表施工图

设计		**柱剖面列 表施工图**	图别	结施
制图			图号	30
审核			日期	

Z-1　Z-2　Z-3　Z-4　Z-5　Z-6　Z-7

附录 3　砖混结构设计实例

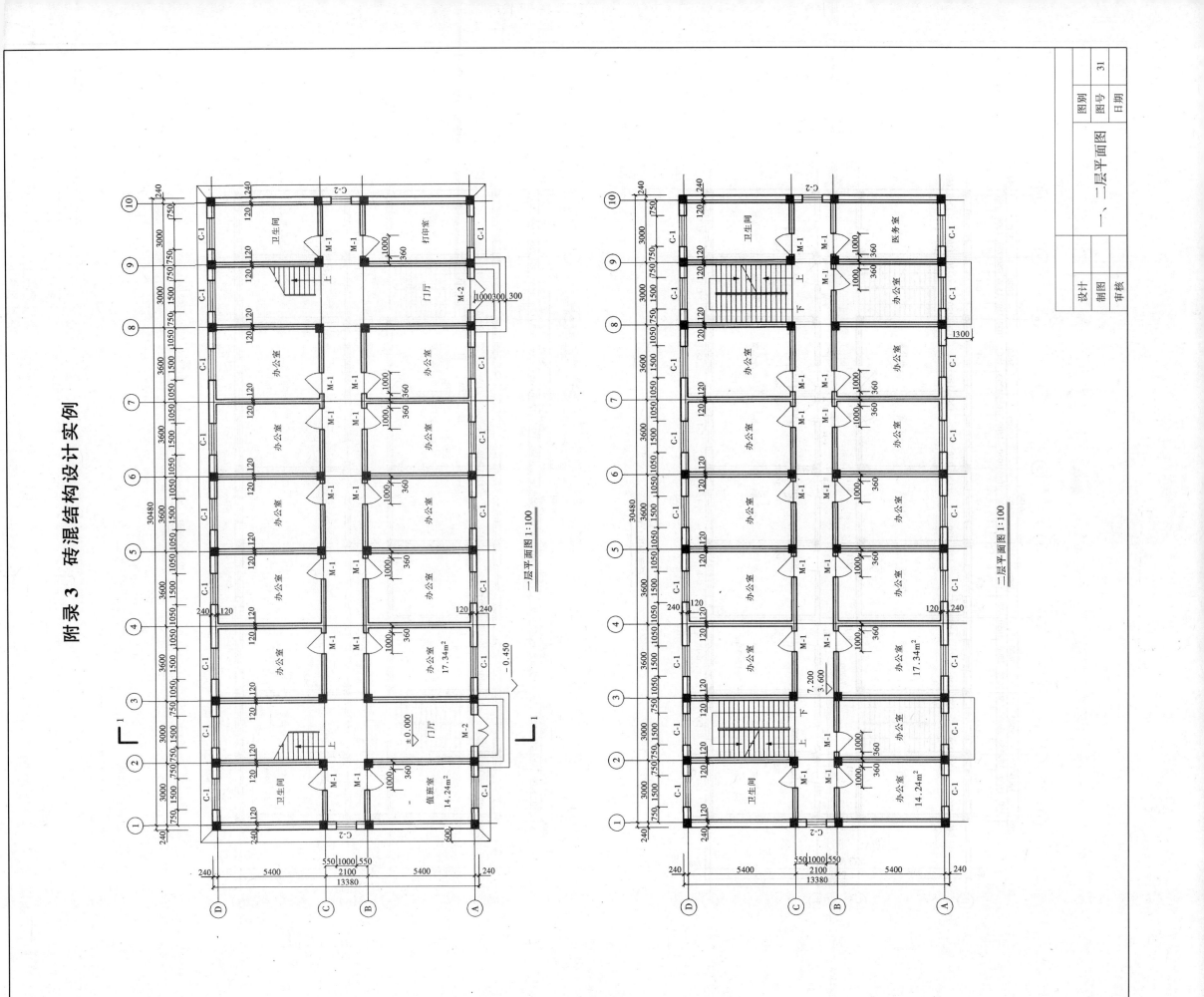

一层平面图 1:100

二层平面图 1:100

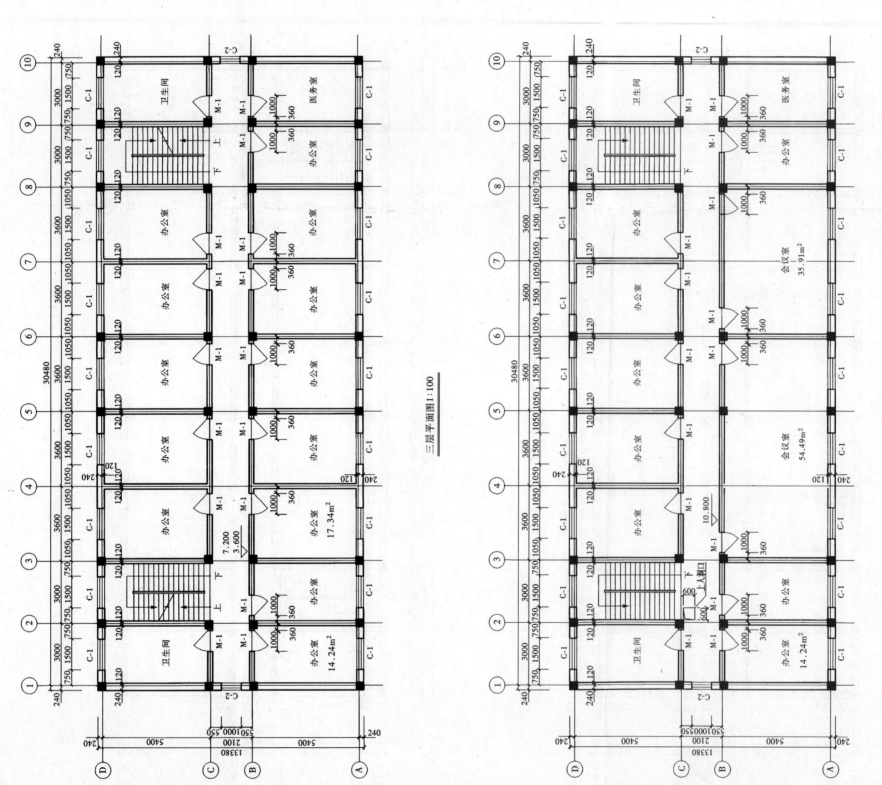

三层平面图 1:100

四层平面图 1:100

三、四层平面图

设计
制图
审核